面向新工科普通高等教育系列教材

电工电子技术（上）

第 2 版

主　编　黄金侠

副主编　宋国义　张仁丹

参　编　牟晓枫　张　良　王越男

主　审　韩　华

机 械 工 业 出 版 社

本书依据教育部高等学校电工电子基础课程教学指导分委员会制定的"电工电子技术"课程教学基本要求，在《电工电子技术（上）》第1版的基础上精选、改写、补充和修订而成。全书共10章，主要内容有电路的基本概念与基本定律、电路的分析方法、电路的暂态分析、正弦交流电路、三相交流电路、磁路与变压器、电动机、继电接触器控制、可编程序控制器和电工测量等。

本书可作为高等学校非电类专业本科生、大专生及成人教育相关专业的教材和教学参考书，也可供工程技术人员参考。

本书各章配有丰富的例题、自测题、习题及小结。书中将微课视频、习题答案等分别制作成二维码供读者扫描阅读，同时本书配套授课电子课件、试卷等资源以方便教师授课、学生线下学习。需要的教师可登录 www.cmpedu.com 免费注册，审核通过后下载，或联系编辑索取（微信：13146070618，电话：010-88379739）。

图书在版编目（CIP）数据

电工电子技术 . 上/黄金侠主编 . —2 版 . —北京：机械工业出版社，2023.7（2025.8 重印）

面向新工科普通高等教育系列教材

ISBN 978-7-111-72779-8

Ⅰ. ①电… Ⅱ. ①黄… Ⅲ. ①电工技术-高等学校-教材 ②电子技术-高等学校-教材 Ⅳ. ①TM ②TN

中国国家版本馆 CIP 数据核字（2023）第 045105 号

机械工业出版社（北京市百万庄大街 22 号 邮政编码 100037）
策划编辑：汤 枫　　　　　责任编辑：汤 枫 杨晓花
责任校对：张爱妮 梁 静　　责任印制：张 博
北京建宏印刷有限公司印刷

2025 年 8 月第 2 版第 4 次印刷
184mm×260mm · 17.5 印张 · 432 千字
标准书号：ISBN 978-7-111-72779-8
定价：65.00 元

电话服务　　　　　　　　　　网络服务
客服电话：010-88361066　　机 工 官 网：www.cmpbook.com
　　　　　010-88379833　　机 工 官 博：weibo.com/cmp1952
　　　　　010-68326294　　金 书 网：www.golden-book.com
封底无防伪标均为盗版　　机工教育服务网：www.cmpedu.com

前　　言

科技兴则民族兴，科技强则国家强。党的二十大报告指出："必须坚持科技是第一生产力、人才是第一资源、创新是第一动力，深入实施科教兴国战略、人才强国战略、创新驱动发展战略，开辟发展新领域新赛道，不断塑造发展新动能新优势。"当前，电子技术、计算机技术和通信技术快速发展，为了提高学生的综合素质和创新能力，本书依据教育部高等学校电工电子基础课程教学指导分委员会制定的"电工电子技术"课程教学基本要求，在编者总结多年课程教学和实践探索的基础上，为适应高等学校"电工电子技术"课程改革的实际需要修订而成。

本书是在第 1 版的基础上总结提高、修订编写的，在内容上做了精选和优化、整合和改写、调整和补充。编写时立足深入浅出、化难为易、好学易懂、重点突出、便于自学、利于教学的原则，与同类教材相比，本书更加注重基本概念的讲解、解题技能的训练以及对学生工程应用与实践能力的培养，既能满足教学基本要求又有加深拓宽。

本书具有以下特点：

1）体现了"保基础、重实践、少而精"的特点，整合课程内容，体现了科学性，突出了实践性、应用性和创新性，满足内容多、学时少的教学需要。

2）内容涵盖了电气工程学科的大多数研究领域，满足不同专业学生利用本专业与电气工程学科交叉、渗透、融合来促进其本身学科学习的需求。

3）新知识、新理论和新技术充实、丰富，为学生提供符合时代需要的知识体系。每章以内容提要和本章目标开头，使读者能在学习前明确目标；每章结尾部分有对主要知识点进行梳理的本章小结。

4）精心设计内容，合理安排内容之间的逻辑关系，采用分层次、递进的教、学、练相结合的结构。每小节有思考与练习，每章都有多个例题、精选习题，可以进一步测试学生对教学内容的掌握情况，为后续学习做好铺垫。

5）配套资源丰富，配套内容与教材完全一致，包含微课视频、多媒体电子课件、课后习题的标准答案、10 套试题及标准答案的试题库、教学大纲、授课计划书和电子教案等教学资源，提供全方位的教学解决方案。任课教师可登录机械工业出版社教育服务网（www.cmpedu.com）免费下载或发送邮件至 hjxlcj2006@ sina.com 咨询。

全书共 10 章，参考学时为 50~80 学时。参考内容的章节用"＊"标记，可在教学中根据不同专业和学时，灵活选择。

1）共性基本内容：各非电类专业所规定的基本教学内容。

2）非共性基本内容（标以"＊"号）：根据各非电类专业本身的需求规定的教学内容。

本书由佳木斯大学信息电子技术学院电工学课程组编写。黄金侠担任主编，负责全书的定稿和统稿工作。其中黄金侠编写了第 1、7、8 章，宋国义编写了第 4、5 章、张仁丹编写了第 2、10 章，牟晓枫编写了第 3 章，王越男编写了第 9 章，张良编写了第 6 章、附录及参考答案。佳木斯大学韩华教授负责总审并为本书的编写提出了很多宝贵的修改意见。在编写过程中，课程组学习和借鉴了大量有关的参考资料，在此向所有作者表示深深的感谢。

由于编者能力有限，书中难免存在不妥之处，欢迎广大读者批评指正，以便今后修订提高。

编　者

目　　录

第1章　电路的基本概念与基本定律

【**内容提要**】本章首先介绍电路的作用与组成、电路模型、电压和电流的物理意义及其参考方向，重点论述基尔霍夫电压定律和电流定律；最后介绍电源工作状态及电位的计算、电阻的连接方式及等效变换。本章内容是所有章节的基础，学习时要深刻理解，熟练掌握。

【**本章目标**】理解电压与电流参考方向的意义；熟练掌握基尔霍夫定律并能正确应用；掌握电路中电路元件是负载或是电源的判断方法；理解电功率和额定值的意义；会计算电路中各点的电位；理解电阻的串、并联，掌握混联电阻电路等效电阻的求解方法，以及分流、分压公式的熟练应用。

1.1　电路的作用与组成

人们生活在电气化、信息化的社会里，广泛地使用着各种电子产品和设备，它们中有各种各样的电路。例如，传输、分配电能的电力电路；转换、传输信息的通信电路；控制各种家用电器和生产设备的控制电路；交通运输中使用各种信号的控制电路等。电路是为完成某种预期目的而设计、安装、运行的，由各种电气设备或电气元件按照一定方式连接而成，可提供电流流通的路径，具有传输电能、处理信号、电子测量、自动控制、分析计算等功能。

现实中电路的样式非常多。从电路的组成来看，实际电路可以分为三个部分：一是向电路提供电能或信号的电气元件，称为电源或信号源；二是用电设备，称为负载；三是中间环节，如导线、开关、控制器等，如图 1-1 所示。从电路的作用来看，可分为两类：一类是实现电能的传输、分配和转换，如图 1-1a 所示的电力系统，发电机是电源，是提供电能的设备，在各类发电厂中，发电机分别把热能、水能和原子能等转换为电能，并通过输变电环节将电能经济、安全地输送给用户，用户的电灯、电动机和电炉等用电设备作为负载，再把电能转化为其他所需要的能量；另一类是实现信号的传递和处理，如图 1-1b 所示的扩音机电路，话筒是信号源，它把非电信号转换为相应的电信号（电压或电流），而后通过放大电路把信号进行传递和处理（调谐、变频、检波、放大等），送到扬声器，还原为原始信息。

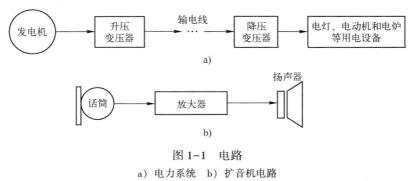

图 1-1　电路

a）电力系统　b）扩音机电路

　　电路在电源或信号源作用下，才会产生电压、电流，因此在某种场合又把电源或信号源电压或电流称为激励，由激励在电路各部分产生的电压和电流称为响应。

1.2　电路模型

　　实际电路都是由一些按需要起不同作用的实际电路元件或器件所组成，如发电机、变压器、电动机、电池以及电阻器和电容器等，它们的电磁性质较为复杂。例如一个白炽灯，它除具有消耗电能的性质（具有电阻性质）外，当通过电流时还会产生磁场（具有电感性质）。但电感微小，可忽略不计，于是可认为白炽灯是电阻元件。

　　为了对实际电路进行分析和用数学方程进行描述，将实际元件理想化，由理想电路元件组成的电路模型，简称为电路。常用的理想电路元件模型及符号见表 1-1。如图 1-2a 所示的手电筒实际电路中，由于干电池对外提供电能的同时，内部也有电阻消耗能量，于是用电动势 E 和内阻 R_0 的串联组合表示干电池；灯泡除了具有消耗电能的性质（电阻性）外，通电时还会产生磁场，具有电感性，但电感微弱，可忽略不计，因此灯泡可用电阻元件 R 表示；连接电池与灯泡的开关 S 和金属导线看作没有电阻的理想开关和导线，则可获得手电筒电路模型如图 1-2b 所示。电路模型只反映实际电路的作用及其相互连接方式，不反映实际电路的内部结构、几何形状及相互位置。

表 1-1　常用的理想电路元件的模型及符号

电 路 元 件	文 字 符 号	电 磁 性 质	图 形 符 号
电阻	R	消耗电能	—▭—
电感	L	储存磁场能量	—⌒⌒⌒—
电容	C	储存电场能量	—⊣⊢—
电压源	U_S	产生电能	—+⊖——
电流源	I_S	产生电能	—⊖→—

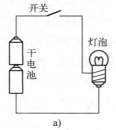
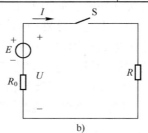

图 1-2　手电筒实际电路与电路模型

a）手电筒实际电路　b）手电筒电路模型

1.3　电流和电压及其参考方向

参考方向

1. 电流及其参考方向

　　单位时间内通过导体横截面的电荷［量］定义为电流，电流的大小用电流强度来衡量，电流强度简称为电流，用公式表示为

$$i = \frac{\mathrm{d}q}{\mathrm{d}t} \tag{1-1}$$

电流的大小和方向不随时间变化，即 $\frac{\mathrm{d}q}{\mathrm{d}t} =$ 常数，这种电流称为直流电流，用大写字母 I 表示。大小和方向随时间变化的电流称为交变电流，用小写字母 i 表示。

在国际单位制中，电流的单位是安［培］（A）。实际应用中，大电流用千安（kA）表示，小电流用毫安（mA）或者微安（μA）表示。它们的换算关系为

$$1\,\mathrm{kA} = 10^3\,\mathrm{A} = 10^6\,\mathrm{mA} = 10^9\,\mathrm{\mu A}$$

在外电场的作用下，正电荷将沿着电场方向运动，而负电荷将逆着电场方向运动。习惯上规定：正电荷运动的方向为电流的实际方向。

简单电路中，电流从电源正极流出，经过负载，回到电源负极。在分析复杂电路时，一般难以判断电流的实际方向，而列方程、进行定量计算时需要对电流有一个约定的方向；对于交流电流，电流的方向随时间改变，无法用一个固定的方向表示，因此引入电流的参考方向，或称为正方向。

参考方向可以任意设定，如用一个箭头表示某电流的假定正方向，就称之为该电流的参考方向。当电流的实际方向（虚线箭头）与参考方向（实线箭头）相同时，电流的值为正值，即 $i>0$，如图 1-3a 所示；当电流的实际方向与参考方向相反时，电流的值为负值，即 $i<0$，如图 1-3b 所示。

图 1-3　电流的参考方向与实际方向

a）电流的实际方向与参考方向相同　b）电流的实际方向与参考方向相反

电流的参考方向标记方法有两种：一种是在电路中，画一个实线箭头，并标出电流名称；另一种是用双下标表示，如 i_{ab} 表示电流参考方向由 a 流向 b。

2. 电压及其参考方向

电压又称为电势差或电位差。电场力把单位正电荷从 a 点经外电路（电源以外的电路）移送到 b 点所做的功，称为 a、b 两点间的电压，用公式表示为

$$u_{ab} = \frac{\mathrm{d}w}{\mathrm{d}q} \tag{1-2}$$

电压的实际方向规定由高电位到低电位，即电位降低的方向。在国际制单位中，电压的单位为伏［特］（V）。实际应用中，大电压用千伏（kV）表示，小电压用毫伏（mV）或微伏（μV）表示。它们的换算关系为

$$1\,\mathrm{kV} = 10^3\,\mathrm{V} = 10^6\,\mathrm{mV} = 10^9\,\mathrm{\mu V}$$

在比较复杂的电路中，往往不能事先知道电路中任意两点间的电压方向，为了分析和计算方便，在分析电路时同电流一样，电压也要设定参考方向。如图 1-4 所示，实线箭头代表参考方向，虚线箭头代表实际方向。按照所设定的参考方向分析电路，得出的电压为正值，即 $u>0$，表明电压的实际方向与参考方向相同，如图 1-4a 所示；反之，若得出的电压为负值，即 $u<0$，则表明电压的实际方向与参考方向相反，如图 1-4b 所示。

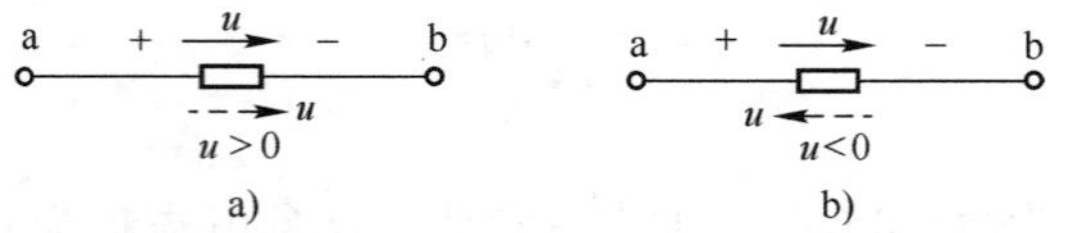

图 1-4 电压的参考方向与实际方向

a）电压的实际方向与参考方向相同　b）电压的实际方向与参考方向相反

　　电路中电压的参考方向除了用箭头和双下标表示之外，还可以用极性"+""−"符号表示。如 a、b 两点间的电压 u_{ab}，它的参考方向为由 a 指向 b；用极性"+""−"符号表示，若 a 点标"+"、b 点标"−"，则参考方向也是由 a 指向 b。

　　对任何电路进行分析时，应先标出各处电流的参考方向、电压的参考极性。一个元件的电流或者电压的参考方向可以任意指定，对于一个元件来说，如果电流的参考方向是从电压的"+"极性流入、"−"极性流出，即两者采用相同的参考方向，则称电压和电流的参考方向为关联参考方向，如图 1-5a 所示；否则称为非关联参考方向，如图 1-5b 所示。

　　在分析电路时，往往需要根据参考方向是否关联，选用相应公式计算。例如，电阻元件端电压和电流满足欧姆定律，在采用如图 1-6a 所示关联参考方向时，公式为

$$U=RI \tag{1-3}$$

若采用如图 1-6b 所示非关联参考方向，则公式为

$$U=-RI \tag{1-4}$$

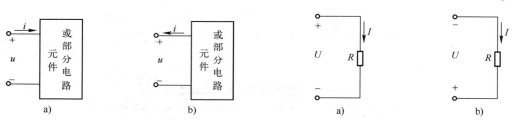

图 1-5　元件的关联参考方向和非关联参考方向

a）关联参考方向　b）非关联参考方向

图 1-6　参考方向与欧姆定律

a）关联参考方向　b）非关联参考方向

【思考与练习】

1.3.1　U_{ab} 是否表示 a 点的电位高于 b 点的电位？

1.3.2　电压与电动势有何区别？对于一个电源来说，它的电动势和端电压有何关系？

1.3.3　试写出电压与电流参考方向相同或相反时，欧姆定律的表达式。

1.4　电源的工作状态

　　电源的工作状态可分为有载、开路和短路三种，下面以直流电路为例，分别讨论三种状态时电流、电压和功率。

1.4.1　电源有载工作

　　如图 1-7 所示，将开关 S 合上，接通电源与负载，则电路中的电流为

$$I=\frac{E}{R_0+R_{\mathrm{L}}} \tag{1-5}$$

负载电阻两端的电压为

$$U=E-R_0I \tag{1-6}$$

由式（1-6）可知，电流越大，则电源端电压下降得越多，表示电源端电压 U 与输出电流 I 之间关系的曲线，称为电源的外特性曲线，如图 1-8 所示。电源内阻一般很小，当 $R_0 \approx 0$ 时，则

$$U \approx E$$

上式表示当电流（负载）变化时，电源的端电压变动不大，说明电源带负载能力强。

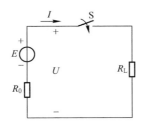
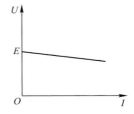

图 1-7　电源有载工作　　　图 1-8　电源的外特性曲线

将式（1-6）各项乘以电流 I，则得功率平衡式为

$$UI=EI-R_0I^2$$

即

$$P=P_E-\Delta P \tag{1-7}$$

式中，P_E 为电源产生的功率，$P_E=EI$；ΔP 为电源内阻上消耗的功率，$\Delta P=R_0I^2$；P 为电源输出的功率，$P=UI$。

电源有载工作时，电源产生的电功率等于负载和内阻消耗的电功率之和，功率是平衡的。

【例 1-1】如图 1-9 所示电路中，$U=220\,\text{V}$，$I=5\,\text{A}$，内阻 $R_{01}=R_{02}=0.6\,\Omega$，$E_1=223\,\text{V}$，$E_2=217\,\text{V}$。试说明功率平衡。

解：
$$E_1I=223\times5\,\text{W}=1115\,\text{W}$$
$$E_2I=217\times5\,\text{W}=1085\,\text{W}$$
$$I^2R_{01}=5^2\times0.6\,\text{W}=15\,\text{W}$$
$$I^2R_{02}=5^2\times0.6\,\text{W}=15\,\text{W}$$

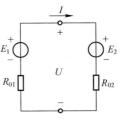

图 1-9　例 1-1 电路

所以
$$E_1I=E_2I+I^2R_{01}+I^2R_{02}$$
$$1115\,\text{W}=1085\,\text{W}+15\,\text{W}+15\,\text{W}$$
$$1115\,\text{W}=1115\,\text{W}$$

即，$E_1I=1115\,\text{W}$ 是电源产生的功率，E_2I 是负载消耗的功率，I^2R_{01}、I^2R_{02} 是内阻消耗的功率。

由例 1-1 可见，在一个电路中，电源产生的功率与负载以及内阻所消耗的功率之和是平衡的。E_2 看似电源，但起负载的作用，消耗功率。在分析电路时，还要判别哪个元件起电源作用、哪个元件起负载作用，即进行电源与负载判别。

由例 1-1 还可知，电路元件是电源还是负载，可通过计算其消耗或吸收功率来确定。电压 U 和电流 I 的实际方向相反时，即电流从电压"+"端流出，发出功率，是电源；电压 U 和电流 I 的实际方向相同时，即电流从电压"+"端流入，消耗功率，是负载。也可由 U

和 I 的参考方向来确定，当 U 和 I 的参考方向一致时，用 $P=UI$ 计算；否则，用 $P=-UI$ 计算。两种计算结果：$P<0$（负值），元件为电源；$P>0$（正值），元件为负载。

电路元件和电气设备所能承受的电压和电流有一定的限度，其工作电压、电流、功率都有一个规定的正常使用的数值，这一数值称为设备的额定值，电气设备在额定值工作时的状态称为额定工作状态。大多数电气设备（如电灯、电炉等）的寿命与其绝缘材料的耐热性能及绝缘强度有关。当电流超过额定值过多时，由于电气设备发热速度远远大于散热速度，设备的温度将很快上升，使绝缘层迅速老化、损坏；而当所加电压超过额定值过多时，绝缘材料可能被击穿。反之，如果电压或电流远低于其额定值，电气设备将无法在正常的情况下工作，就不能发挥其自身潜力。一般来说，电气设备在额定工作状态时是最经济合理和安全可靠的，并能保证电气设备有一定的使用寿命。电气设备的额定值常标在铭牌上或写在说明书中。额定电压、额定电流、额定功率分别用 U_N、I_N 和 P_N 表示。对于电源来说，当电源输出的电压和电流均为额定值时，电源便达到了额定工作状态，称为满载；当电源输出的电流或电压高于额定值时，称为过载；当电源输出的电流或电压低于额定值时，称为欠载。为了保证电气设备和器件（包括电线、电缆）安全、可靠和经济地工作，在使用时应充分考虑额定值。在使用电气设备时，注意电压、电流和功率的实际值不一定等于额定值。如电源额定电压为 220 V，但电源电压经常波动，额定值为 220 V、40 W 的电灯接入电源以后实际功率不一定等于 40 W。一般情况下，应该尽量保证电器在额定电压或电流下使用，以避免造成负载或电源损坏。

【例1-2】有一额定值为 220 V、60 W 的白炽灯，接在 220V 的电源上，试求通过该白炽灯的电流及其在 220 V 电压下工作时的电阻。如果每晚用 4 h，一个月消耗的电能是多少？

解：

$$I=\frac{P}{U}=\frac{60}{220}\,A=0.273\,A$$

$$R=\frac{U}{I}=\frac{220}{0.273}\,\Omega=806\,\Omega$$

$$W=Pt=60\,W\times(4\times30)\,h=0.06\,kW\times120\,h=7.2\,kW\cdot h$$

在国际单位制中，电能的单位是焦耳（J）。通常电业部门用"度"作为单位测量用户消耗的电能，度是千瓦·时（kW·h）的简称。1度（或1千瓦·时）电等于功率为 1 kW 的元件在 1 h 内消耗的电能。即

$$1\,度=1\,kW\cdot h=10^3\times3600\,J=3.6\times10^6\,J$$

1.4.2 电源开路工作

如图 1-10 所示电路中，当开关断开时，电源则处于开路（空载）状态，由于开路电路中电流为零，即 $I=0$，此时电源的端电压（称开路电压或空载电压 U_0）等于电源电动势，电源不输出电功率，即 $U_0=E$，$P=0$。

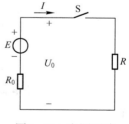

图 1-10　电源开路

1.4.3 电源短路工作

如图 1-11 所示电路中，当电源的两端或负载两端被短路线连接时，称为短路。短路造成电源和负载两端的电压为零，即 $U=0$，电源内部形成较大短路电流，即 $I=I_S=\dfrac{E}{R_0}$，电源

发出的功率为 $P_E = \Delta P = R_0 I^2$，全部消耗在内阻上，负载上的功率为零，即 $P = 0$。

短路是一种严重事故，应该尽力预防。产生短路的原因往往是绝缘损坏或接线不慎，因此经常检查电气设备和线路的绝缘情况是一项很重要的安全措施。为防止发生短路事故，通常在电路中接入熔断器，当发生短路时，能迅速将电源断开。

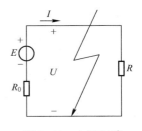

图 1-11　电源短路

【例 1-3】 如图 1-12 所示电路，有一直流电源，其额定功率 $P_N = 100\,\text{W}$，额定电压 $U_N = 50\,\text{V}$，内阻 $R_0 = 0.4\,\Omega$，负载电阻可以调节。试求：

1）额定工作状态下的电流 I_N 及负载电阻 R。

2）开路状态下的电源端电压 U。

3）电源短路状态下的电流 I_S。

解：1）额定电流为

$$I_N = \frac{P_N}{U_N} = \frac{100}{50}\,\text{A} = 2\,\text{A}$$

负载电阻为

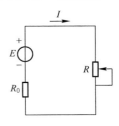

图 1-12　例 1-3 电路

$$R = \frac{U_N}{I_N} = \frac{50}{2}\,\Omega = 25\,\Omega$$

2）开路状态下的电源端电压为

$$U = E = U_N + I_N R_0 = (50 + 2 \times 0.4)\,\text{V} = 50.8\,\text{V}$$

3）电源短路状态下的电流为

$$I_S = \frac{E}{R_0} = \frac{50.8}{0.4}\,\text{A} = 127\,\text{A}$$

【思考与练习】

1.4.1　有一发电机，其铭牌数据上标有 "60 kW/220 V/160 A"。试问什么是发电机的空载运行、轻载运行、满载运行和过载运行？

1.4.2　根据日常观察，电灯在深夜要比黄昏时亮一些，为什么？

1.5　基尔霍夫定律

基尔霍夫定律（Kirchhoff's Law）于 1845 年由德国物理学家 G. R. 基尔霍夫提出，它是电路理论最基本的定律。基尔霍夫定律包括基尔霍夫电流定律（Kirchhoff's Current Law，KCL）及基尔霍夫电压定律（Kirchhoff's Voltage Law，KVL）。为了描述基尔霍夫定律，首先介绍几个基本概念。

支路：电路中的每一分支称为支路。如图 1-13 所示电路中，共有三条支路：acb、ab 和 adb。

节点：电路中三条或三条以上的支路相连接的点称为节点。如图 1-13 所示电路中，有两个节点：a 和 b。

回路：电路中任意一个闭合路径称为回路。如图 1-13 所示电路中，有三个回路：adbca、abca 和 abda。

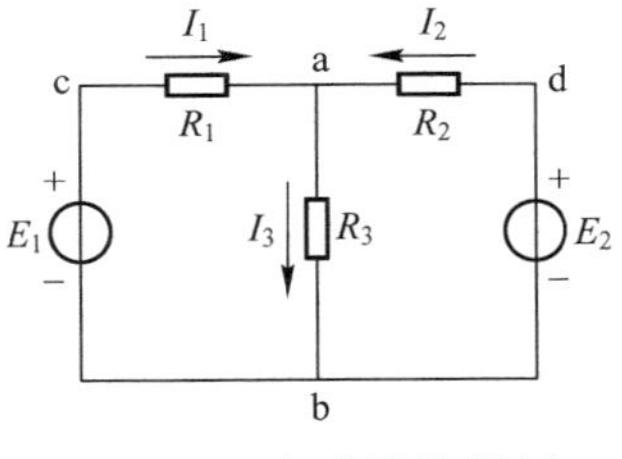

图 1-13　电路结构举例

网孔：电路内部不含有支路的回路称为网孔。如图1-13所示电路中，有两个网孔：abca 和 abda。

1.5.1 基尔霍夫电流定律

基尔霍夫电流定律

由于电流的连续性，电路中任何一点均不能堆积电荷，因此，在任一瞬时，流入某一节点的电流之和应该等于流出该节点的电流之和，这就是基尔霍夫电流定律，用公式表示为

$$\sum I_{入} = \sum I_{出} \qquad (1-8)$$

用代数表示电流，规定流入电流取正（或负）号，则流出电流规定取负（或正）号，那么基尔霍夫电流定律可表述为：在任一瞬间，一个节点上电流的代数和恒等于零，用公式表示为

$$\sum I = 0 \qquad (1-9)$$

对于如图1-14所示电路，对节点a写出节点电流方程为

$$I_1 + I_3 = I_2 + I_4$$

或

$$I_1 + I_3 - I_2 - I_4 = 0$$

图1-14 节点上支路电流关系

基尔霍夫电流定律不仅应用于节点，还可以把它推广应用于包围部分电路的任意假定的闭合面。如图1-15所示电路中，闭合面包围是一个三角形电路，它有三个节点。应用基尔霍夫电流定律可列出

$$I_A = I_{AB} - I_{CA}$$
$$I_B = I_{BC} - I_{AB}$$
$$I_C = I_{CA} - I_{BC}$$

以上三式相加得

$$I_A + I_B + I_C = 0$$

即

$$\sum I = 0$$

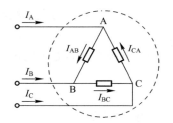

图1-15 基尔霍夫电流定律的推广应用

可见，在任一瞬间，通过任一闭合面电流的代数和也恒等于零。

【例1-4】 如图1-16所示电路，已知 $I_1 = 8\,A$，$I_2 = 16\,A$，$I_5 = 20\,A$，试求电路中的电流 I_3、I_4 和 I_6。

解： 根据基尔霍夫电流定律（KCL）可得

对a节点 $\qquad I_1 + I_2 = I_3$
$$I_3 = (8 + 16)\,A = 24\,A$$

对闭合曲面 abcd $\qquad I_1 + I_6 = I_5$
$$I_6 = I_5 - I_1 = (20 - 8)\,A = 12\,A$$

对c节点 $\qquad I_2 + I_4 = I_6$
$$I_4 = I_6 - I_2 = (12 - 16)\,A = -4\,A$$

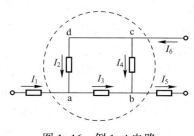

图1-16 例1-4电路

1.5.2　基尔霍夫电压定律

基尔霍夫电压定律

由于电路中任意一点的瞬时电位具有单值性，在任一瞬间，沿回路中任意一点出发，以顺时针方向或逆时针方向沿回路循行一周，则在这个方向上的电压升之和等于电压降之和，这就是基尔霍夫电压定律。用公式表示为

$$\sum U_{升} = \sum U_{降} \tag{1-10}$$

用代数表示电压，电压降规定取正（或负）号，则电压升规定取负（或正）号，那么基尔霍夫电压定律可表述为：在任一瞬间，沿任意回路循行方向，回路中各电压代数和恒等于零。用公式表示为

$$\sum U = 0 \tag{1-11}$$

以图 1-17 为例，图中电源电动势、电流的参考方向均已标出。

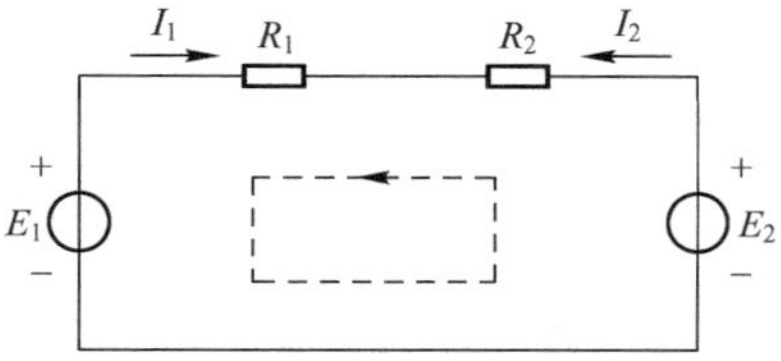

按照图 1-17 中虚线所示方向循行一周，根据基尔霍夫电压定律可列出

$$E_1 + R_2 I_2 = E_2 + R_1 I_1$$

或

$$E_1 + R_2 I_2 - E_2 - R_1 I_1 = 0 \tag{1-12}$$

图 1-17　回路电压关系

式（1-12）中，电动势的参考方向与所选回路循行方向相反者，取正号，一致者则取负号；电流的参考方向与回路循行方向一致者，则该电流在电阻上所产生的电压降取正号，相反者取负号。

基尔霍夫电压定律不仅应用于闭合回路，也可以把它推广应用于回路的部分电路，如图 1-18 所示电路，按基尔霍夫电压定律列回路方程为

$$E - U - RI = 0$$

即得出闭合回路的欧姆定律的表示式为

$$U = E - RI \tag{1-13}$$

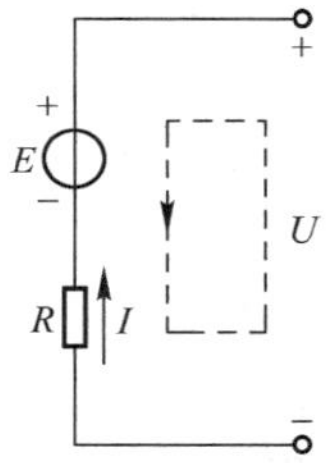

图 1-18　基尔霍夫电压定律的推广应用

应该注意：KVL 和 KCL 两个定律具有普遍适用性，适用于由各种元件所构成的电路，也适用于任一瞬时任意变化的电流和电压电路。

列方程时，不论是应用基尔霍夫定律或欧姆定律，首先要在电路图上标出电流、电压或电动势的参考方向；因为所列方程中各项前的正、负号是由它们的参考方向决定的，如果参考方向选得相反，则会相差一个负号。

【例 1-5】如图 1-19 所示电路，已知 $R_1 = R_2 = 6\ \Omega$，$R_3 = 8\ \Omega$，$E_1 = 30\ \mathrm{V}$，$E_2 = 20\ \mathrm{V}$。求电流 I 和 A、B 两点的电压 U_{AB}。

解：由基尔霍夫电压定律对回路 I 列方程为

$$E_1 - E_2 - (R_1 + R_2 + R_3)I = 0$$

求出

$$I = \frac{E_1 - E_2}{R_1 + R_2 + R_3} = \frac{30 - 20}{6 + 6 + 8}\ \mathrm{A} = 0.5\ \mathrm{A}$$

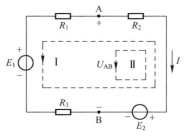
图 1-19　例 1-5 电路

对回路 II 列方程得

$$U_{AB} - E_2 - R_2 I = 0$$

求出

$$U_{AB} = E_2 + R_2 I = (20 + 6 \times 0.5) \text{ V} = 23 \text{ V}$$

【思考与练习】

1.5.1　如图 1-20 所示电路，试求：电流 I_4、I_5 和电动势 E。

1.5.2　如图 1-21 所示电路，试求开关 S 打开时电压 U_{ab} 的值。

1.5.3　如图 1-22 所示电路，根据式（1-8）和式（1-10）分别写出基尔霍夫电流定律和基尔霍夫电压定律的表达式。

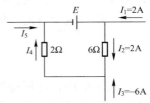

图 1-20　思考与练习题 1.5.1 电路

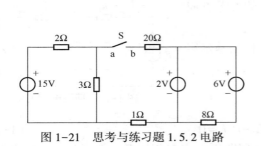

图 1-21　思考与练习题 1.5.2 电路

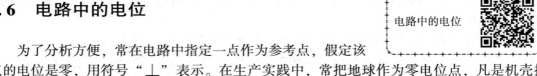

图 1-22　思考与练习题 1.5.3 电路

1.6　电路中的电位

为了分析方便，常在电路中指定一点作为参考点，假定该点的电位是零，用符号"⊥"表示。在生产实践中，常把地球作为零电位点，凡是机壳接地的设备（接地符号为"⊥"），机壳电位即为零电位。有些设备或装置，机壳并不接地，而是把许多元件的公共点作为零电位点，用符号"⊥"表示。同一电路中，只能选取一个参考点，工程上常选大地为参考点。

电路中其他各点相对于参考点的电压即是各点的电位，因此，任意两点间的电压等于这两点的电位之差，可以用电位的高低来衡量电路中某点电场能量的大小。某点电位为多少，是相对所选的参考点而言，否则是没有意义的。凡是比参考点电位高的各点电位是正电位，比参考点电位低的各点电位是负电位。

下面以图 1-23 所示电路来说明电位的计算方法。图中已经选定 b 点为参考点，即 $V_b = 0$，则可求得

$$V_a = U_{ab} = 3 \times 4 \text{ V} = 12 \text{ V}$$
$$V_c = U_{ca} + V_a = (-2 \times 10 + 12) \text{ V} = -8 \text{ V}$$

或

$$V_c = U_{cb} = -E_1 = -8 \text{ V}$$
$$V_d = U_{da} + V_a = (6 \times 8 + 12) \text{ V} = 60 \text{ V}$$

或

$$V_d = U_{db} = E_2 = 60 \text{ V}$$
$$U_{cd} = U_{ca} + U_{ad} = (-2 \times 10 - 6 \times 8) \text{ V} = -68 \text{ V}$$

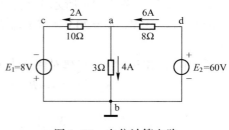

图 1-23　电位计算电路

若设选定 a 点为参考点，即 $V_a = 0$，则可求得

$$V_b = U_{ba} = -3 \times 4 \text{ V} = -12 \text{ V}$$

$$V_c = U_{ca} = -2 \times 10 \text{ V} = -20 \text{ V}$$

$$V_d = U_{da} = 6 \times 8 \text{ V} = 48 \text{ V}$$

$$U_{cd} = U_{ca} + U_{ad} = (-2 \times 10 - 6 \times 8) \text{ V} = -68 \text{ V}$$

从以上结果可以看出，电路中某一点的电位等于该点与
参考点之间的电压；参考点选取的不同，电路中同一点的电
位值不同，任意两点间的电压值是不变的，这也说明电路中
电位值是相对的，电压值是绝对的。

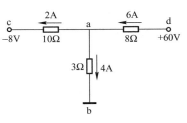

图 1-24　图 1-23 的简化电路

在电子电路中，为了绘图简便，习惯上不画出电源符号，
将电源一端"接地"，电位为零，在电源的另一端标出电位极性
与数值。如图 1-23 所示电路可以简化为如图 1-24 所示电路。

【例 1-6】　如图 1-25a 所示电路，试求开关 S 断开与闭合时电路中 A 点的电位。

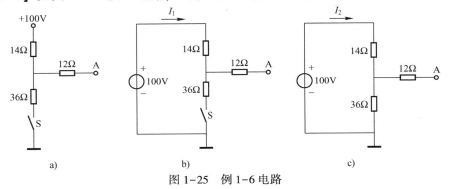

图 1-25　例 1-6 电路

解：当开关 S 断开时，电路如图 1-25b 所示，这时电流 $I_1 = 0$，因此，A 点的电位等于
电源电压，即 $V_A = 100 \text{ V}$。

当开关 S 闭合时，电路如图 1-25c 所示，这时电流为

$$I_2 = \frac{100}{14 + 36} \text{A} = 2 \text{ A}$$

因此，A 点的电位为

$$V_A = I_2 \times 36 = 2 \times 36 \text{ V} = 72 \text{ V}$$

【思考与练习】

1.6.1　如图 1-26 所示电路，求 C 点电位的调节范围。

1.6.2　如图 1-27 所示电路，试求开关 S 闭合和断开时 a、b、c 三点的电位。

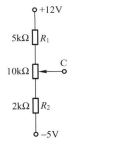

图 1-26　思考与练习题 1.6.1 电路

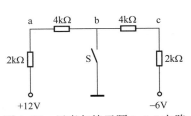

图 1-27　思考与练习题 1.6.2 电路

1.7 电阻的连接及其等效变换

1.7.1 电阻串联

如果电路中有两个或多个电阻一个接一个地顺序相连，并且这些电阻通过同一电流，称为电阻串联。如图 1-28a 所示电路为 $n(R_1、R_2、\cdots、R_n)$ 个线性电阻串联，可得

$$U=U_1+U_2+U_3+\cdots+U_n=R_1I+R_2I+R_3I+\cdots+R_nI$$
$$=(R_1+R_2+R_3+\cdots+R_n)I \tag{1-14}$$

图 1-28b 电路中，有

$$U=IR \tag{1-15}$$

图 1-28a 与图 1-28b 等效，则有

$$R=R_1+R_2+R_3+\cdots+R_n=\sum_{k=1}^{n}R_k \tag{1-16}$$

即串联总电阻等于各个串联电阻之和。

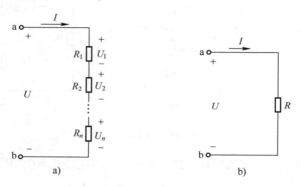

图 1-28 电阻串联及其等效电路
a）电阻串联电路 b）等效电路

在电阻串联电路中，串联电阻上的分压与其电阻成正比。因此，在回路中串联电阻可以分压、限流。即

$$\begin{cases} U_1=R_1I=\dfrac{R_1}{R}U \\[2mm] U_2=R_2I=\dfrac{R_2}{R}U \\[2mm] \quad\vdots \\[2mm] U_k=R_kI=\dfrac{R_k}{R}U \end{cases} \tag{1-17}$$

【例 1-7】 如图 1-29 所示电路，已知 $U=14\text{ V}$，$R_1=3\ \Omega$，$R_2=4\ \Omega$，求电流 I、电压 U_1 和 U_2。

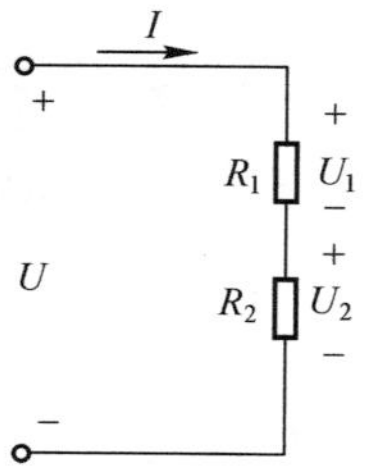

解： 等效电阻　　$R=R_1+R_2=(3+4)\ \Omega=7\ \Omega$

电流　　　　　　$I=\dfrac{U}{R}=\dfrac{14}{7}\text{ A}=2\text{ A}$

图 1-29 例 1-7 电路

电压　$U_1 = \dfrac{R_1}{R_1+R_2}U = \dfrac{3}{3+4}\times14\,\text{V} = 6\,\text{V}$　或　$U_1 = IR_1 = 2\times3\,\text{V} = 6\,\text{V}$

电压　$U_2 = \dfrac{R_2}{R_1+R_2}U = \dfrac{4}{3+4}\times14\,\text{V} = 8\,\text{V}$　或　$U_2 = IR_2 = 2\times4\,\text{V} = 8\,\text{V}$

1.7.2　电阻并联

如果两个或多个电阻连接在两个公共节点之间，称为电阻并联。如图 1-30a 所示电路中，有 $n(R_1、R_2、\cdots、R_n)$ 个线性电阻并联，可得

$$I = I_1+I_2+I_3+\cdots+I_n = U\frac{1}{R_1}+U\frac{1}{R_2}+U\frac{1}{R_3}+\cdots+U\frac{1}{R_n}$$
$$= U\left(\frac{1}{R_1}+\frac{1}{R_2}+\frac{1}{R_3}+\cdots+\frac{1}{R_n}\right) \tag{1-18}$$

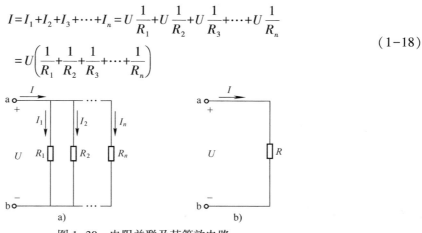

图 1-30　电阻并联及其等效电路

a) 电阻并联电路　b) 等效电路

图 1-30b 电路中，有

$$I = \frac{1}{R}U \tag{1-19}$$

图 1-30a 与图 1-30b 等效，则有

$$\frac{1}{R} = \frac{1}{R_1}+\frac{1}{R_2}+\frac{1}{R_3}+\cdots+\frac{1}{R_n} = \sum_{k=1}^{n}\frac{1}{R_k} = \sum_{k=1}^{n}G_k \tag{1-20}$$

式中，G 为电导，是电阻的倒数。在国际单位制中，电导的单位是西门子（S）。

在电阻并联电路中，并联电阻上的电流与其电阻成反比。因此，在回路中并联电阻可以分流、限压。

$$\begin{cases} I_1 = \dfrac{U}{R_1} = \dfrac{R}{R_1}I \\[2mm] I_2 = \dfrac{U}{R_2} = \dfrac{R}{R_2}I \\[2mm] \quad\vdots \\[2mm] I_n = \dfrac{U}{R_n} = \dfrac{R}{R_n}I \end{cases} \tag{1-21}$$

【例 1-8】 如图 1-31 所示电路，已知 $U = 12\,\text{V}$，$R_1 = 3\,\Omega$，$R_2 = 6\,\Omega$，求电流 I、I_1 和 I_2。

解： 等效电阻　　　　　　$R = \dfrac{R_1R_2}{R_1+R_2} = \dfrac{3\times6}{3+6}\Omega = 2\,\Omega$

电流
$$I=\frac{U}{R}=\frac{12}{2}\mathrm{A}=6\,\mathrm{A}$$

电流　$I_1=\dfrac{R_2}{R_1+R_2}I=\dfrac{6}{3+6}\times 6\,\mathrm{A}=4\,\mathrm{A}$　或　$I_1=\dfrac{U}{R_1}=\dfrac{12}{3}\mathrm{A}=4\,\mathrm{A}$

电流　$I_2=\dfrac{R_1}{R_1+R_2}I=\dfrac{3}{3+6}\times 6\,\mathrm{A}=2\,\mathrm{A}$　或　$I_2=\dfrac{U}{R_2}=\dfrac{12}{6}\mathrm{A}=2\,\mathrm{A}$

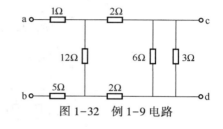

图 1-31　例 1-8 电路

若电路既有串联又有并联，则称为混联电路。可以通过串联等效和并联等效化简电路，最后可以等效为一个电阻。

【例 1-9】 试求如图 1-32 所示混联电路的等效电阻 R_{ab} 和 R_{cd}。

解： 对端口等效，应注意电路结构，通过串、并联等效逐一化简，列出计算式为

$$R_{ab}=1\,\Omega+\frac{\left(2+\dfrac{3\times 6}{3+6}+2\right)\times 12}{\left(2+\dfrac{3\times 6}{3+6}+2\right)+12}\Omega+5\,\Omega=10\,\Omega$$

$$R_{cd}=\frac{\left(\dfrac{3\times 6}{3+6}\right)\times(2+2+12)}{\left(\dfrac{3\times 6}{3+6}\right)+(2+2+12)}\Omega=1.78\,\Omega$$

图 1-32　例 1-9 电路

1.7.3　电阻星形联结与三角形联结

利用电阻的串、并联等效变换可以简化很多电路，进而求解电路。但也有一些电路无法用电阻的串、并联等效变换进行简化。如图 1-33 所示的桥式电路，其电路的电阻既不是串联也不是并联，无法用电阻串、并联等效变换来简化。

如图 1-34 所示的两种电阻连接称为星形联结（Y联结）和三角形联结（△联结）。在一定的条件下，这两种接法的电阻电路可以等效变换，而电路中其余部分的电压和电流不受影响。

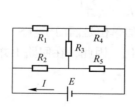

图 1-33　桥式电路

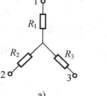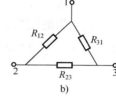

图 1-34　电阻的星形联结和三角形联结
a) 星形联结　b) 三角形联结

假设图 1-34 中电阻的星形联结和三角形联结是等效的，那么两个电阻网络在 3 端开路时，1 端和 2 端之间的等效电阻相等。即

$$R_1+R_2=R_{12}//(R_{23}+R_{31})=\frac{R_{12}(R_{23}+R_{31})}{R_{12}+R_{23}+R_{31}}$$

同理，在 2 端开路时，3 端和 1 端之间的等效电阻相等；在 1 端开路时，2 端和 3 端之间的等效电阻相等。即

$$R_2 + R_3 = R_{23} // (R_{31} + R_{12}) = \frac{R_{23}(R_{31} + R_{12})}{R_{12} + R_{23} + R_{31}}$$

$$R_3 + R_1 = R_{31} // (R_{12} + R_{23}) = \frac{R_{31}(R_{12} + R_{23})}{R_{12} + R_{23} + R_{31}}$$

以上三个式子联立求解，得

$$\begin{cases} R_1 = \dfrac{R_{31}R_{12}}{R_{12} + R_{23} + R_{31}} \\[2mm] R_2 = \dfrac{R_{12}R_{23}}{R_{12} + R_{23} + R_{31}} \\[2mm] R_3 = \dfrac{R_{23}R_{31}}{R_{12} + R_{23} + R_{31}} \end{cases} \quad 及 \quad \begin{cases} R_{12} = \dfrac{R_1 R_2 + R_2 R_3 + R_3 R_1}{R_3} \\[2mm] R_{23} = \dfrac{R_1 R_2 + R_2 R_3 + R_3 R_1}{R_1} \\[2mm] R_{31} = \dfrac{R_1 R_2 + R_2 R_3 + R_3 R_1}{R_2} \end{cases} \quad (1-22)$$

式（1-22）为三角形联结电阻电路等效变换为星形联结电阻电路，或星形联结电阻电路等效变换为三角形联结电阻电路的电阻计算公式。

当星形联结电阻电路对称，即 $R_1 = R_2 = R_3 = R_Y$ 时，等效三角形联结电阻电路也是对称的，且有

$$R_{12} = R_{23} = R_{31} = R_\triangle = 3R_Y \quad (1-23)$$

当三角形联结电阻电路对称，即 $R_{12} = R_{23} = R_{31} = R_\triangle$ 时，等效星形联结电阻电路也是对称的，且有

$$R_1 = R_2 = R_3 = R_Y = \frac{R_\triangle}{3} \quad (1-24)$$

【例 1-10】 计算如图 1-35a 所示电路中的电流 I_1。

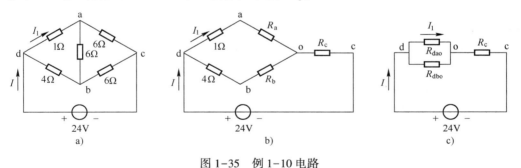

图 1-35 例 1-10 电路

解： 将连成三角形 abc 的电阻变换为星形联结的等效电阻，其电路如图 1-35b 所示。由式（1-24）可得

$$R_a = R_b = R_c = R_Y = \frac{R_\triangle}{3} = \frac{1}{3} \times 6\,\Omega = 2\,\Omega$$

将图 1-35b 化为图 1-35c 所示电路，其中

$$R_{dao} = (1 + 2)\,\Omega = 3\,\Omega$$

$$R_{dbo} = (4 + 2)\,\Omega = 6\,\Omega$$

$$I = \frac{24}{\dfrac{6 \times 3}{6 + 3} + 2}\,A = 6\,A$$

$$I_1 = \frac{6}{6+3} \times 6 \, \text{A} = 4 \, \text{A}$$

【思考与练习】

1.7.1　今需要一只 1 W、500 kΩ 电阻元件，但只有 0.5 W 的 250 kΩ 和 0.5 W 的 1 MΩ 的电阻元件若干只，试问应怎样解决？

1.7.2　通常电灯开得越多，总负载电阻越大还是越小？

1.7.3　110 V、100 W 和 110 V、40 W 有两种白炽灯，能否将它们串接在 220 V 的工频交流电源上使用？试分析说明。

本章小结

1. 电路的作用与组成

电路的作用：一是实现能量的传输、分配和转换；二是实现信号的传递和处理。

电路的组成分为三部分：一是向电路提供电能或信号的电气元件，称为电源或信号源；二是用电设备，称为负载；三是中间环节。

2. 电路模型。电路模型是实际电路结构及功能的抽象化表示，是各种理想化元件模型的组合。在电路理论研究中，采用电路模型代替实际电路加以分析和研究。

3. 电路中的电流和电压。

1）电流：带电粒子有规律的定向移动形成电流。用电流强度来衡量电流的大小。规定电流的实际方向为正电荷运动的方向；当电流的实际方向与参考方向相同时，电流的数值即为正值，反之为负值。

2）电压：电路中两点之间的电位差。规定电压的实际方向为电位降低的方向；当电压的实际方向与参考方向相同时，电压的数值即为正值，反之为负值。

4. 电源有有载、开路和短路三种工作状态。选用电路元件时应重点注意其额定值。电路在工作时应防止发生短路故障。

5. 电源与负载的判别：当电压和电流的实际方向相同时，元件是负载，吸收功率；反之，当两者的实际方向相反时，元件是电源，发出功率。

6. 基尔霍夫定律

基尔霍夫电流定律（KCL）：在任一时刻流入该节点的电流之和等于流出该节点的电流之和，即 $\sum I_\text{入} = \sum I_\text{出}(\sum I = 0)$。它不仅可以应用于具体电路中的某一节点，还可以推广应用于任一广义节点。

基尔霍夫电压定律（KVL）：在任一瞬间，沿任一闭合回路绕行一周，则在这个方向上的电压升之和等于电压降之和，即 $\sum U_\text{升} = \sum U_\text{降}(\sum U = 0)$。

7. 电路中任一点的电位就是该点到参考点（也称零电位点）之间的电压。确定电路中各点的电位时必须选定参考点。若参考点不同，则各点的电位值就不同。在一个电路中只能选一个参考点。电路中任意两点间的电压值不随参考点而变化，即与参考点无关。

8. 电阻的串并连接

串联电阻：两个或两个以上电阻首尾顺次连接，这些电阻通过同一电流。串联总电阻等于串联电阻之和。串联电阻上的分压与其电阻成正比。

并联电阻：两个或两个以上电阻接在两个公共节点之间。这些电阻两端电压相同。并联总电阻倒数等于各个并联电阻倒数之和。串联电阻上的分流与其电阻成反比。

自测题

一、填空题

1. 电路的作用是实现电能的（　　　　）、（　　　　）和（　　　　）；实现信号的（　　　　）和（　　　　）。

2. 电路的基本组成有（　　　　）、（　　　　）、（　　　　）三部分。

3. 电源就是将其他形式的能量转换成（　　　　）的装置。

4. 负载就是所有用电设备，即把（　　　　）转换成其他形式能量的设备。

5. 常用的理想电路元件有（　　　　）、（　　　　）、电容元件和电源元件。

6. 电压或电流的参考方向与实际方向相同，电压或电流的值为（　　　　），反之为（　　　　）。

7. 电路中任意一个闭合路径称为（　　　　）；三条或三条以上支路的交点称为（　　　　）。

8. 基尔霍夫电流定律简称为（　　　　），用公式表示为（　　　　）或（　　　　）。

9. 基尔霍夫电压定律简称为（　　　　），用公式表示为（　　　　）或（　　　　）。

10. 电源的三种工作状态是（　　　　）、（　　　　）、（　　　　）。

11. 电气设备工作时，高于额定电压称为（　　　　）；低于额定电压称为（　　　　）；等于额定电压称为（　　　　）。

12. 为防止电源出现短路故障，通常在电路中安装（　　　　）。

13. 电源开路时，电源两端的电压等于电源的（　　　　）。

14. 某点的电位就是该点到（　　　　）的电压。

15. 电路中电位的参考点发生变化后，其他各点的电位（　　　　），两点之间的电压（　　　　）。

16. 串联电阻分压与电阻成（　　　　），并联电阻分流与电阻成（　　　　）。

二、判断题

1. 一个 $1/4\,\mathrm{W}$、$100\,\Omega$ 的金属膜电阻，能够接在 50V 电源上使用。（　　　）

2. 电阻、电流和电压都是电路中的基本物理量。（　　　）

3. 习惯上规定电压的实际方向是从高电位端指向低电位端，与电动势的实际方向相同。（　　　）

4. 电路中电压（电流）的值为正值，说明电压（电流）的参考方向与实际方向相同。（　　　）

5. 关联参考方向是指电压与电流的参考方向一致。（　　　）

6. 一般情况下电路中标出的电压和电流方向都是实际方向。（　　　）

7. 电路中某一电路元件功率为负值时，该元件为电源或起电源作用。（　　　）

8. 电路模型是由理想电路元件组成的电路。（　　　）

9. 基尔霍夫电流定律是根据电流连续性原理得到的。（　　　）

10. 若电路元件电压和电流的实际方向相同，则一定是吸收功率，起负载作用。（　　　）

11. 任意两点间的电压就是这两点的电位差。（　　　）

12. 电路中各点电位的高低与零电位点选取有关。（　　　）

13. 电压是产生电流的根本原因，因此电路中有电压必有电流。（　　　）

14. 电路中两点的电位很高，则这两点间的电压也一定很高。（　　　）

15. 串联电阻上电压的分配与电阻成正比。（　　　）

16. 电路中电阻的连接方式只有串联和并联。（　　　）

三、选择题

1. 如图 1-36 所示电路，已知电流 $I_1 = 1\,\mathrm{A}$，$I_3 = -2\,\mathrm{A}$，则电流 I_2 为（　　　　）。

A. −3 A   B. −1 A   C. 3 A   D. 2 A

2. 如图 1-37 所示电路，下列关系式正确的是（   ）。

A. $U=E+R_0I$ B. $U=E-R_LI$ C. $U=E-R_0I$ D. $U=E+R_LI$

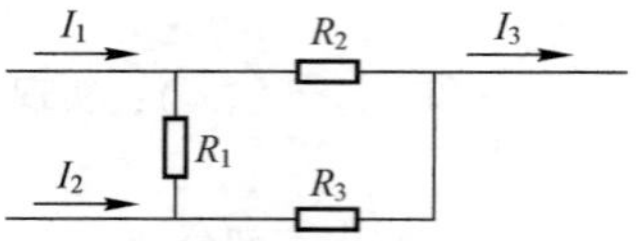

图 1-36　选择题 1 电路 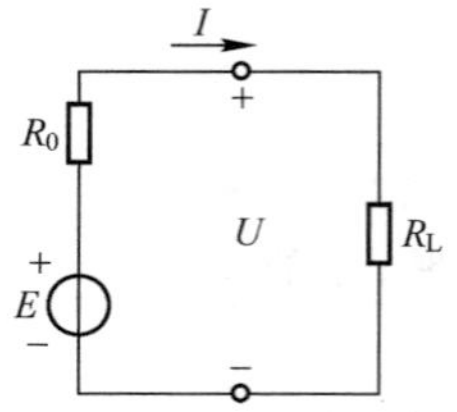　　　图 1-37　选择题 2 电路

3. 如图 1-38 所示电路，A、B 端电压 $U=$（   ）。

A. −2 V   B. −1 V

C. 2 V   D. 3 V

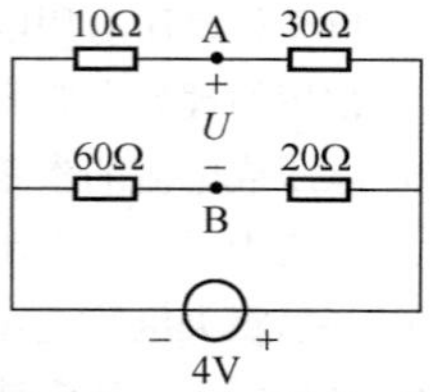

4. 对基尔霍夫定律，描述正确的是（   ）。

A. 基尔霍夫电流定律反映回路中电流相互制约的关系

B. 基尔霍夫电流定律反映节点上电流相互制约的关系

C. 基尔霍夫电压定律反映回路中电流相互制约的关系

D. 基尔霍夫电压定律反映节点上电流相互制约的关系

图 1-38　选择题 3 电路

5. 如图 1-39 所示电路，电压 U 为（   ）。

A. −15 V   B. 15 V   C. 45 V   D. −45 V

6. 如图 1-40 所示电路，$U_2=8$ V，$I_1=3$ A。判断 U_1、U_2 工作状态（   ）。

A. U_1、U_2 发出功率   B. U_1 发出功率，U_2 吸收功率

C. U_1 吸收功率，U_2 发出功率   D. U_1、U_2 吸收功率

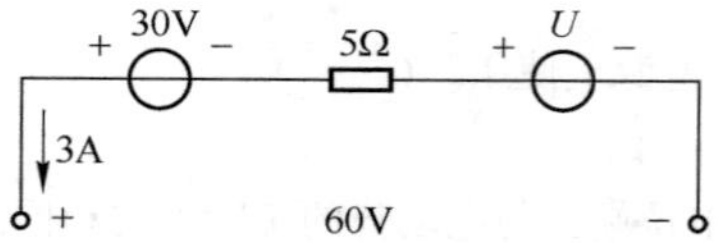

图 1-39　选择题 5 电路 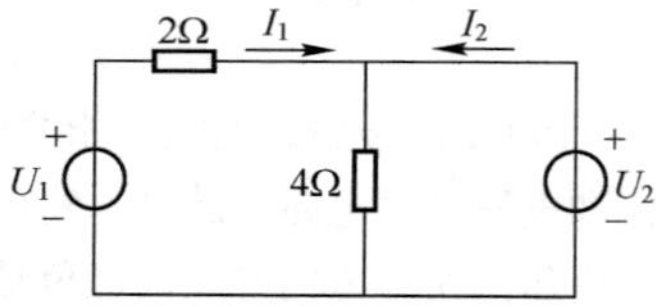　　　图 1-40　选择题 6 电路

7. 一个输出电压几乎不变的设备有载运行，当负载增大时，是指（   ）。

A. 负载电阻增大   B. 负载电阻减小   C. 电源输出的电流增大

8. 用一只额定值为 110 V、100 W 的白炽灯和一只额定值为 110 V、40 W 的白炽灯串联后接到 220 V 的电源上，当开关闭合时，（   ）。

A. 40 W 的灯丝烧坏   B. 100 W 的灯丝烧坏   C. 都能正常工作

9. 将额定值为 220 V、100 W 的灯泡接在 110 V 电路中，其实际功率为（   ）。

A. 100 W   B. 50 W   C. 25 W   D. 12.5 W

10. 如图 1-41 所示电路，A 点的电位 V_A 为（   ）。

A. 0 V   B. 15 V   C. −15 V   D. 5 V

11. 如图 1-42 所示电路，A、B 两点间的等效电阻与电路中的 R_L 相等，则 R_L 为（   ）。

A. 10 kΩ   B. 30 Ω   C. 20 Ω   D. 40 Ω

12. 如图 1-43 所示电阻并联电路，估算 A、B 间等效电阻值（误差不超过 5%）为（   ）。

A. 100 kΩ   B. 50 kΩ   C. 1 kΩ   D. 10 kΩ

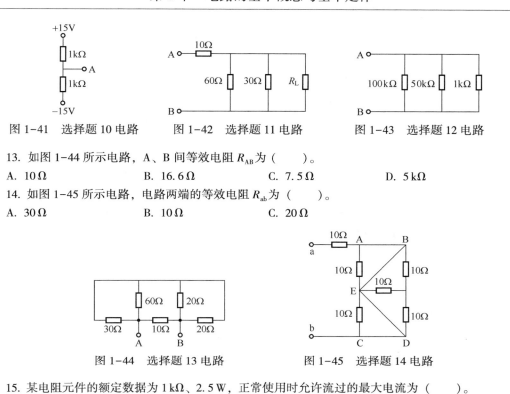

图 1-41　选择题 10 电路　　图 1-42　选择题 11 电路　　图 1-43　选择题 12 电路

13. 如图 1-44 所示电路，A、B 间等效电阻 R_{AB} 为（　　）。

A. 10 Ω　　　　　B. 16.6 Ω　　　　　C. 7.5 Ω　　　　　D. 5 kΩ

14. 如图 1-45 所示电路，电路两端的等效电阻 R_{ab} 为（　　）。

A. 30 Ω　　　　　B. 10 Ω　　　　　C. 20 Ω

图 1-44　选择题 13 电路　　　　图 1-45　选择题 14 电路

15. 某电阻元件的额定数据为 1 kΩ、2.5 W，正常使用时允许流过的最大电流为（　　）。

A. 50 mA　　　　B. 2.5 mA　　　　C. 250 mA　　　　D. 500 mA

16. 有一段 16 Ω 的导线，把它们对折起来作为一根导线用，其电阻为（　　）。

A. 8 Ω　　　　　B. 16 Ω　　　　　C. 4 Ω　　　　　D. 32 Ω

17. 有 220 V、100 W 和 220 V、25 W 白炽灯两盏，串联后接入 220 V 交流电源，其亮度情况是（　　）。

A. 100 W 灯最亮　　　B. 25 W 灯最亮　　　C. 两盏灯一样亮

习题

1.1　求如图 1-46 所示各电路中未知量的值。

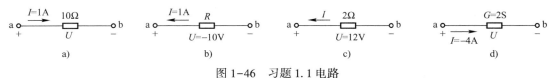

图 1-46　习题 1.1 电路

1.2　如图 1-47 所示电路，方框代表电源或负载。已知 $U=220$ V，$I=-3$ A，试判断下列方框中哪些是电源，哪些是负载？

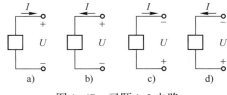

图 1-47　习题 1.2 电路

1.3　图 1-48 为一电池电路，试分别说明：当 $U=3$ V、$E=5$ V 时或当 $U=5$ V、$E=3$ V 时，该电池作为

电源还是作为负载用？电流 I 是正值还是负值？

1.4 如图 1-49 所示电路，已知 $I_1 = 4\,\text{A}$，$I_2 = -2\,\text{A}$，$I_3 = 1\,\text{A}$，$I_4 = -3\,\text{A}$，求 I_5。

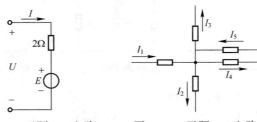

图 1-48 习题 1.3 电路 图 1-49 习题 1.4 电路

1.5 如图 1-50 所示电路，试求电流 I、I_1 和电压 U；并判断元件 1 和元件 2 是电源还是负载？

1.6 如图 1-51 所示电路，计算电流 I、电压 U 和电阻 R。

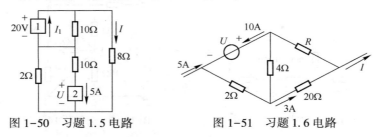

图 1-50 习题 1.5 电路 图 1-51 习题 1.6 电路

1.7 如图 1-52 所示电路，当开关 S 断开时，求电流 I_1、I 及 U_{ab} 的值。

1.8 如图 1-53 所示电路，根据基尔霍夫定律求电路中的电流 I_1 和 I_2。

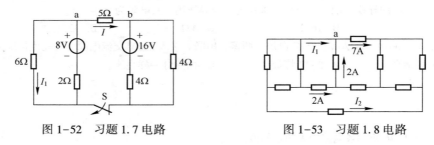

图 1-52 习题 1.7 电路 图 1-53 习题 1.8 电路

1.9 如图 1-54 所示电路，已知 $E_1 = 4\,\text{V}$，$E_2 = 7\,\text{V}$。求 A、B 间的电压 U_{AB}。

1.10 如图 1-55 所示电路，求电路的开路电压 U_{oc}。

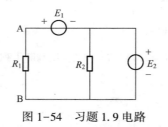 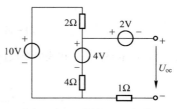

图 1-54 习题 1.9 电路 图 1-55 习题 1.10 电路

1.11 如图 1-56 所示电路，求 A 点和 B 点的电位。如将 A、B 两点直接连接或接一电阻，对电路工作有无影响？

1.12 如图 1-57 所示电路，在开关 S 断开和闭合的两种情况下试求 A 点的电位。

1.13 如图 1-58 所示电路，试计算 A 点的电位。

1.14 如图 1-59 所示电路，已知 $E_1 = 6\,\text{V}$，$E_2 = 4\,\text{V}$，$R_1 = 4\,\Omega$，$R_2 = R_3 = 2\,\Omega$，求 A 点电位 V_A。

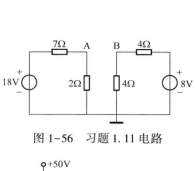

图 1-56   习题 1.11 电路

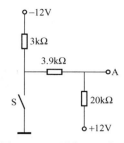

图 1-57   习题 1.12 电路

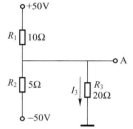

图 1-58   习题 1.13 电路

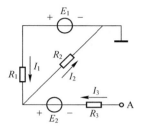

图 1-59   习题 1.14 电路

1.15   如图 1-60 所示电路，已知 $R_1 = R_2 = R_3 = R_4 = 30\ \Omega$，$R_5 = 60\ \Omega$，求在开关 S 断开和闭合两种状态下，a、b 两端的等效电阻。

1.16   如图 1-61 所示电路，试计算 a、b 两端的等效电阻。

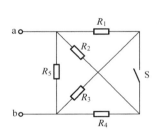

图 1-60   习题 1.15 电路

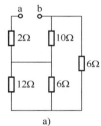

a)

b)

图 1-61   习题 1.16 电路

1.17   有一个额定值为 220 V、60 W 的白炽灯，能否接在 380 V 的电源上使用？若将它接到 127 V 的电源上使用，其实际功率为多少？

1.18   如图 1-62 所示电路，当只有开关 S_1 闭合时，电流表读数为 2 A；断开 S_1，闭合 S_2 后，电流表读数为 1 A。试求电动势 E 和内阻 R_0。

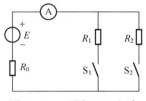

图 1-62   习题 1.18 电路

第 1 章答案

第2章 电路的分析方法

【内容提要】 本章以直流电阻电路为例介绍几种常用基本分析方法，如电源等效变换法、支路电流法、节点电压法、叠加定理、戴维南定理、诺顿定理和非线性电阻电路的分析法，这几种分析方法不仅适用于直流复杂电路，也适用于正弦交流电路。

【本章目标】 掌握电源等效变换法、支路电流法、叠加定理和戴维南定理等电路的基本分析方法；了解非线性电阻元件的伏安特性及静态电阻、动态电阻的概念，以及简单非线性电阻电路的图解分析法。

2.1 电源等效变换

电源是将非电能转换为电能的元件或装置，它的作用是给外电路提供电能或电信号。根据电源能否独立地为电路提供能量，把电源分为独立电源和受控电源。

2.1.1 独立电源

一个独立电源可用两种不同的电路模型表示。用电压形式表示的称为电压源；用电流形式表示的称为电流源。电压源的电压或电流源的电流不受外电路的控制而独立存在的电源，称为独立电源。

1. 电压源

电压源是实际电源的一种电路模型，如干电池、发电机等，由电动势 E 和内阻 R_0 串联组成，电压源的模型如图 2-1a 所示。

电压源接负载电阻的电路如图 2-1b 所示，U 为电源接负载后的电源端电压，R_L 为负载电阻，I 为负载电流，可得

$$U = E - IR_0 \qquad (2-1)$$

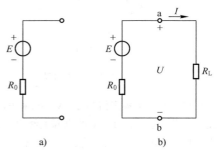

图 2-1 电压源模型及接负载电路
a) 电压源的模型 b) 电压源接负载电路

式 (2-1) 方程对应的曲线称为电压源的外特性曲线，如图 2-2 所示。

1) 当电压源开路时，$I=0$，$U=U_0=E$，U_0 称为开路电压。

2) 当电压源短路时，$U=0$，$I=I_S=\dfrac{E}{R_0}$，I_S 称为短路电流。

3) 当电压源有载工作时，$U<E$，其差值是内阻上的电压降 IR_0。当负载电流增加时，输出电压 U 将下降。R_0 越小，输出电压 U 随负载电流增加而降落得越小，则外特性曲线越平，电压源带负载能力越强。

当 $R_0=0$ 时，$U=E$，称为理想电压源或恒压源，其电路如图 2-3 所示。如果一个电源的内阻远小于负载电阻，即 $R_0 \ll R_L$，则内阻上的电压降 $IR_0 \ll U$，于是 $U \approx E$，基本上恒定，可

以看成理想电压源。

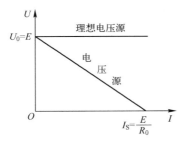

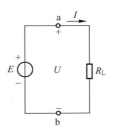

图 2-2　电压源和理想电压源的外特性曲线　　　图 2-3　理想电压源电路

2. 电流源

电流源是实际电源的另一种电路模型，如光电池等，它是由电流 I_S 和电阻 R_0 并联组成的。电流源的模型如图 2-4a 所示。

电流源接负载的电路如图 2-4b 所示，I_S 为电流源发出的电流，U 为电源接负载后的电源端电压，R_L 为负载电阻，I 为负载电流，可得

$$I_S = \frac{U}{R_0} + I \tag{2-2}$$

式（2-2）为电流源的外特性方程，对应的曲线为电流源的外特性曲线，如图 2-5 所示。

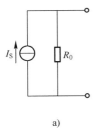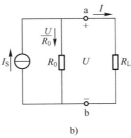

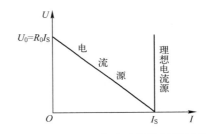

图 2-4　电流源模型及接负载电路　　　　　图 2-5　电流源和理想电流源的外特性曲线
a）电流源的模型　b）电流源接负载电路

1）当电流源开路时，$I=0$，$U=U_0=I_S R_0$。

2）当电流源短路时，$U=0$，$I=I_S$。

3）当电流源有载工作时，负载电阻增加，负载分得的电流将减少，输出电压 U 将随之增大。R_0 越大，外特性曲线越陡，电流源带负载能力越强。

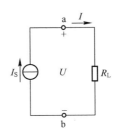

图 2-6　理想电流源电路

由式（2-2）可知，当 $R_0=\infty$ 时，电流 I 恒等于 I_S，而其两端的电压是任意的，由负载电阻 R_L 的大小确定，称为理想电流源或恒流源，其电路如图 2-6 所示。如果电流源的内阻远大于负载电阻，即 $R_0 \gg R_L$，则输出电流 $I \approx I_S$，基本上恒定，可以看成理想电流源。

3. 电压源与电流源等效变换

通过前面讨论可知，一个实际的电源可以用理想电压源（电动势）E 和内阻 R_0 的串联，即用电压源模型来描述它；也

电压源与电流源
等效变换

可以用理想电流源 I_S 与内阻 R_0 的并联，即用电流源模型来描述它；对于电源的外电路而言，这两种表示方法是等效的，或者说，在负载端电压 U 和输出电流 I 不变的条件下，电压源模型与电流源模型是可以等效变换的，两者之间的等效变换条件为

$$I_S = \frac{E}{R_0} \quad \text{或} \quad E = R_0 I_S \tag{2-3}$$

两种表示形式中的内电阻 R_0 相同，如图 2-7 所示。但要注意，不管是电压源模型变换为电流源模型，还是电流源模型变换为电压源模型，E 和 I_S 的方向必须一致，以使负载的电流方向保持不变。

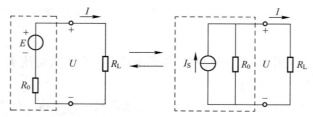

图 2-7 电压源模型和电流源模型的等效变换

【例 2-1】 如图 2-8a 所示电路，用电压源与电流源等效变换的方法求电路中的 I。

解：图 2-8b 把图 a 中 6 V、3 Ω 电压源等效为 2 A、3 Ω 的电流源；图 2-8c 合并图 b 中电流源和电阻；图 2-8d 把图 c 中电流源 4 A、2 Ω 等效为 8 V、2 Ω 电压源；图 2-8e 把图 d 电压源等效为电流源；由图 2-8f 可求得电流为

$$I = \frac{2}{2+1} \times 3 \text{ A} = 2 \text{ A}$$

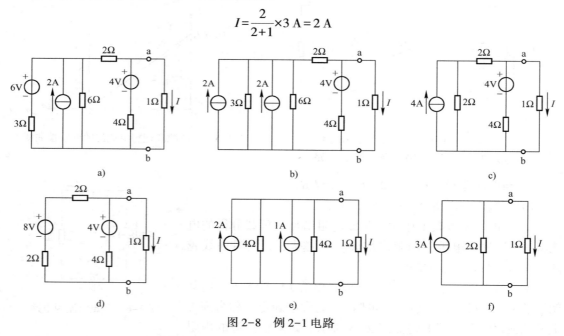

图 2-8 例 2-1 电路

利用电压源与电流源等效变换时，还需注意：

1）实际电源两种模型仅对外电路等效，等效前后的电源对外电路的电压 U 和电流 I 保持不变。

2）在进行电源变换时，要使变换后的 E 和 I_S 的方向一致，即理想电流源流入节点的一端与理想电压源的正极对应。

3）理想电压源和理想电流源本身之间不能进行等效变换。对理想电压源（$R_0 = 0$）而言，其短路电流 I_S 为无穷大；对理想电流源（$R_0 \to \infty$）而言，其开路电压 U_0 为无穷大，均得不到有限的数值。

4）与理想电流源串联的电阻对其他支路不起作用，等效变换时应去掉该电阻，如图 2-9 所示。

5）与理想电压源并联的电阻对其他支路不起作用，等效变换时应去掉该电阻，如图 2-10 所示。

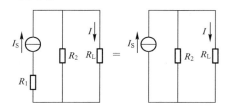

图 2-9　理想电流源与电阻串联等效电路

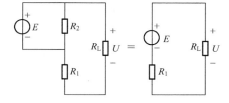

图 2-10　理想电压源与电阻并联等效电路

2.1.2　受控电源

除了独立电源外，还有另外一种类型的电源，如晶体管、运算放大器、集成电路等，虽不能独立地为电路提供能量，但在其他信号控制下仍然可以提供一定的电压或电流，这类器件可以用受控电源模型来模拟，即电压源的电压或电流源的电流是受电路中某支路的电流或某部分的电压控制。

根据受控电源是电压源还是电流源，以及受电压控制还是受电流控制，受控电源可分为电压控制电压源（VCVS）、电流控制电压源（CCVS）、电压控制电流源（VCCS）和电流控制电流源（CCCS）共四种模型。

如果控制端（输入端）和受控端（输出端）都是理想的，在控制端，对电压控制的受控电源，其输入端电阻为无穷大（$I_1 = 0$）；对电流控制的受控电源，其输入端电阻为零（$U_1 = 0$）。在受控端，对受控电压源，其输出端电阻为零，输出电压恒定；对受控电流源，其输出端电阻为无穷大，输出电流恒定。理想受控电源的四种模型如图 2-11 所示，受控电源用菱形表示，以便与独立电源符号相区分。

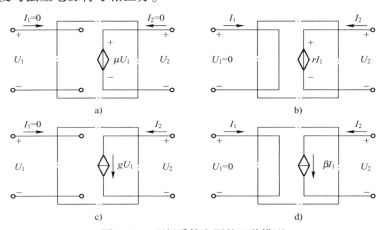

图 2-11　理想受控电源的四种模型

a）VCVS　b）CCVS　c）VCCS　d）CCCS

四种理想受控电源的伏安关系为

$$VCVS: U_2=\mu U_1; \quad CCVS: U_2=rI_1$$
$$VCCS: I_2=gU_1; \quad CCCS: I_2=\beta I_1$$

式中，μ、g、r 和 β 统称为控制系数。其中 μ、β 无量纲，μ 称为电压放大系数，β 称为电流放大系数；g 具有电导的量纲，称为转移电导；r 具有电阻的量纲，称为转移电阻。当这些控制系数为常数时，被控制量与控制量成正比，这种受控电源称为线性受控电源。

【思考与练习】

2.1.1 有人常常把电流源两端的电压视作零，其理由是：电流源内部不含电阻，根据欧姆定律，$U=RI=0\times I=0$。

2.1.2 在图 2-12 中，一个理想电压源和一个理想电流源相连，讨论它们的工作状态。

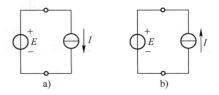

图 2-12 思考与练习题 2.1.2 电路

2.1.3 将图 2-13 中的电压源模型变换为电流源模型、电流源模型变换为电压源模型。

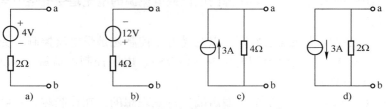

图 2-13 思考与练习题 2.1.3 电路

2.2 支路电流法

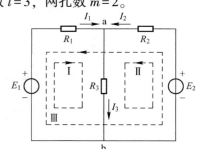

支路电流法是电路最基本的分析方法。它是以支路电流为未知量列出电路方程分析电路的方法。根据基尔霍夫电流定律（KCL）建立独立的电流方程，根据基尔霍夫电压定律（KVL）建立独立的电压方程，然后联立方程求得支路电流。下面以图 2-14 电路为例，介绍支路电流法的应用。

图 2-14 电路中：支路数 $b=3$，节点数 $n=2$，回路数 $l=3$，网孔数 $m=2$。

3 条支路电流为 I_1、I_2、I_3，参考方向如图 2-14 所示，根据 KCL，列节点电流方程为

节点 a $\quad I_1+I_2=I_3$ 或 $I_1+I_2-I_3=0$ (2-4)
节点 b $\quad I_3=I_1+I_2$ 或 $I_3-I_1-I_2=0$ (2-5)

由于式（2-4）和式（2-5）是非独立的方程，可推论，n 个节点可以列（$n-1$）个独立节点电流方程。

再建立回路电压方程，根据 KVL，列出回路 I、II、III 的电压方程分别为

图 2-14 支路电流法图例

$$I_1R_1+I_3R_3-E_1=0 \tag{2-6}$$

$$I_2R_2+I_3R_3-E_2=0 \tag{2-7}$$

$$I_2R_2-E_2+E_1-I_1R_1=0 \tag{2-8}$$

式（2-7）与式（2-6）之差得式（2-8），即其中有一个方程是非独立方程。联立任意一个节点电流方程和两个回路电压方程，即可解出 3 条支路电流。

对于任意线性电路，若有 b 条支路、n 个节点，可应用 KCL 列出 $(n-1)$ 个独立的节点电流方程，再应用 KVL 列出 $[b-(n-1)]$ 个独立的回路电压方程(通常取网孔)，即共有 b 个独立方程联立，从而解出 b 条支路电流。

【例2-2】 如图 2-14 所示电路，已知 $E_1=130\,\text{V}$，$R_1=1\,\Omega$，$E_2=117\,\text{V}$，$R_2=0.6\,\Omega$，$R_3=24\,\Omega$。试求各支路电流 I_1、I_2、I_3。

解： 对节点 a　　　　　　　　　　$I_1+I_2-I_3=0$

对回路 1　　　　　　　　　　　　$I_1R_1+I_3R_3-E_1=0$

对回路 2　　　　　　　　　　　　$I_2R_2+I_3R_3-E_2=0$

联立 3 个方程并代入数据

$$\begin{cases} I_1+I_2-I_3=0 \\ I_1+24I_3-130=0 \\ 0.6I_2+24I_3-117=0 \end{cases}$$

解方程得

$$\begin{cases} I_1=10\,\text{A} \\ I_2=-5\,\text{A} \\ I_3=5\,\text{A} \end{cases}$$

【例2-3】 用支路电流法求解如图 2-15 所示电路 I_1、I_2、I_3、I_4、I_5 和 I_6 的值（设图中电阻和电动势已知）。

解： 图 2-15 中，有 6 条支路，故有 6 个变量。

如果一个电路有 n 个节点，那么对于每个节点都可以列出相应的 KCL 方程，但是只有其中 $(n-1)$ 个节点的 KCL 方程是独立的。

本电路有 4 个节点，所以有 3 个独立的 KCL 方程。建立 KCL 方程时，选择 4 个节点中的任意 3 个即可，并假设流出节点的电流为正，流入节点的电流为负。于是列 KCL 方程为

节点 1　　　　　$I_1-I_3+I_4=0$

节点 2　　　　　$-I_1-I_2+I_5=0$

节点 3　　　　　$I_2+I_3-I_6=0$

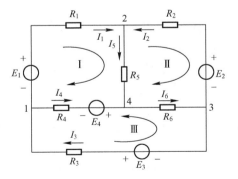

图 2-15　例 2-3 电路

因为有 6 个变量，故还需要 3 个方程方能求得支路电流。这 3 个方程可以通过 3 个回路建立 3 个独立的 KVL 方程来获得。图 2-15 电路有若干个回路，如何从中选取 3 个独立的回路呢？确保方程独立的充分条件是每一个回路必须至少含有一条其他回路所没有的支路。这里选回路 Ⅰ、Ⅱ、Ⅲ列写 KVL 方程，并假设电压降方向与回路绕向一致时取正，反之取负。于是列 KVL 方程为

回路 Ⅰ　　　　　　　　　　$R_1I_1+R_5I_5+E_4-R_4I_4-E_1=0$

回路 Ⅱ　　　　　　　　　　$-R_2I_2+E_2-R_6I_6-R_5I_5=0$

回路Ⅲ $\qquad -R_4I_4+E_4-R_6I_6+E_3-R_3I_3=0$

联立求解上述 6 个方程便可求得支路电流 $I_1 \sim I_6$ 的值。在选取独立回路列 KVL 方程时，除按前面提到的方法选取之外，按网孔建立的 KVL 方程也是完全独立的。

支路电流法的特点：支路电流法列写的是 KCL 和 KVL 方程，所以方程书写方便、直观，但方程数较多，宜在支路数不多的情况下使用。

【例 2-4】 用支路电流法求如图 2-16 所示电路中的电流。

解：图 2-16 电路含有一个电流控制电压源，在求解时它和其他电路元件一样，也按基尔霍夫定律列出方程，即

$$\begin{cases} 2I_1+1I_2+3I_1=12 \\ I_1+6=I_2 \end{cases}$$

解得

$$\begin{cases} I_1 = 1\ \text{A} \\ I_2 = 7\ \text{A} \end{cases}$$

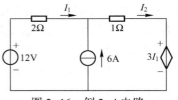

图 2-16　例 2-4 电路

【思考与练习】

2.2.1　试总结用支路电流法求解复杂电路的步骤。

2.2.2　如图 2-15 所示电路，电动势 E_2 如果用理想电流源 I_{S2} 代替，且 I_{S2} 的值已知，如何用支路电流法列方程组？

2.2.3　如图 2-17 所示电路，以 I_1、I_2、I_3、I_4 和 I_5 为未知量，应用支路电流法列方程组。

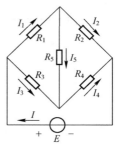

图 2-17　思考与练习题 2.2.3 电路

2.3　节点电压法

支路电流法意味着电路有多少条支路就有多少个变量，变量多、求解量大，为此需要一种既可以求解电路，而变量数或方程数又相对少的分析方法，节点电压法便是其中之一。当电路的支路数较多，而节点数较少时，采用节点电压法分析电路较为简便。节点电压法也是建立在支路电流法基础上的一种较为简单的分析方法。

在电路中选择某一节点为参考节点，其他各节点与参考节点之间的电压称为节点电压。以节点电压为未知量的电路分析方法，称为节点电压法。下面以图 2-18 为例说明节点电压法的具体应用。

电路有 2 个节点 a 和 b，设 b 为参考节点，节点 a 至参考节点 b 之间的电压为节点电压 U，参考方向如图 2-18 所示，由节点 a 指向参考节点 b。图中有 4 条支路，支路电流分别为 I_1、I_2、I_3、I_S，由基尔霍夫电压定律可得

$$\begin{cases} U=E_1-R_1I_1 \\ U=E_2-R_2I_2 \\ U=R_3I_3 \end{cases} \Rightarrow \begin{cases} I_1=\dfrac{E_1-U}{R_1} \\ I_2=\dfrac{E_2-U}{R_2} \\ I_3=\dfrac{U}{R_3} \end{cases} \qquad (2-9)$$

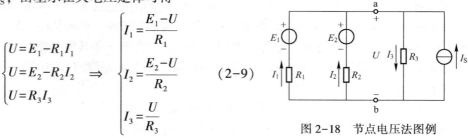

图 2-18　节点电压法图例

对节点 a，由基尔霍夫电流定律，得

$$I_1 + I_2 - I_3 + I_S = 0$$

将式（2-9）代入上式，得

$$\frac{E_1 - U}{R_1} + \frac{E_2 - U}{R_2} - \frac{U}{R_3} + I_S = 0$$

整理可得

$$U = \frac{\dfrac{E_1}{R_1} + \dfrac{E_2}{R_2} + I_S}{\dfrac{1}{R_1} + \dfrac{1}{R_2} + \dfrac{1}{R_3}} = \frac{\sum \dfrac{E}{R} + \sum I_S}{\sum \dfrac{1}{R}} \tag{2-10}$$

求出 U 代入式（2-9）中，即可求出各支路电流值。注意：用式（2-10）求节点电压时，电流源和电动势的方向与节点电压的参考方向相反时符号取正，相同时符号取负，而与各支路电流的参考方向无关。式（2-10）也称为弥尔曼定理。

【例 2-5】试求如图 2-19 所示电路中的 U_{AB} 和 I_{AB}。

解：电路有 2 个节点，即 A 和 B，B 为参考节点，U_{AB} 即为节点电压，根据式（2-10）可得

$$U_{AB} = \frac{-\dfrac{4}{2} + \dfrac{6}{3} - \dfrac{8}{4}}{\dfrac{1}{2} + \dfrac{1}{3} + \dfrac{1}{4} + \dfrac{1}{4}} \text{ V} = -1.5 \text{ V}$$

$$I_{AB} = -\frac{1.5}{4} \text{ A} = -0.375 \text{ A}$$

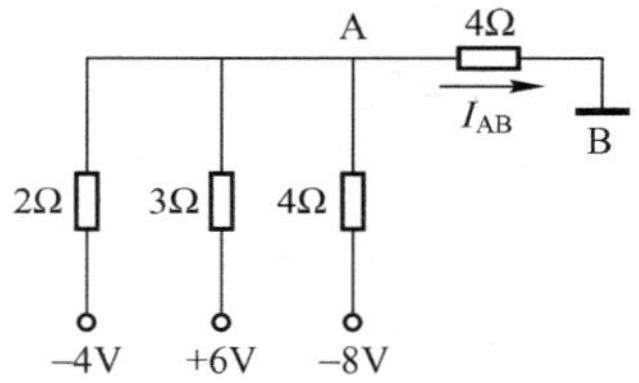

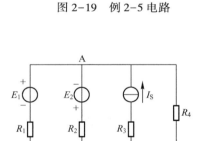

图 2-19　例 2-5 电路

【例 2-6】如图 2-20 所示电路，已知 $E_1 = 60$ V，$E_2 = 24$ V，$I_S = 10$ A，$R_1 = R_2 = 6\,\Omega$，$R_3 = R_4 = 3\,\Omega$，计算 A、B 两点间的电压。

解：电路有 2 个节点和 4 条支路，但其中有一条支路是理想电流源 I_S（与之串联的电阻 R_3 不能参与计算），设 B 点为参考节点。由式（2-10）可得

$$U_{AB} = \frac{\dfrac{E_1}{R_1} - \dfrac{E_2}{R_2} + I_S}{\dfrac{1}{R_1} + \dfrac{1}{R_2} + \dfrac{1}{R_4}} = \frac{\dfrac{60}{6} - \dfrac{24}{6} + 10}{\dfrac{1}{6} + \dfrac{1}{6} + \dfrac{1}{3}} \text{ V} = 24 \text{ V}$$

图 2-20　例 2-6 电路

【例 2-7】如图 2-21 所示电路，计算电路中 A、B 两点的电位。C 点为参考节点。

解：应用 KCL 对节点 A 和 B 列方程为

$$I_1 - I_2 + I_3 = 0$$
$$I_5 - I_3 - I_4 = 0$$

应用欧姆定律求各电流为

$$I_1 = \frac{15 - V_A}{5}, \quad I_2 = \frac{V_A}{5}, \quad I_3 = \frac{V_B - V_A}{10}, \quad I_4 = \frac{V_B}{10}, \quad I_5 = \frac{65 - V_B}{15}$$

将各电流代入 KCL 方程，整理后得

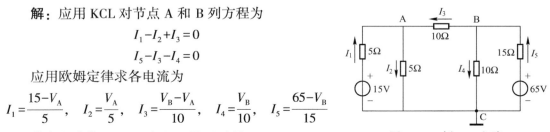

图 2-21　例 2-7 电路

$$5V_A - V_B = 30$$
$$-3V_A + 8V_B = 130$$

解得
$$V_A = 10 \text{ V}$$
$$V_B = 20 \text{ V}$$

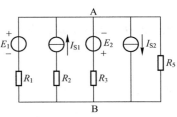

【思考与练习】

2.3.1　试说明例 2-6 中，应用式（2-10）计算，为什么没有电阻 R_3？

2.3.2　试列出如图 2-22 所示电路节点电压 U_{AB} 的方程式。

图 2-22　思考与练习题 2.3.2 电路

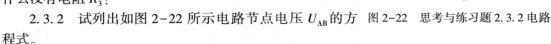

2.4　叠加定理

叠加定理

前面两节中所列的电路方程，无论是支路电流方程，还是节点电压方程都是线性方程。对于一个电路来说，如果描述它的电路方程是线性的，这个电路就称为线性电路。换言之，由线性电路元件组成的电路是线性电路。

叠加定理是线性电路的一个重要定理。对于线性电路，任何一条支路中的电流（或电压），都可以看成是由电路中各个独立电源分别单独作用时，在此支路所产生的电流（或电压）的代数和，称为叠加定理。

以图 2-23a 所示电路为例来说明叠加定理的应用。电路含有两个电源，为线性电阻电路，因此 I_1 和 I_2 可以看成是由电动势 E 和理想电流源 I_S 分别单独作用产生的电流之和。

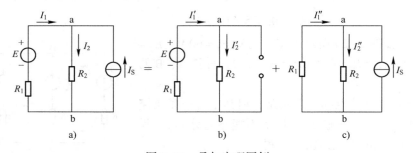

图 2-23　叠加定理图例

去掉理想电流源作用，电动势 E 单独作用下产生的电流如图 2-23b 所示，即

$$I_1' = I_2' = \frac{E}{R_1 + R_2} \tag{2-11}$$

去掉电动势 E 作用，理想电流源 I_S 单独作用下产生的电流如图 2-23c 所示，即

$$I_1'' = -\frac{R_2}{R_1 + R_2}I_S, \quad I_2'' = \frac{R_1}{R_1 + R_2}I_S \tag{2-12}$$

按电路及参考方向进行叠加，有

$$I_1 = I_1' + I_1'' = \frac{E}{R_1 + R_2} - \frac{R_2}{R_1 + R_2}I_S$$

$$I_2 = I_2' + I_2'' = \frac{E}{R_1 + R_2} + \frac{R_1}{R_1 + R_2}I_S$$

　　所谓电路中只有一个电源单独作用，就是假设将其余电源均除去（将各个理想电压源短路，即其电动势为零；将各个理想电流源开路，即其电流为零），但是它们的内阻（如果给出的话）仍应计及。

　　用叠加定理计算复杂电路，就是把一个多电源的复杂电路化为几个单电源电路来进行计算。

　　可以应用支路电流法来验证叠加定理的正确性。由图 2-23a 可列出支路电流法方程组为

$$\begin{cases} I_1 + I_S - I_2 = 0 \\ R_1 I_1 + R_2 I_2 = E \end{cases}$$

解方程组得

$$\begin{cases} I_1 = \dfrac{E}{R_1 + R_2} - \dfrac{R_2}{R_1 + R_2} I_S \\ I_2 = \dfrac{E}{R_1 + R_2} + \dfrac{R_1}{R_1 + R_2} I_S \end{cases}$$

　　结果与用叠加定理分析一致，说明了叠加定理的正确性。叠加定理是支路电流法线性方程组的可加性体现。注意：功率的计算不能用叠加定理。以图 2-23a 中电阻 R_1 上的功率为例，显然有

$$P_1 = R_1 I_1^2 = R_1 (I_1' + I_1'')^2 \neq R_1 I_1'^2 + R_1 I_1''^2$$

这是因为电流与功率不成正比，它们之间不是线性关系。

　　【例 2-8】 如图 2-24a 所示电路，已知 $E = 10\,\text{V}$，$I_S = 1\,\text{A}$，$R_1 = 10\,\Omega$，$R_2 = R_3 = 5\,\Omega$，试用叠加定理求各支路电流和理想电流源 I_S 两端的电压 U。

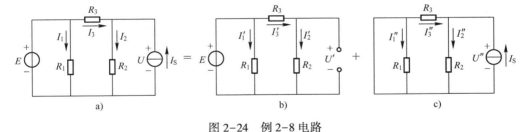

图 2-24　例 2-8 电路

　　解：当电动势 E 单独作用时，可将理想电流源开路（$I_S = 0$），如图 2-24b 所示，由电路图可得

$$I_1' = \frac{E}{R_1} = \frac{10}{10}\,\text{A} = 1\,\text{A}$$

$$I_2' = I_3' = \frac{E}{R_2 + R_3} = \frac{10}{5+5}\,\text{A} = 1\,\text{A}$$

$$U' = I_2' R_2 = 1 \times 5\,\text{V} = 5\,\text{V}$$

　　当理想电流源单独作用时，可将理想电压源短路（$E = 0$），如图 2-24c 所示，由电路图可得

$$I_1'' = 0\,\text{A}$$

$$I_2'' = \frac{R_3}{R_2 + R_3} I_S = \frac{5}{5+5} \times 1\,\text{A} = 0.5\,\text{A}$$

$$I_3'' = -\frac{R_2}{R_2+R_3}I_S = -\frac{5}{5+5}\times1\,\text{A} = -0.5\,\text{A}$$

$$U'' = I_2''R_2 = 0.5\times5\,\text{V} = 2.5\,\text{V}$$

由叠加定理可得

$$I_1 = I_1'+I_1'' = 1\,\text{A}+0\,\text{A} = 1\,\text{A}$$

$$I_2 = I_2'+I_2'' = 1\,\text{A}+0.5\,\text{A} = 1.5\,\text{A}$$

$$I_3 = I_3'+I_3'' = 1\,\text{A}-0.5\,\text{A} = 0.5\,\text{A}$$

$$U = U'+U'' = 5\,\text{V}+2.5\,\text{V} = 7.5\,\text{V}$$

【例 2-9】 用叠加定理求图 2-25a 所示电路中的电流 I。

解：图 2-25a 所示电路中含有两个独立电源，这两个电源单独作用时的等效电路如图 2-25b、c 所示，由图 2-25b 电路列回路电压方程有

$$I'(2+1)+3I' = 12$$

$$I' = 2\,\text{A}$$

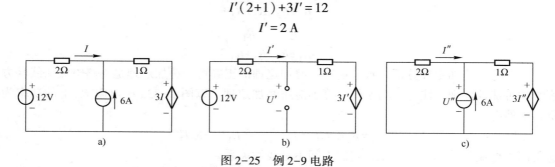

图 2-25　例 2-9 电路

由图 2-25c 电路用节点电压法可得

$$U'' = \frac{\dfrac{3I''}{1}+6}{\dfrac{1}{2}+\dfrac{1}{1}} = 2I''+4$$

又

$$U'' = -2I''$$

所以

$$I'' = -1\,\text{A}$$

故

$$I = I'+I'' = (2-1)\,\text{A} = 1\,\text{A}$$

注意：因为受控电压源的电压和受控电流源的电流受电路结构和元件参数制约，在使用叠加定理分析含受控电源电路时，受控电源不要单独作用，而应把受控电源作为一般元件始终保留在电路中。

【思考与练习】

2.4.1　如图 2-26 所示电路，已知 $R_1 = 20\,\Omega$，$R_2 = 5\,\Omega$，$R_3 = 6\,\Omega$，$I_S = 7\,\text{A}$，$E = 90\,\text{V}$，试用叠加定理计算电路中的电流 I_1、I_2 和 I_3。

2.4.2　图 2-27 中，当电压源单独作用时，电阻 R_1 消耗的功率为 18 W，试求：

1）当电流源单独作用时，R_1 消耗的功率。

2）当电压源与电流源同时作用时，R_1 上消耗的功率。

3）功率能否叠加？

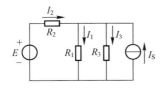

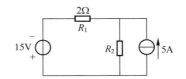

图 2-26　思考与练习题 2.4.1 电路　　　　图 2-27　思考与练习题 2.4.2 电路

2.5　戴维南定理与诺顿定理

在电路分析中通常把电路称为网络，如果电路的某一部分和电路的其他部分只有两个连接端，就把这一部分电路称为二端网络（或者一端口网络），如果二端网络含有电源，就称为有源二端网络，如果不含电源就称为无源二端网络。

有时在分析复杂电路时，只求某一条支路的电压、电流和功率，用前面介绍的方法会很烦琐。这时，可以先化简电路，把不需要计算的电路部分用一个尽可能简单的等效电路来替代，从而使分析和计算简化。戴维南定理和诺顿定理是最常用的电路简化方法。

2.5.1　戴维南定理

戴维南定理：任何一个线性有源二端网络，对外电路而言，都可以用一个电动势 E 和内阻 R_0 串联的电压源等效代替；等效电压源的电动势 E 等于有源二端网络的开路电压，等效电源的内阻 R_0 等于有源二端网络中除去所有电源后得到的无源二端网络的等效电阻。

戴维南定理图例如图 2-28 所示，具体解题步骤如下：

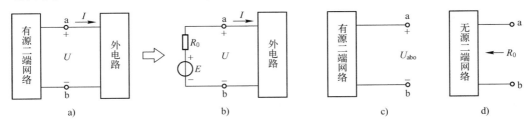

图 2-28　戴维南定理图例

a）线性有源二端网络接外电路　b）等效电压源接外电路　c）求开路电压　d）求等效电阻

1）将外电路断开，剩余部分为一个有源二端网络，将其等效为一个电动势 E 和内阻 R_0 串联的电压源，如图 2-28a、b 所示。

2）求出有源二端网络的开路电压 U_{abo}，即为等效的电动势 E 的值，如图 2-28c 所示。

3）求出无源二端网络（将有源二端网络中的理想电压源短路、理想电流源开路）的等效电阻 R_0，如图 2-28d 所示。

4）求出 E 和 R_0 后，在图 2-28b 中求出所要求的量。

戴维南定理的证明如图 2-29 所示。

设如图 2-29a 所示电路在端口 a、b 处的电压为 U，电流为 I。如果用电流为 I_S（$I_S = I$）的理想电流源来替代外电路，电路如图 2-29b 所示，则线性二端口网络的端口电流没有改变。把如图 2-29b 所示电路的独立电源分为两部分，其中有源二端网络中的所有独立电源

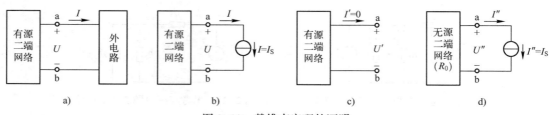

图 2-29 戴维南定理的证明

作为一部分，另外一部分就是替代后的理想电流源 $I_S = I$。根据叠加定理，当有源二端网络中的独立电源作用时，电路如图 2-29c 所示，a、b 端口处的电压、电流为

$$U' = U_{abo}, \quad I' = 0$$

替代后的电流源 $I_S = I$ 作用时，电路如图 2-29d 所示，a、b 端口处的电压、电流为

$$I'' = I$$

$$U'' = -I'' R_0 = -I R_0$$

根据叠加定理，有

$$U = U' + U'' = U_{abo} - I R_0$$

由此表达式可画出等效电路如图 2-30 所示。

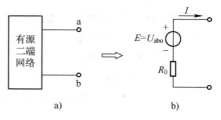

图 2-30 戴维南等效电路

【例 2-10】 电路如图 2-31a 所示，已知 $R_1 = R_2 = R_L = 50\,\Omega$，$E = 220\,\text{V}$。试应用戴维南定理求出电阻 R_L 流过的电流 I_L。

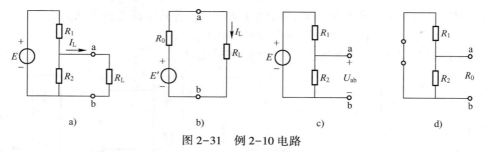

图 2-31 例 2-10 电路

解：等效电压源的电动势 E' 可由图 2-31c 求得，即

$$E' = U_{ab} = \frac{E}{R_1 + R_2} R_2 = \frac{220}{50 + 50} \times 50\,\text{V} = 110\,\text{V}$$

等效电压源的内阻 R_0 可由图 2-31d 求得，即

$$R_0 = R_1 // R_2 = 50 // 50\,\Omega = 25\,\Omega$$

在图 2-31b 中

$$I_L = \frac{E'}{R_0 + R_L} = \frac{110}{25 + 50}\,\text{A} = 1.47\,\text{A}$$

【例 2-11】 用戴维南定理计算例 2-8 图 2-24a 中的支路电流 I_3。

解：等效电压源的电动势 E' 可由图 2-32a 求得，即

$$E' = U_{ab} = E - R_2 I_S = 10\,\text{V} - 5 \times 1\,\text{V} = 5\,\text{V}$$

等效电压源的内阻 R_0 可由图 2-32b 求得，即

$$R_0 = R_2 = 5\,\Omega$$

在图 2-32c 中，有

$$I_3 = \frac{E'}{R_0 + R_3} = \frac{5}{5+5} \text{A} = 0.5 \text{A}$$

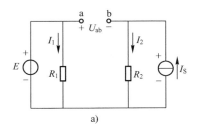 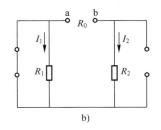 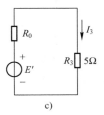

图 2-32 例 2-11 电路

【例 2-12】 应用戴维南定理求图 2-33a 所示电路中的电流 I_2。

解： 如图 2-33b 所示，开路电压 U_0 为

$$I_1' = -10 \text{A}$$

$$U_0 = E = 20 \text{V} - 6I_1' = 20 \text{V} + 60 \text{V} = 80 \text{V}$$

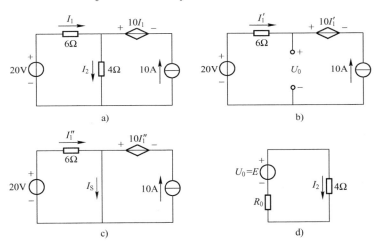

图 2-33 例 2-12 电路

由图 2-33c 求短路电流 I_S 为

$$I_S = I_1'' + 10 \text{A} = \left(\frac{20}{6} + 10\right) \text{A} = \frac{40}{3} \text{A}$$

等效电源的内阻 R_0 为

$$R_0 = \frac{U_0}{I_S} = \frac{80}{\frac{40}{3}} \Omega = 6 \Omega$$

由图 2-33d 可得

$$I_2 = \frac{E}{R_0 + 4 \Omega} = \frac{80}{6+4} \text{A} = 8 \text{A}$$

注意：由于除去独立电源后的二端网络中含有受控电源，一般不能用电阻串并联等效变换求 R_0，而需采用外加电压法计算，即在除去独立电源而含有受控电源的二端网络端口处加一电压 U，求出相应的端口电流 I，于是可得 $R_0 = \dfrac{U}{I}$。

2.5.2 诺顿定理

诺顿定理：任何一个有源二端线性网络，对外电路而言，都可以用一个理想的电流源 I_S 和内阻 R_0 并联的电流源等效代替；理想电流源 I_S 等于有源二端网络的短路电流，等效电流源的内阻 R_0 等于有源二端网络中除去所有电源（理想电压源短路、理想电流源开路）后所得到的无源二端网络的等效电阻。

诺顿定理图例如图 2-34 所示，具体解题步骤如下：

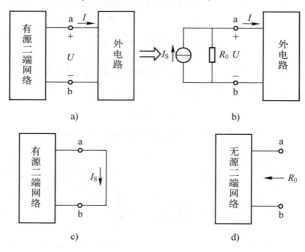

图 2-34 诺顿定理图例

a）线性有源二端网络接外电路 b）等效电流源接外电路 c）求短路电流 d）求等效电阻

1）将外电路断开，剩余部分为一个有源二端网络，将其等效为一个理想电流源 I_S 和内阻 R_0 并联的电流源，如图 2-34a、b 所示。

2）求出有源二端网络的短路电流 I_S，即为等效的理想电流源电流 I_S，如图 2-34c 所示。

3）求出无源二端网络（将有源二端网络中的理想电压源短路、理想电流源开路）的等效电阻 R_0，如图 2-34d 所示。

4）求出 I_S 和 R_0 后，在图 2-34b 中求出所要求的量。

戴维南等效电压源和诺顿等效电流源对外电路是等效的，等效关系为

$$E = R_0 I_S \quad \text{或} \quad I_S = \frac{E}{R_0} \tag{2-13}$$

【例 2-13】 如图 2-35a 所示电路，已知 $E = 6\,\text{V}$，$I_{S1} = 3\,\text{A}$，$R_1 = 1\,\Omega$，$R_2 = 2\,\Omega$。试用诺顿定理求 R_2 上流过的电流 I_2。

解： 由图 2-35c 可确定 I_S 为

$$I_S = I_{ab} = \frac{E}{R_1} + I_{S1} = \left(\frac{6}{1} + 3\right)\,\text{A} = 9\,\text{A}$$

由图 2-35d 可确定 R_0 为

$$R_0 = R_{ab} = R_1 = 1\,\Omega$$

由诺顿定理，图 2-35b 中有

$$I_2 = \frac{R_0}{R_0 + R_2} I_S = \frac{1}{1+2} \times 9\,\text{A} = 3\,\text{A}$$

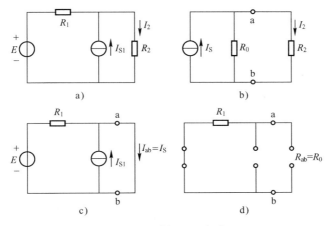

图 2-35 例 2-13 电路

【思考与练习】

2.5.1 在例 2-10 和例 2-11 中，将 ab 支路短路求其短路电流 I_S，两电路的开路电压 U_{ab} 已求出，再用 $R_0 = U_{ab}/I_S$ 求等效电源的内阻，其结果是否与上述两例题中的一致？

2.5.2 分别应用戴维南定理和诺顿定理将如图 2-36 所示各电路化为等效电压源和等效电流源。

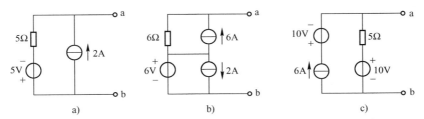

图 2-36 思考与练习题 2.5.2 电路

2.6 非线性电阻电路的分析

电阻值随电压、电流变化而变化的电阻称为非线性电阻。非线性电阻的电阻值不是常数，电阻两端的电压与其中电流的关系不遵循欧姆定律，而用电压与电流的伏安特性曲线 $U = f(I)$ 或 $I = f(U)$ 来表示，伏安特性曲线可通过实验的方法测得。图 2-37 为二极管的伏安特性曲线，图 2-38 为非线性电阻的电气图形文字符号。

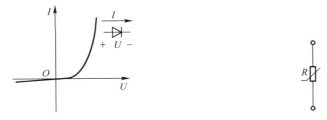

图 2-37 二极管的伏安特性曲线　　图 2-38 非线性电阻的电气图形文字符号

非线性电阻的阻值随电压或电流的变化而变化，计算电阻时必须指明它的工作电压和工

作电流，称为工作点，一般用 Q 表示，如图 2-39 所示。在 Q 点处的电压与电流之比，称为静态电阻，即

$$R = \frac{U}{I} = \tan\alpha \qquad (2\text{-}14)$$

在 Q 点附近的电压的微小增量与电流的微小增量之比称为动态电阻，即

$$r = \frac{\mathrm{d}U}{\mathrm{d}I} = \tan\beta \qquad (2\text{-}15)$$

在求解含有非线性电阻的电路时，常常采用图解分析法。

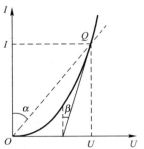

图 2-39　静态电阻与动态电阻图解

如图 2-40a 所示非线性电阻电路，线性电阻 R_1 与非线性电阻 R 串联。由基尔霍夫电压定律可得

$$U = E - R_1 I$$

或

$$I = -\frac{1}{R_1} U + \frac{E}{R_1} \qquad (2\text{-}16)$$

U 与 I 呈线性关系，式（2-16）称为直流负载线方程，用两点法画出该直线，如图 2-40b 所示，其斜率为 $\tan\alpha = -\dfrac{1}{R_1}$。

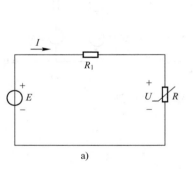
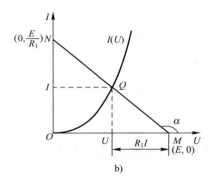

图 2-40　非线性电阻电路
a）电路　b）伏安特性曲线

负载线与电源电动势 E 及电阻 R_1 的大小有关。当电阻 R_1 一定时，随着电源电动势 E 的不同，该直线将做平行移动；当电源电动势 E 一定时，该直线将随 R_1 的增大而趋近于与横轴平行，随 R_1 的减小而趋近于与横轴垂直。画出工作点 Q，其坐标值即为要确定的 U 和 I，如图 2-40b 所示。

【例 2-14】如图 2-41a 所示电路，已知 $E = 6\,\mathrm{V}$，$R_1 = R_2 = 2\,\mathrm{k\Omega}$，非线性电阻 R_3 的伏安特性如图 2-41b 所示，求：

1）非线性电阻 R_3 上的电压 U 和电流 I。

2）静态电阻 R 和动态电阻 r。

解： 1）将 R_3 视为外电路，其余部分可看成是一个有源二端网络，可应用戴维南定理化为一个等效电压源，如图 2-41c 所示。

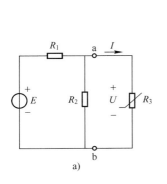 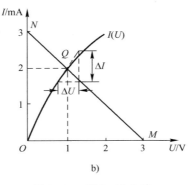 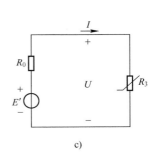

图 2-41　例 2-14 电路

$$E' = U_{abo} = \frac{R_2}{R_1 + R_2} E = \frac{2 \times 10^3}{(2+2) \times 10^3} \times 6 \text{ V} = 3 \text{ V}$$

$$R_0 = \frac{R_1 R_2}{R_1 + R_2} = \frac{(2 \times 2) \times 10^6}{(2+2) \times 10^3} \Omega = 1 \text{ k}\Omega$$

根据图 2-41c 可得负载线方程为

$$U = E' - R_0 I$$

画出负载线，如图 2-41b 所示，即

$I = 0$ 时 $\qquad\qquad\qquad U = E' = 3 \text{ V}$

$U = 0$ 时 $\qquad\qquad\qquad I = \dfrac{E'}{R_0} = \dfrac{3}{1 \times 10^3} \text{ A} = 3 \text{ mA}$

由负载线 MN 和伏安特性的交点 Q，可得

$$U = 1 \text{ V}, \quad I = 2 \text{ mA}$$

2）静态电阻 R 和动态电阻 r 分别为

$$R = \frac{U}{I} = \frac{1}{2 \times 10^{-3}} \Omega = 0.5 \text{ k}\Omega$$

$$r = \frac{\mathrm{d}U}{\mathrm{d}I} = \frac{\Delta U}{\Delta I} = \frac{1}{1 \times 10^{-3}} \Omega = 1 \text{ k}\Omega$$

本章小结

1. 电源等效变换

电源可分为独立电源和受控电源两类。独立电源包括电流源和电压源；受控电源有四种类型，即电压控制电压源（VCVS）、电流控制电压源（CCVS）、电压控制电流源（VCCS）和电流控制电流源（CCCS）。

电压源与电流源之间可以等效变换，变换的条件是 $E = I_S R_0$ 或 $I_S = \dfrac{E}{R_0}$。理想电压源输出的电压是定值，与负载无关；理想电流源输出的电流是定值，与负载无关。理想电压源与理想电流源无等效关系。

2. 支路电流法

支路电流法是分析复杂电路的基本方法。以支路电流为未知量，应用 KCL、KVL 列出与支路数相同的方程构成方程组，然后联立求出各支路电流。该方法分析思路简单，便于理解，但是如果电路中支路数多，则需要列写的方程数多，会增加求解的难度。

3. 节点电压法

两节点电压公式（弥尔曼定理）

$$U = \frac{\sum \dfrac{E}{R} + \sum I_{s}}{\sum \dfrac{1}{R}}$$

式中，$\sum \dfrac{1}{R}$ 是各支路电导之和，但恒流源支路串联的电阻不构成电导（等于 0）；$\sum I_{s}$ 是各支路理想电流源之和；$\sum \dfrac{E}{R}$ 是各支路电动势与该支路电阻比值之和。当电动势 E 和 I_s 与节点电压的参考方向相反时取正号，相同时取负号，而与各支路电流的参考方向无关。

4. 叠加定理

叠加定理：在线性电路中，当有多个（两个或两个以上）电源作用时，则任意一条支路中的电流或电压，可看作是由各个电源单独作用时在该支路中产生的电流或电压的代数和。当某一电源单独作用时，其他不作用的电源应置为零（电压源电压为零、电流源电流为零），即电压源用短路代替，电流源用开路代替。叠加定理适用于含有多个电源共同作用的线性电路分析，可以令每个电源单独作用来求解支路电压和电流，然后对所有电压和电流进行叠加。叠加定理只能用于电压和电流而不能用于功率。

5. 戴维南定理和诺顿定理

二端网络分为无源二端网络和有源二端网络。任何有源线性二端网络都能等效成一个电压源或电流源。等效电压源的电动势 E 等于有源二端网络的开路电压（戴维南定理），等效电流源的理想电流源 I_s 等于有源二端网络的短路电流（诺顿定理），等效电压源或等效电流源的内阻 R_0 等于此有源二端网除去所有电源（理想电压源短路、理想电流源开路）后的无源二端网络的等效电阻。

在求解复杂电路中的某一条支路电压或电流时，通常用戴维南定理或诺顿定理。

6. 非线性电阻

非线性电阻的电阻值不是常数，而是随着电压或电流值变化而变化。已知非线性电阻的伏安特性曲线，结合电路结构，由图解法确定工作点。

自测题

一、填空题

1. 一个实际的电源可以用（　　　　）来表示，也可用（　　　　）来表示。

2. 等效电压源的电动势就是有源二端网络的（　　　　）。

3. 根据受控电源是电压源还是电流源，以及受电压控制还是受电流控制，受控电源可分为（　　　　）、（　　　　）、（　　　　）和（　　　　）共四种类型。

4. 支路电流法应用 KCL 对节点列出（　　　　）个独立的节点电流方程，应用 KVL 对回路列出（　　　　）个独立的电压方程。（注：支路数 $=b$，节点数 $=n$）

5. 节点电压的参考方向从节点指向（　　　　）。

6. 电路中任意一个闭合路径称为（　　　　）；三条或三条以上支路的交点称为（　　　　）。

7. 线性电路的（　　　　）或（　　　　）均可用叠加定理计算，但（　　　　）不能用叠加定理计算。

8. 应用叠加定理时，不作用电源的处理，$E = 0$，即将（　　　　）；$I_S = 0$，即将（　　　　）。

9. 任何一个有源二端线性网络都可以用一个等效的电源来表示，用电压源表示，即（　　　　）定理；用电流源表示，即（　　　　）定理。

二、判断题

1. 理想电压源的输出电压是一定值，恒等于电动势。（　　　）

2. 理想电流源输出恒定的电流，其输出端电压由内电阻决定。（　　　）

3. 电压源和电流源的等效关系只对外电路而言，对电源内部则是不等效的。（　　　）

4. 理想电压源与理想电流源之间无等效关系。（　　　）

5. 当受控电源的控制电压或电流消失或等于零时，受控电源的电压或电流也将为零。（　　　）

6. 弥尔曼定理 $U = \dfrac{\sum \dfrac{E}{R} + \sum I_S}{\sum \dfrac{1}{R}}$，对任何电路都适用。（　　　）

7. 节点电压法只适合两节点电路。（　　　）

8. 任何电路、任何参数都可以用叠加定理计算。（　　　）

9. 应用叠加定理时，分电路的电流、电压与原电路中电流、电压的参考方向必须一致。（　　　）

10. 戴维南定理适用于任意的二端网络。（　　　）

三、选择题

1. 电压源短路时，该电压源内部（　　　）。

A. 有电流，有功率损耗　　　B. 无电流，无功率损耗　　　C. 有电流，无功率损耗

2. 如图 2-42 所示电路，对负载电阻 R_L 而言，点画线框中的电路可用一个等效电源代替，该等效电源是（　　　）。

A. 理想电压源　　　　　　B. 理想电流源　　　　　　C. 不能确定

3. 如图 2-43 所示电路，理想电流源的功率为（　　　）。

A. 吸收 12 W　　　　　B. 吸收 6 W　　　　　C. 发出 12 W　　　　　D. 发出 6 W

4. 如图 2-44 所示电路，I_{S1}、I_{S2} 和 E 均为正值，且 $I_{S2} > I_{S1}$，则供出功率的电源是（　　　）。

A. 电压源 E　　　　　B. 电流源 I_{S2}　　　　　C. 电流源 I_{S2} 和电压源 E

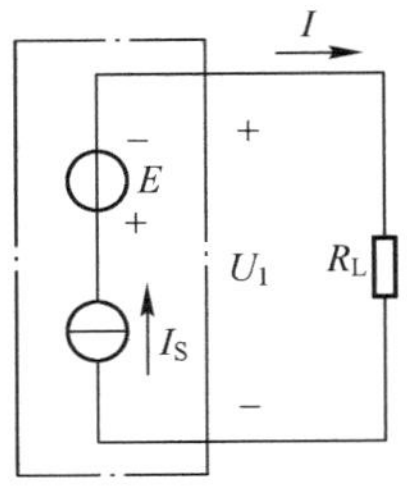

图 2-42　选择题 2 电路 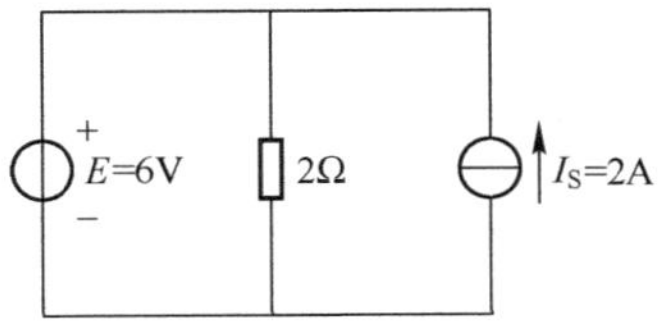　　　图 2-43　选择题 3 电路 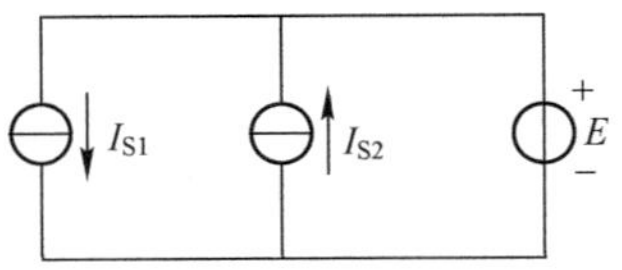　　　图 2-44　选择题 4 电路

5. 如图 2-45 所示电路，当电阻 R_2 增大时，则电流 I_1（　　　）。

A. 增大　　　　　　B. 减小　　　　　　C. 不变

6. 如图 2-46 所示电路，当电阻 R_2 增大时，则电流 I_1（　　　）。

A. 增大　　　　　　B. 减小　　　　　　C. 不变

7. 如图 2-47 所示电路，发出功率的电源是（　　　）。

A. 电压源　　　　　　B. 电流源　　　　　　C. 电流源和电压源

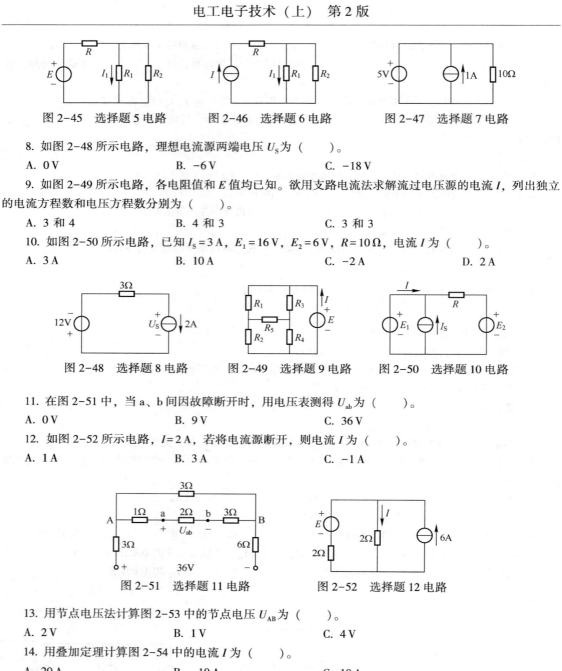

图 2-45　选择题 5 电路　　　图 2-46　选择题 6 电路　　　图 2-47　选择题 7 电路

8. 如图 2-48 所示电路，理想电流源两端电压 U_S 为（　　）。

A. 0 V　　　　　　　　　B. −6 V　　　　　　　　　C. −18 V

9. 如图 2-49 所示电路，各电阻值和 E 值均已知。欲用支路电流法求解流过电压源的电流 I，列出独立的电流方程数和电压方程数分别为（　　）。

A. 3 和 4　　　　　　　　B. 4 和 3　　　　　　　　C. 3 和 3

10. 如图 2-50 所示电路，已知 $I_S = 3$ A，$E_1 = 16$ V，$E_2 = 6$ V，$R = 10$ Ω，电流 I 为（　　）。

A. 3 A　　　　　　B. 10 A　　　　　　C. −2 A　　　　　　D. 2 A

图 2-48　选择题 8 电路　　　图 2-49　选择题 9 电路　　　图 2-50　选择题 10 电路

11. 在图 2-51 中，当 a、b 间因故障断开时，用电压表测得 U_{ab} 为（　　）。

A. 0 V　　　　　　　　　B. 9 V　　　　　　　　　C. 36 V

12. 如图 2-52 所示电路，$I = 2$ A，若将电流源断开，则电流 I 为（　　）。

A. 1 A　　　　　　　　　B. 3 A　　　　　　　　　C. −1 A

图 2-51　选择题 11 电路　　　　　图 2-52　选择题 12 电路

13. 用节点电压法计算图 2-53 中的节点电压 U_{AB} 为（　　）。

A. 2 V　　　　　　　　　B. 1 V　　　　　　　　　C. 4 V

14. 用叠加定理计算图 2-54 中的电流 I 为（　　）。

A. 20 A　　　　　　　　B. −10 A　　　　　　　　C. 10 A

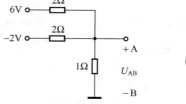

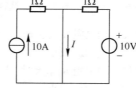

图 2-53　选择题 13 电路　　　　　图 2-54　选择题 14 电路

15. 如图 2-55a 所示电路的戴维南等效电路为图 2-55b 中的（　　）。

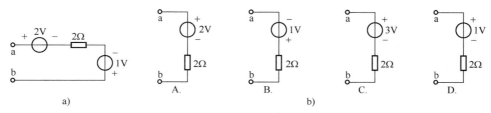

图 2-55　选择题 15 电路

16. 如图 2-56 所示电路，若电路化为电流源模型，其电流 I_S 和电阻 R_0 为（　　　　）。

A. 3 A；2 Ω　　　　　　B. 3 A；4 Ω　　　　　　C. 1.5 A；2 Ω

17. 如图 2-57 所示电路，若电路化为电压源模型，其电压 E 和电阻 R_0 为（　　　　）。

A. 6 V；3 Ω　　　　　　B. 6 V；2 Ω　　　　　　C. 2 V；3 Ω

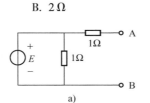　　　

图 2-56　选择题 16 电路　　　图 2-57　选择题 17 电路

18. 某一有源二端线性网络如图 2-58a 所示，图中 $E = 6\,\text{V}$。该网络的戴维南等效电路如图 2-58b 所示，其中 R_0 值为（　　　　）。

A. 1 Ω　　　　　　B. 2 Ω　　　　　　C. 0.5 Ω　　　　　　D. 1.5 Ω

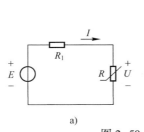　　　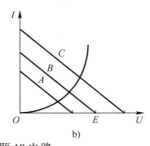

图 2-58　选择题 18 电路

19. 某非线性电阻电路如图 2-59a 所示，图 2-59b 为该电路的图解法求解过程。电压 E 未改变前的负载线为 B，当电压 E 增大后，负载线应为图 2-59b 中的（　　　　）。

A. A 线　　　　　　B. B 线　　　　　　C. C 线

图 2-59　选择题 19 电路

习题

2.1　如图 2-60 所示电路，试用电压源与电流源等效变换的方法计算图中 2 Ω 电阻中的电流 I。

2.2　如图 2-61 所示电路，已知 $E_1 = 10\,\text{V}$，$E_2 = 20\,\text{V}$，$R_1 = R_2 = R_3 = R_4 = R_5 = 2\,\Omega$，用电源等效变换求电流 I。

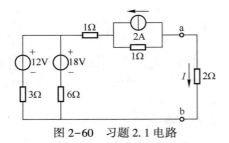
图 2-60　习题 2.1 电路

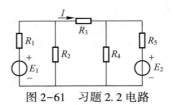
图 2-61　习题 2.2 电路

2.3　如图 2-62 所示电路，已知 $E_1=4\,\mathrm{V}$，$E_2=10\,\mathrm{V}$，$E_3=8\,\mathrm{V}$，$R_1=R_2=4\,\Omega$，$R_3=10\,\Omega$，$R_4=8\,\Omega$，$R_5=20\,\Omega$，用电源等效变换求电流 I。

2.4　如图 2-63 所示电路，试用电源等效变换的方法求电路中的电流 I。

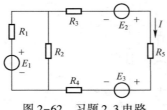
图 2-62　习题 2.3 电路

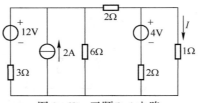
图 2-63　习题 2.4 电路

2.5　如图 2-64 所示电路，$E=20\,\mathrm{V}$，$I_\mathrm{S}=4\,\mathrm{A}$，$R_1=R_4=1\,\Omega$，$R_2=R_3=4\,\Omega$，试求电路中的电流 I_2。

2.6　如图 2-65 所示电路，已知 $E_1=6\,\mathrm{V}$，$E_2=3\,\mathrm{V}$，$I_\mathrm{S1}=I_\mathrm{S2}=2\,\mathrm{A}$，$R_1=3\,\Omega$，$R_2=6\,\Omega$，$R_3=7\,\Omega$，$R_4=4\,\Omega$，试用电源等效变换法求电流 I_2。

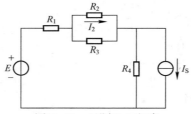
图 2-64　习题 2.5 电路

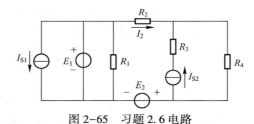
图 2-65　习题 2.6 电路

2.7　如图 2-66 所示电路，已知 $E_1=230\,\mathrm{V}$，$E_2=226\,\mathrm{V}$，$R_1=0.5\,\Omega$，$R_2=0.3\,\Omega$，$R_3=5.5\,\Omega$，试用支路电流法求各支路电流。

2.8　如图 2-67 所示电路，已知 $E_1=120\,\mathrm{V}$，$E_2=116\,\mathrm{V}$，$I_\mathrm{S}=10\,\mathrm{A}$，$R_1=2\,\Omega$，$R_2=4\,\Omega$，$R_3=4\,\Omega$，试用支路电流法及节点电压法求支路电流 I_1、I_2 和 I_3。

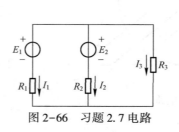
图 2-66　习题 2.7 电路

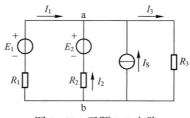
图 2-67　习题 2.8 电路

2.9　如图 2-68 所示电路，已知 $E=9\,\mathrm{V}$，$I_\mathrm{S}=3\,\mathrm{A}$，$R_1=R_2=3\,\Omega$，$R_3=6\,\Omega$，试用节点电压法计算各支路电流。

2.10　如图 2-69 所示电路，已知 $E=36\,\mathrm{V}$，$I_\mathrm{S1}=5\,\mathrm{A}$，$I_\mathrm{S2}=2\,\mathrm{A}$，$R_1=6\,\Omega$，$R_2=12\,\Omega$，$R_3=8\,\Omega$。

1）试分别用支路电流法、节点电压法计算电压 U_AB，电流 I_1、I_2。

2）判断理想电压源和两个理想电流源是取用功率还是发出功率。

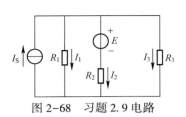

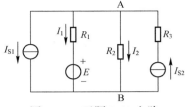

图 2-68　习题 2.9 电路　　　　图 2-69　习题 2.10 电路

2.11　用节点电压法求如图 2-70 所示电路中 A 点的电位。

2.12　如图 2-71 所示电路，已知 $E_1=18\,V$，$E_2=12\,V$，$R_1=3\,\Omega$，$R_2=R_3=6\,\Omega$，$R_4=12\,\Omega$，用叠加定理求电流 I。

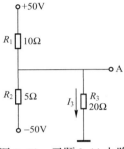
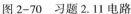

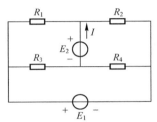

图 2-70　习题 2.11 电路　　　　图 2-71　习题 2.12 电路

2.13　用叠加定理求如图 2-72 所示电路中的支路电流 I。

2.14　如图 2-73 所示电路，试用叠加定理求电流源两端电压 U 和电阻 R_L 流过的电流 I。

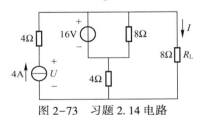

图 2-72　习题 2.13 电路　　　　图 2-73　习题 2.14 电路

2.15　如图 2-74 所示电路，已知 $R_1=R_2=5\,\Omega$，$R_3=4\,\Omega$，$R_4=6\,\Omega$，$E=15\,V$，$I_S=6\,A$，求 A、B 两点间的电压 U_{AB}。

2.16　试求如图 2-75 所示电路中的电流 I。

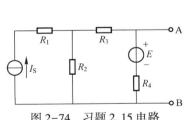

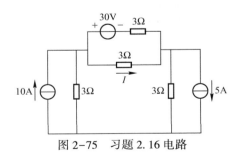

图 2-74　习题 2.15 电路　　　　图 2-75　习题 2.16 电路

2.17　如图 2-76 所示电路，N 为有源二端网络，当开关 S 断开时，电流表的读数为 1.8 A，当开关闭合时，电流表的读数为 1 A，试求有源二端网络 N 的等值电压源参数。

2.18　如图 2-77 所示电路，已知 $E_1=4\,V$，$E_2=10\,V$，$E_3=3\,V$，$R_1=R_2=4\,\Omega$，$R_3=10\,\Omega$，$R_4=8\,\Omega$，$R_5=20\,\Omega$，用戴维南定理求电流 I。

2.19　如图 2-78 所示电路，已知 $E_1=24\,V$，$E_2=6\,V$，$I_S=10\,A$，$R_3=3\,\Omega$，$R_1=R_2=R_4=2\,\Omega$，用诺顿定理求电流 I。

2.20　如图 2-79 所示电路，试分别用戴维南定理和诺顿定理计算电流 I_4。

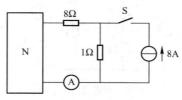

图 2-76　习题 2.17 电路

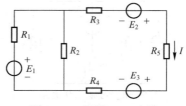

图 2-77　习题 2.18 电路

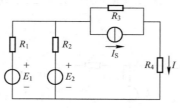

图 2-78　习题 2.19 电路

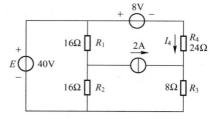

图 2-79　习题 2.20 电路

2.21　如图 2-80 所示电路，分别用戴维南定理和诺顿定理求流过电阻 R_L 的电流。

2.22　用叠加定理求如图 2-81 所示电路中的电流 I_1。

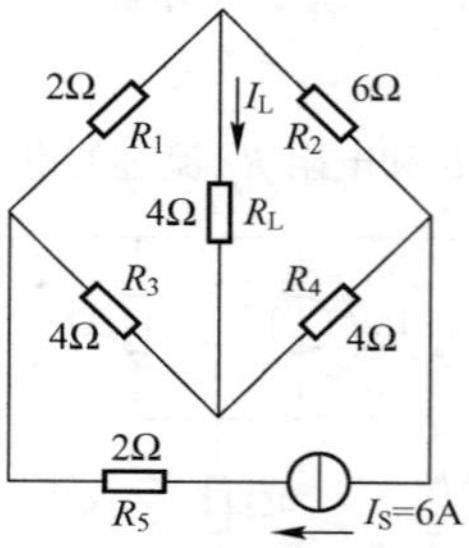

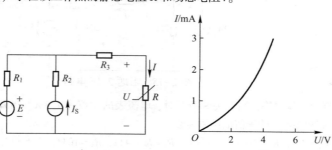

图 2-80　习题 2.21 电路

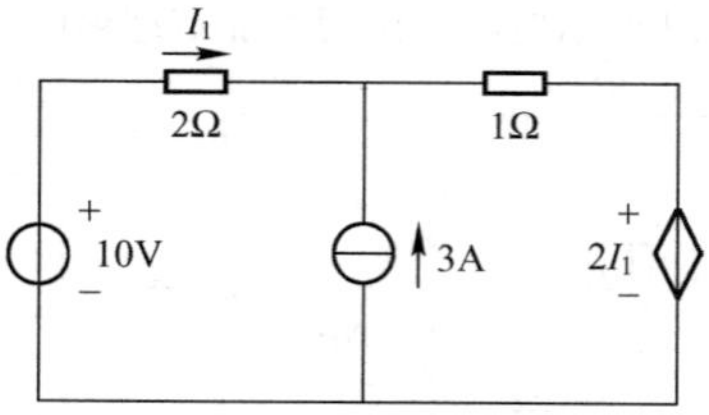

图 2-81　习题 2.22 电路

2.23　试求如图 2-82 所示电路的戴维南等效电路和诺顿等效电路。

2.24　如图 2-83a 所示电路，已知 $E = 4\ V$，$I_S = 2\ mA$，$R_1 = R_2 = R_3 = 1\ k\Omega$，非线性电阻 R 的伏安特性曲线如图 2-83b 所示。

1）求流过电阻 R 的电流 I 及其端电压 U。

2）求在该工作点的静态电阻 R 和动态电阻 r。

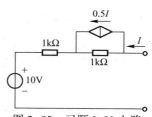

图 2-82　习题 2.23 电路

第 2 章答案

图 2-83　习题 2.24 电路及伏安特性曲线

第3章 电路的暂态分析

【内容提要】本章首先介绍无源电路元件的特征，讨论电路暂态过程的现象和原因，通过 RC 和 RL 一阶电路的经典时域分析，讨论一阶电路的零输入响应、零状态响应和全响应，重点讨论一阶线性暂态电路分析的三要素法及其应用，最后讨论微分电路和积分电路及其特点。

【本章目标】理解无源电路元件的概念及伏安特性；掌握电路暂态过程产生的原因和换路定则的理论依据；会用换路定则确定 RC 电路和 RL 电路响应（电压和电流）的初始值；会分析计算 RC 电路和 RL 电路的响应；会用三要素法分析计算 RC 电路和 RL 电路的响应；了解微分电路和积分电路的电路组成及特点。

3.1 无源电路元件

电阻元件、电感元件、电容元件都是理想的电路元件，它们均不发出电能，称为无源电路元件。

3.1.1 电阻元件

电压和电流的参考方向如图 3-1 所示时，根据欧姆定律，可得

$$u = Ri \tag{3-1}$$

电阻元件参数

$$R = \frac{u}{i}$$

图 3-1 电阻元件

称为电阻，它具有对电流起阻碍作用的物理性质。

将式（3-1）两边乘以 i，可得

$$p = ui = i^2 R \tag{3-2}$$

将式（3-2）积分，可得

$$W = \int_0^t p\mathrm{d}t = \int_0^t ui\mathrm{d}t = \int_0^t i^2 R\mathrm{d}t \tag{3-3}$$

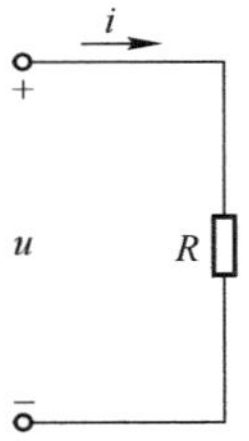

由式（3-2）可知，p 恒为正值，电阻只吸收功率，电能全部消耗在电阻上，转换为热能，电阻是耗能元件。

3.1.2 电感元件

由导线绕制而成的线圈能够产生比较集中的磁场，在忽略很小的导线电阻及线圈匝与匝之间的电容时，可看成是一个理想电感元件，电感结构、符号如图 3-2a、b 所示。当线圈两端加上电压 u，便有电流 i 通过，将产生磁通 Φ，它通过每匝线圈。如果线圈有 N 匝，则电感元件的参数

$$L = \frac{N\Phi}{i} \tag{3-4}$$

称为电感或自感。L 为常数时，称为线性电感；L 不为常数时，称为非线性电感，本书主要讨论线性电感。

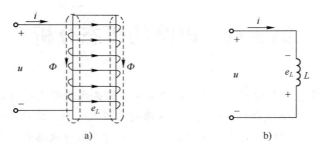

图 3-2　电感线圈及电感元件
a）电感线圈　b）电感元件

线圈的匝数 N 越多，其电感越大；线圈中单位电流产生的磁通越大，电感也越大。当电感元件中磁通 Φ 或电流 i 发生变化时，根据电磁感应定律，则将在电感元件中产生感应电动势，把感应电动势 e_L 的参考方向与电流 i 的参考方向取为一致，则有

$$e_L = -N\frac{\mathrm{d}\Phi}{\mathrm{d}t} = -L\frac{\mathrm{d}i}{\mathrm{d}t} \tag{3-5}$$

如果把电感端电压 u 的参考方向与电感电流 i 的参考方向取为一致，由图 3-2b 可得

$$u = -e_L = N\frac{\mathrm{d}\Phi}{\mathrm{d}t} = L\frac{\mathrm{d}i}{\mathrm{d}t} \tag{3-6}$$

当线圈中通过的电流为恒值时，其上的电压 u 为零，所以电感元件对直流相当于短路。将式（3-6）两边乘以 i，可得

$$p = ui = Li\frac{\mathrm{d}i}{\mathrm{d}t} \tag{3-7}$$

将式（3-7）积分，可得

$$W = \int_0^t ui\mathrm{d}t = \int_0^i Li\,\mathrm{d}i = \frac{1}{2}Li^2 \tag{3-8}$$

由式（3-7）、式（3-8）可知，当 $i\frac{\mathrm{d}i}{\mathrm{d}t}>0$ 时，即电流的绝对值增加时，电感吸收功率，$p>0$，电感把电能转换为磁场能，即电感元件从电源取用能量，当电感元件中的电流增大时，磁场能量增大；当 $i\frac{\mathrm{d}i}{\mathrm{d}t}<0$ 时，即电流的绝对值减小时，电感发出功率，$p<0$，电感把磁场能转换为电能，即电感元件向电源回馈能量，当电感元件中的电流减小时，磁场能量减小。可见电感元件不消耗能量，是储能元件。

3.1.3　电容元件

两块平行金属板在中间充以绝缘介质，可构成一个平行板电容器，如忽略很小的漏电损失，可认为是一理想电容元件，如图 3-3 所示。当电容器两端加上电压 u 后，两块金属板上就会聚集起等量异号的电荷 q，在介质中建立电场，储存电场能量。取电容器储存的电荷量与电压的比值，即为电容 C，可表示为

$$C = \frac{q}{u} \tag{3-9}$$

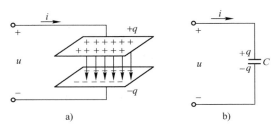

图 3-3　平行板电容器及电容元件

a）平行板电容器　b）电容元件

C 为常数时，称为线性电容；C 不为常数时，称为非线性电容；随时间变化的电容称为时变电容，不随时间变化的电容称为时不变电容，本书主要讨论线性时不变电容。

当电容元件上的电荷量 q 或电压 u 发生变化时，则将在电路中产生电流，即

$$i = \frac{dq}{dt} = C\frac{du}{dt} \tag{3-10}$$

当电容两端电压为恒压时，式（3-10）中电流为零，所以电容元件对直流相当于开路。

将式（3-10）两边乘以 u，可得

$$p = ui = Cu\frac{du}{dt} \tag{3-11}$$

将式（3-11）积分，可得

$$W = \int_0^t ui\,dt = \int_0^u Cu\,du = \frac{1}{2}Cu^2 \tag{3-12}$$

由式（3-11）、式（3-12）可知，当 $u\frac{du}{dt}>0$ 时，即电压的绝对值增加时，电容吸收功率，$p>0$，电容把电能转换为电场能，即电容元件从电源取用能量，当电容元件中的电压增大时，电场能量增大；当 $u\frac{du}{dt}<0$ 时，即电压的绝对值减小时，电容发出功率，$p<0$，电容把电场能转换为电能，即电容元件向电源回馈能量，当电容元件中的电压减小时，电场能量减小。可见电容元件不消耗能量，是储能元件。

【思考与练习】

3.1.1　如果一个电感元件两端的电压为零，其储能是否也一定等于零？如果一个电容元件中的电流为零，其储能是否也一定等于零？

3.1.2　电感元件通过恒定电流时可视作短路，是否此时电感 L 为零？电容元件两端加恒定电压时可视作开路，是否此时电容 C 为无穷大？

3.2　电路的暂态及换路定则

3.2.1　电路的暂态

在电路参数值不变及电源恒定的情况下，电路中的电流和电压都将稳定在一定的数值而不随时间变化，这种状态称为稳定状态，前面所讨论的电路都是处于稳定状态。

在含有储能元件 L、C 的电路中，当电路接通、切断、局部短路、电源变化或元件的参

数值发生变化都会使电路从一个稳定状态变化到另一个稳定状态，这个变化有时需要经历一个过程，这个过程称为过渡过程，由于过渡过程相对来说是短暂的，所以又称为暂态过程，即暂态。把电路结构的改变、电源特性的变化及元件参数的变化等引起电路状态的变化统称为换路。

换路后电路不能由一个稳定状态立即跳变到另一个新的稳定状态，而要经历一个暂态过程，这是因为在含有储能元件 L、C 的电路中，电流、电压的改变必然伴随着磁场、电场的变化，所以也就伴随着磁场能量和电场能量的变化。例如，对于电感 L 来说，它所储存的磁场能量为

$$W_L = \frac{1}{2}Li_L^2$$

对于电容 C 来说，它所储存的电场能量为

$$W_C = \frac{1}{2}Cu_C^2$$

当电感中的电流 i_L 或电容中的电压 u_C 发生突变，就意味着磁场能量或电场能量发生突变，则功率

$$p = \frac{\mathrm{d}W}{\mathrm{d}t}$$

为无穷大，这在实际电路中是不可能的。因此电路中电感的电流 i_L 及电容的电压 u_C 只能渐变，不能突变，或者说从前一个稳态变化到后一个稳态，这就决定了含储能元件的电路在换路时可能存在暂态过程。

电阻元件是耗能元件，它的电流、电压突变并不伴随着能量的突变，因此，由纯电阻元件构成的电路是不存在暂态过程的。

研究暂态过程的目的是认识和掌握这种客观存在的物理现象的规律，既要充分利用暂态过程的特性，同时也必须预防它所产生的危害。例如，在电子技术中常利用电路中的暂态过程现象来改善波形和产生特定波形；但某些电路在与电源接通或断开的暂态过程中，会产生过电压或过电流，从而使电气设备遭受损坏。

3.2.2　换路定则

通常把换路瞬间作为计时起点，即 $t = 0$ 为换路瞬间，设 $t = 0_-$ 表示换路前终了时刻，$t = 0_+$ 表示换路后的初始时刻，由能量不能跃变规律可知，换路瞬间电感元件中的电流和电容元件上的电压不能跃变，即换路定则，用公式表示为

换路定则

$$\begin{cases} i_L(0_-) = i_L(0_+) \\ u_C(0_-) = u_C(0_+) \end{cases} \tag{3-13}$$

换路定则适用于换路瞬间，利用它可以由换路前的电路来确定换路后的 u_C 和 i_L 的初始值，再由这两个初始值进一步确定换路后电路的其他部分的电压和电流初始值。

换路后的电路经过一段时间，可以达到新的稳态（理论上时间为无穷大），此时的电压和电流值称为稳态值，稳态值可由换路后的稳态电路求出。确定电路的初始值是分析暂态电路的难点，具体步骤如下：

1）画出 $t = 0_-$ 时的等效电路，求出电容上的电压 $u_C(0_-)$ 和电感上的电流 $i_L(0_-)$。

2）由换路定则 $u_C(0_-) = u_C(0_+)$，$i_L(0_-) = i_L(0_+)$，画出 $t=0_+$ 时的电路，再运用直流电路的分析方法解出其他各部分电压和电流的初始值。

【例 3-1】 如图 3-4a 所示电路，已知 $U=5\,\mathrm{V}$，$I_S=5\,\mathrm{A}$，$R=5\,\Omega$。开关 S 断开前电路已稳定。求 S 断开后 R、C、L 的电压和电流的初始值。

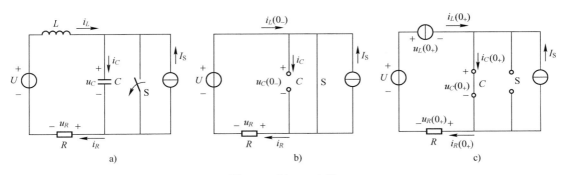

图 3-4　例 3-1 电路

a）原电路　b）$t=0_-$ 时的电路　c）$t=0_+$ 时的电路

解： 求初始值。换路前 $t=0_-$（S 闭合）时的电路如图 3-4b 所示，可得

$$i_L(0_-) = \frac{U}{R} = \frac{5}{5}\mathrm{A} = 1\,\mathrm{A}$$

$$u_C(0_-) = 0\,\mathrm{V}$$

根据换路定则，有

$$u_C(0_+) = u_C(0_-) = 0\,\mathrm{V}$$

$$i_L(0_+) = i_L(0_-) = 1\,\mathrm{A}$$

换路后 $t=0_+$（S 打开）时的电路如图 3-4c 所示，可求得其他量的初始值为

$$i_R(0_+) = i_L(0_+) = 1\,\mathrm{A}$$

$$u_R(0_+) = Ri_R(0_+) = 5\times1\,\mathrm{V} = 5\,\mathrm{V}$$

$$i_C(0_+) = I_S + i_L(0_+) = (5+1)\mathrm{A} = 6\,\mathrm{A}$$

$$u_L(0_+) = U - u_R(0_+) - u_C(0_+) = (5-5-0)\mathrm{V} = 0\,\mathrm{V}$$

【例 3-2】 如图 3-5a 所示电路，已知 $U=9\,\mathrm{V}$，$R_1=1\,\Omega$，$R_2=3\,\Omega$，$R_3=6\,\Omega$，$R_4=2\,\Omega$，开关闭合前电路处于稳态，$t=0$ 时开关闭合。求各支路电流的初始值。

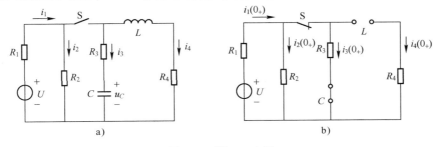

图 3-5　例 3-2 电路

a）原电路　b）$t=0_+$ 时的等效电路

解： 由换路前的电路可得

$$u_C(0_-) = 0 \text{ V}$$
$$i_L(0_-) = 0 \text{ A}$$

根据换路定则，有

$$u_C(0_+) = u_C(0_-) = 0 \text{ V}$$
$$i_L(0_+) = i_L(0_-) = 0 \text{ A}$$

将此结果代入换路后 $t=0_+$ 时的等效电路，如图 3-5b 所示，可求得其他量的初始值为

$$i_1(0_+) = \frac{U}{R_1 + (R_2 /\!/ R_3)} = \frac{9}{1 + 3/\!/6} \text{ A} = 3 \text{ A}$$

$$i_2(0_+) = \frac{R_3}{R_2 + R_3} i_1(0_+) = \frac{6}{3+6} \times 3 \text{ A} = 2 \text{ A}$$

$$i_3(0_+) = \frac{R_2}{R_2 + R_3} i_1(0_+) = \frac{3}{3+6} \times 3 \text{ A} = 1 \text{ A}$$

$$i_4(0_+) = 0$$

在换路瞬间，除电容两端的电压 u_C、电感的电流 i_L 外，其他电流和电压均发生跃变。换路前，若储能元件未储有能量，即 $u_C(0_-) = 0$、$i_L(0_-) = 0$，在换路瞬间（$t=0_+$ 时的等效电路中），电容元件相当于短路，电感元件相当于断路。换路前，若储能元件储有能量，即 $u_C(0_-) \neq 0$、$i_L(0_-) \neq 0$，在换路瞬间（$t=0_+$ 时的等效电路中），电容元件可用一理想电压源替代，其电压为 $u_C(0_+)$，电感元件可用一理想电流源替代，其电流为 $i_L(0_+)$。

【思考与练习】

3.2.1　根据换路前储能元件是否储有能量总结求初始值的步骤。

3.2.2　如图 3-6 所示电路，换路前电路处于稳态，试求电路中各电流和电压的初始值。

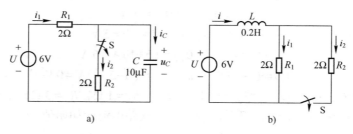

图 3-6　思考与练习题 3.2.2 电路

3.2.3　可否由换路前的电路求出电容电流的初始值和电感电压的初始值？

3.3　*RC* 电路的响应

电路仅含有一个储能元件（或可等效为一个储能元件）的线性电路，其暂态过程都可用一阶微分方程来描述，称为一阶线性电路。分析暂态电路常用的方法是经典法。所谓的经典法是指根据激励（电源电压或电流）通过求解电路的微分方程，以获得电路的响应（电压或电流）的变化过程。

3.3.1　*RC* 电路的零输入响应

零输入响应

所谓的零输入响应是指无电源激励，输入信号为零，在此条件下，仅由储能元件的初始储能所产生的电路响应。

如图 3-7a 所示，开关 S 合在位置 1 上，电源对电容元件充电，电路达到稳定状态时，电容上电压的初始值 $u_C(0_+) = u_C(0_-) = U$。在 $t=0$ 时将开关从位置 1 合到位置 2 进行换路。换路后的电路如图 3-7b 所示，电容开始通过电阻放电，此放电过程即为 *RC* 电路的零输入响应。

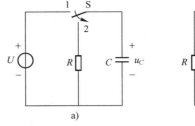

图 3-7　*RC* 电路的零输入响应

a) 换路前　b) 换路后

根据基尔霍夫电压定律（KVL）列出 $t \geqslant 0_+$ 的微分方程为

$$u_R(t) - u_C(t) = 0$$

将 $u_R(t) = Ri(t)$，$i(t) = -C\dfrac{\mathrm{d}u_C(t)}{\mathrm{d}t}$ 代入方程，可得

$$R\left[-C\frac{\mathrm{d}u_C(t)}{\mathrm{d}t}\right] - u_C(t) = 0$$

整理上式，可得

$$RC\frac{\mathrm{d}u_C(t)}{\mathrm{d}t} + u_C(t) = 0 \qquad (3-14)$$

令齐次微分方程的通解为

$$u_C(t) = Ae^{pt}$$

代入式（3-14），可得

$$(RCp+1)Ae^{pt} = 0$$

则

$$RCp+1 = 0, p = -\frac{1}{RC}$$

则式（3-14）的通解为

$$u_C(t) = Ae^{-\frac{1}{RC}t}$$

式中，A 为积分常数，可根据初始值确定，即 $u_C(0_+) = u_C(0_-) = U$，则

$$u_C(0_+) = U = Ae^0$$

由此可得

$$A = U$$

求得微分方程的解为

$$u_C(t) = u_C(0_+)e^{-\frac{1}{RC}t} = Ue^{-\frac{1}{RC}t} \qquad (3-15)$$

由式（3-15）可得出电容元件上的电流和电阻元件上的电压，分别为

$$i(t) = -C\frac{\mathrm{d}u_C(t)}{\mathrm{d}t} = -C\frac{\mathrm{d}}{\mathrm{d}t}\left(Ue^{-\frac{1}{RC}t}\right) = \frac{U}{R}e^{-\frac{1}{RC}t} \qquad (3-16)$$

$$u_R(t) = u_C(t) = U\mathrm{e}^{-\frac{1}{RC}t} \qquad (3-17)$$

以上各式表明，各响应按指数曲线变化，RC 值决定电路放电快慢，具有时间的量纲，单位为 s，称为时间常数，用 τ 表示。图 3-8 为 u_C、i 和 u_R 随时间变化的曲线。图 3-9 为 τ 的几何意义，τ 即为曲线的次截距。

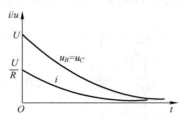

图 3-8　u_C、i 和 u_R 随时间变化的曲线

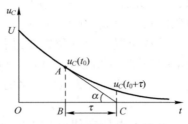

图 3-9　时间常数 τ 的几何意义

当 $t=\tau$ 时，$u_C(t) = U\mathrm{e}^{-1} = \dfrac{U}{2.718} = 36.8\%U$

可见，时间常数 τ 等于电压 $u_C(t)$ 衰减到初始值 U 的 36.8% 所需的时间。$t=2\tau$，$t=3\tau$，$t=4\tau$，…，随时间而衰减的电容电压值见表 3-1。

表 3-1　随时间而衰减的电容电压值

t	0	τ	2τ	3τ	4τ	5τ	…	∞
$u_C(t)$	U	$0.368U$	$0.135U$	$0.05U$	$0.018U$	$0.0067U$	…	0

由表 3-1 可见，在理论上要经过无限长的时间 $u_C(t)$ 才衰减为零值，但工程上一般认为经过 $(3\sim5)\tau$ 时间完成过渡过程，暂态结束。

显然，时间常数 τ 越大，$u_C(t)$ 衰减（电容器放电）越慢。当 R 一定时，C 越大，在相同电压下它储存的电荷或能量就越多，将电荷通过电阻放掉或把能量在电阻上消耗掉所需的时间就越长，也就是说时间常数越大；当 C 一定时，R 越大，在相同电压下的放电电流 i 就越小，放电就越慢，能量消耗就越慢，时间常数也就越大。因此，改变 R 和 C 的数值，也就是改变电路的时间常数，就可以改变电容器放电的快慢。

【例 3-3】 如图 3-10a 所示电路，开关 S 原在位置 1，且电路已达稳态。在 $t=0$ 时开关由 1 合向 2，试求 $t \geqslant 0$ 时的电压 $u_C(t)$ 和电流 $i(t)$。

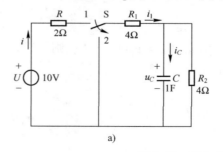

图 3-10　例 3-3 电路

解：在 $t=0_-$ 时，有

$$u_C(0_-) = \frac{10 \times 4}{2+4+4}\,\mathrm{V} = 4\,\mathrm{V}$$

根据换路定则，可得

$$u_C(0_+) = u_C(0_-) = 4\,\text{V}$$

换路后的电路如图 3-10b 所示，电容通过电阻 R_1、R_2 并联放电，等效电阻 R_0 为

$$R_0 = \frac{R_1 R_2}{R_1 + R_2} = 2\,\Omega$$

$$\tau = R_0 C = 2\,\text{s}$$

暂态响应为零输入响应，由式 (3-15) 和式 (3-16) 可得

$$u_C(t) = u_C(0_+)\mathrm{e}^{-\frac{t}{\tau}} = 4\mathrm{e}^{-0.5t}\,\text{V}$$

$$i(t) = -\frac{u_C(t)}{4} = -\mathrm{e}^{-0.5t}\,\text{A}$$

3.3.2　*RC* 电路的零状态响应

换路前储能元件无初始能量，由电源激励所产生的电路的响应，称为零状态响应。

如图 3-11 所示 RC 电路，开关 S 闭合前电路中的电容未储存能量，即 $u_C(0_-) = 0$。$t = 0$ 时将开关 S 合上，电路与电压源 U 接通，电源对电容开始充电。

根据基尔霍夫电压定律 (KVL) 列出 $t \geqslant 0_+$ 时的微分方程，即

$$u_R + u_C = U$$

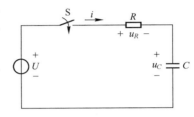

图 3-11　RC 电路的零状态响应

而 $u_R(t) = Ri(t)$，将 $i(t) = C\dfrac{\mathrm{d}u_C(t)}{\mathrm{d}t}$ 代入上述方程，可得电路的微分方程为

$$RC\frac{\mathrm{d}u_C(t)}{\mathrm{d}t} + u_C(t) = U \tag{3-18}$$

此方程为一阶线性非齐次方程，方程的解由两部分组成，即非齐次方程的特解 u_C' 和对应齐次方程的通解 u_C''（又称补函数），即 $u_C = u_C' + u_C''$。

齐次方程 $RC\dfrac{\mathrm{d}u_C(t)}{\mathrm{d}t} + u_C(t) = 0$ 的通解为

$$u_C'' = A\mathrm{e}^{-\frac{t}{\tau}}$$

设非齐次方程的特解 u_C' 为常数 K，代入式 (3-18)，可得

$$u_C' = K = U$$

所以

$$u_C = U + A\mathrm{e}^{-\frac{t}{\tau}} \tag{3-19}$$

代入初始值，可求得

$$A = -U$$

则电容两端的电压表达式为

$$u_C(t) = U(1 - \mathrm{e}^{-\frac{1}{RC}t}) = U(1 - \mathrm{e}^{-\frac{t}{\tau}}) \tag{3-20}$$

电阻两端的电压为

$$u_R(t) = U - u_C(t) = U\mathrm{e}^{-\frac{t}{\tau}} \tag{3-21}$$

电路的电流为

$$i(t) = \frac{u_R(t)}{R} = \frac{U}{R}\mathrm{e}^{-\frac{t}{\tau}} \qquad (3\text{-}22)$$

u_C、u_R 和 i 在暂态过程中随时间变化的曲线如图 3-12 所示。

3.3.3 *RC* 电路的全响应

换路前电源激励和储能元件的初始状态均不为零时引起的电路的响应，称为全响应。

RC 电路如图 3-11 所示，设电容 C 在 S 闭合前有电压，即 $u_C(0_-) = U_0$，S 闭合后，即为全响应暂态过程。

根据基尔霍夫电压定律（KVL）列出 $t \geq 0_+$ 时的微分方程，即

$$U = RC\frac{\mathrm{d}u_C}{\mathrm{d}t} + u_C \qquad (3\text{-}23)$$

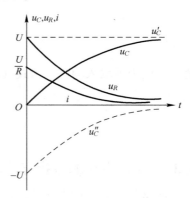

图 3-12 u_C、u_R 和 i 随时间
变化的曲线

式（3-23）和式（3-18）相同，由此可得

$$u_C = u_C' + u_C'' = U + A\mathrm{e}^{-\frac{1}{RC}t} \qquad (3\text{-}24)$$

但积分常数 A 与零状态响应不同。在 $t = 0_+$ 时，$u_C(0_+) = U_0$，则 $A = U_0 - U$。

所以

$$u_C(t) = U + (U_0 - U)\mathrm{e}^{-\frac{t}{RC}} \qquad (3\text{-}25)$$

将上述方程整理得

$$u_C(t) = U_0\mathrm{e}^{-\frac{t}{\tau}} + U(1 - \mathrm{e}^{-\frac{t}{\tau}}) \qquad (3\text{-}26)$$

式（3-26）右边第一项为零输入响应；第二项为零状态响应，全响应是零输入和零状态的叠加，即

$$全响应 = 零输入响应 + 零状态响应$$

式（3-25）中，U 为稳态分量，即 $u_C(\infty) = U$；$(U_0 - U)\mathrm{e}^{-\frac{t}{RC}}$ 为暂态分量，全响应是稳态分量和暂态分量的叠加，即

$$全响应 = 稳态分量 + 暂态分量$$

求出 u_C 后，即可得

$$i = C\frac{\mathrm{d}u_C}{\mathrm{d}t}, u_R = Ri$$

【例 3-4】 如图 3-13a 所示电路，开关 S 合在 1 的位置，电路已处于稳定；当 $t = 0$ 时，开关合到 2 的位置，已知 $R = 5\,\mathrm{k\Omega}$，$C = 2\,\mathrm{\mu F}$，$U_1 = 3\,\mathrm{V}$，$U_2 = 5\,\mathrm{V}$，试求电容电压 $u_C(t)$。

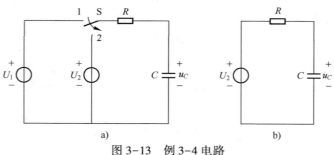

图 3-13   例 3-4 电路

解：当 $t = 0_-$ 时　　　　　　　　　　$u_C(0_-) = U_1 = 3\,\text{V}$

根据换路定则　　　　　　　　　　$u_C(0_+) = u_C(0_-) = 3\,\text{V}$

电容电压的稳态值　　　　　　　　$u_C(\infty) = U_2 = 5\,\text{V}$

电路的时间常数为

$$\tau = RC = (5 \times 10^3 \times 2 \times 10^{-6})\,\text{s} = 10 \times 10^{-3}\,\text{s}$$

电容的零输入响应为

$$u_{1C}(t) = u_C(0_+)\,\mathrm{e}^{-\frac{t}{\tau}} = 3\mathrm{e}^{-100t}\,\text{V}$$

电容的零状态响应为

$$u_{2C}(t) = u_C(\infty)(1 - \mathrm{e}^{-\frac{t}{\tau}}) = 5(1 - \mathrm{e}^{-100t})\,\text{V}$$

则电容电压的全响应为

$$u_C(t) = u_{1C}(t) + u_{2C}(t) = 3\mathrm{e}^{-100t} + 5(1 - \mathrm{e}^{-100t}) = (5 - 2\mathrm{e}^{-100t})\,\text{V}$$

【思考与练习】

3.3.1　在零输入响应时，电路中没有电源，为什么电路中还有电压、电流存在？

3.3.2　如果换路前电容 C 处于零状态，则 $t = 0$ 时，$u_C(0) = 0$，而 $t \to \infty$ 时，$i_C(\infty) = 0$，可否认为 $t = 0$ 时，电容相当于短路，$t \to \infty$ 时，电容相当于开路？如果换路前电容 C 不是处于零状态，上述结论是否成立？

3.4　*RL* 电路的响应

3.4.1　*RL* 电路的零输入响应

如图 3-14 所示，换路前开关 S 合在位置 1 上，电感元件中通有电流。在 $t = 0$ 时将开关从位置 1 合到位置 2，使电路

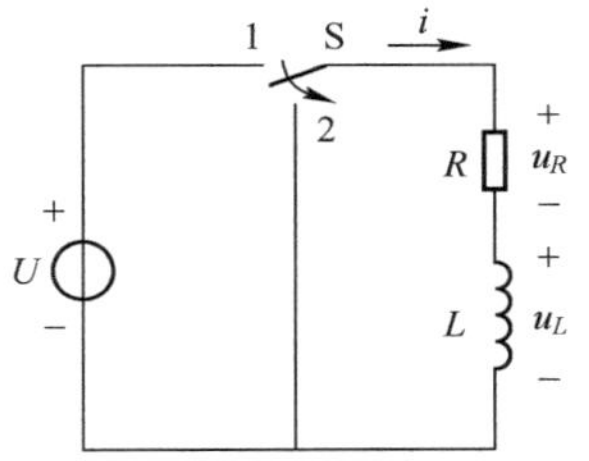

图 3-14　*RL* 电路的零输入响应

脱离电源，*RL* 电路被短路。此时，电感元件已储有能量，其中电流的初始值 $i(0_+) = \dfrac{U}{R}$。

根据基尔霍夫电压定律（KVL）列出 $t \geqslant 0_+$ 时的微分方程为

$$u_R(t) + u_L(t) = 0$$

将 $u_R(t) = Ri_L(t)$，$u_L(t) = L\dfrac{\mathrm{d}i_L(t)}{\mathrm{d}t}$ 代入方程，可得

$$Ri_L(t) + L\frac{\mathrm{d}i_L(t)}{\mathrm{d}t} = 0 \tag{3-27}$$

根据 3.3.1 节，可知其通解为

$$i(t) = i(0_+)\,\mathrm{e}^{-\frac{t}{\tau}} = \frac{U}{R}\mathrm{e}^{-\frac{t}{\tau}} \tag{3-28}$$

其中

$$\tau = L/R$$

也具有时间的量纲，它是 *RL* 电路的时间常数。

时间常数 τ 越小，暂态过程就进行得越快。因为 L 越小，则阻碍电流变化的作用也就越小 $\left(e_L = -L\dfrac{\mathrm{d}i}{\mathrm{d}t}\right)$；$R$ 越大，则在同样电压下电流的稳态值或暂态分量的初始值 $\dfrac{U}{R}$ 越小。这都促

使暂态过程加快。因此，改变电路参数的大小，可以影响暂态过程的快慢。

由式（3-28）可求出电阻元件和电感元件上的电压分别为

$$u_L(t) = L\frac{\mathrm{d}i_L(t)}{\mathrm{d}t} = -U\mathrm{e}^{-\frac{t}{\tau}} \tag{3-29}$$

$$u_R(t) = Ri_L(t) = U\mathrm{e}^{-\frac{t}{\tau}} \tag{3-30}$$

所求 i、u_R 及 u_L 随时间而变化的曲线如图 3-15 所示。

在图 3-14 中，当开关 S 将线圈（电阻和电感串联）从电源断开而未加以短路，则由于这时电流变化率 $\left(\dfrac{\mathrm{d}i}{\mathrm{d}t}\right)$ 很大，致使自感电动势 $\left(e_L = -L\dfrac{\mathrm{d}i}{\mathrm{d}t}\right)$ 很大。这个感应电动势可能使开关两触点之间的空气击穿而造成电弧以延缓电流的中断，开关触点因而被烧坏。所以，往往在将线圈从电源断开的同时而将线圈加以短路，以便使电流逐渐减小。有时为了加速线圈放电的过程，可用一个低值泄放电阻 R' 与线圈连接，如图 3-16 所示。泄放电阻不宜过大，否则在线圈两端会出现过电压。因为线圈两端的电压为

$$u_{RL} = -R'i = -\frac{R'}{R}U\mathrm{e}^{-\frac{R+R'}{L}t}$$

在 $t=0$ 时，其绝对值为

$$u_{RL}(0) = \frac{R'}{R}U$$

可见，当 $R'>R$ 时，$u_{RL}(0)>U$，即线圈两端出现过电压。

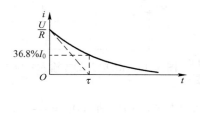 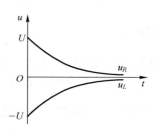 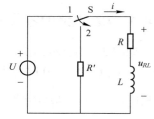

图 3-15 i、u_R 及 u_L 随时间变化的曲线　　　　图 3-16 与线圈连接泄放电阻

【例 3-5】 如图 3-17 所示 RL 电路，已知 $R=10\,\Omega$，电感 $L=0.398\,\mathrm{H}$，直流电压 $U=5\,\mathrm{V}$。电压表的量程为 $10\,\mathrm{V}$，内阻为 $R_\mathrm{V}=50\,\mathrm{k}\Omega$。开关未断开时，电路中的电流已经恒定不变。在 $t=0$ 时，断开开关。求：

1）$t\geqslant0$ 时的电流 $i_L(t)$ 和电压 $u_\mathrm{V}(t)$。

2）开关刚断开时，电压表两端的电压 $u_\mathrm{V}(0_+)$。

解： 1）开关断开前，由于电流已恒定不变，电感 L 两端电压为零，故

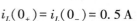

图 3-17 例 3-5 电路

$$i_L(0_-) = \frac{U}{R} = \frac{5}{10}\mathrm{A} = 0.5\,\mathrm{A}$$

根据换路定则，可得

$$i_L(0_+) = i_L(0_-) = 0.5\,\mathrm{A}$$

时间常数为

$$\tau=\frac{L}{R+R_\mathrm{V}}=\frac{0.398}{10+50\times10^3}\mathrm{s}=8.0\ \mu\mathrm{s}$$

电路为 RL 零输入响应，则

$$i_L(t)=0.5\mathrm{e}^{-125000t}\ \mathrm{A}$$

电压表的电压

$$u_\mathrm{V}(t)=-R_\mathrm{V}i_L(t)=-50\times10^3\times0.5\mathrm{e}^{-125000t}\ \mathrm{V}=-25000\mathrm{e}^{-125000t}\ \mathrm{V}$$

2）刚断开关时，电压表上的电压最大，为

$$u_\mathrm{V}(0_+)=-25000\ \mathrm{V}$$

可见，用电压表（其内阻很大）测量电感两端电压，不能直接带电并联电压表，换路时高压会使绝缘击穿，造成电压表损坏。

3.4.2　RL 电路的零状态响应

如图 3-18 所示 RL 串联电路，换路前电感元件无初始能量，$i(0_-)=0$，在 $t=0$ 时将开关 S 合上，电路与电源 U 接通，即电路处于零状态。

根据基尔霍夫电压定律，列出 $t\geqslant0_+$ 时的电路微分方程为

$$Ri_L(t)+L\frac{\mathrm{d}i_L(t)}{\mathrm{d}t}=U \tag{3-31}$$

参照 3.3.2 节，可知通解为

$$i(t)=\frac{U}{R}-\frac{U}{R}\mathrm{e}^{-\frac{R}{L}t}=\frac{U}{R}(1-\mathrm{e}^{-\frac{t}{\tau}}) \tag{3-32}$$

也是由稳态分量和暂态分量叠加而得。

所求电流随时间而变化的曲线如图 3-19 所示。电路的时间常数为

$$\tau=\frac{L}{R}$$

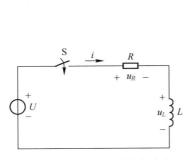

图 3-18　RL 电路零状态响应

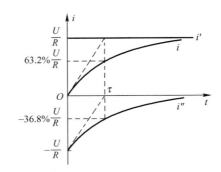

图 3-19　i 的变化曲线

由式（3-32）可得 $t\geqslant0_+$ 时电阻元件和电感元件上的电压分别为

$$u_R(t)=Ri_L(t)=U(1-\mathrm{e}^{-\frac{t}{\tau}}) \tag{3-33}$$

$$u_L(t)=L\frac{\mathrm{d}i_L(t)}{\mathrm{d}t}=U\mathrm{e}^{-\frac{t}{\tau}} \tag{3-34}$$

它们随时间变化的曲线如图 3-20 所示。

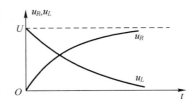

图 3-20　u_R 和 u_L 随时间变化的曲线

3.4.3　*RL* 电路的全响应

RL 全响应电路如图 3-21 所示，电感换路前的电流 $i(0_-)=I_0$，根据基尔霍夫电压定律（KVL）同样列出 $t \geqslant 0_+$ 时关于电感电流的微分方程，即

$$L\frac{\mathrm{d}i}{\mathrm{d}t}+Ri=U \qquad (3-35)$$

参照 3.3.3 节，可知式（3-35）的通解为

$$i(t)=\frac{U}{R}+\left(I_0-\frac{U}{R}\right)\mathrm{e}^{-\frac{t}{\tau}} \qquad (3-36)$$

图 3-21　*RL* 全响应电路

$(i(0_-)=I_0)$

其中，$\dfrac{U}{R}$ 为稳态分量，$\left(I_0-\dfrac{U}{R}\right)\mathrm{e}^{-\frac{t}{\tau}}$ 为暂态分量，两者相加即为全响应 i。

式（3-36）可改写为

$$i(t)=I_0\mathrm{e}^{-\frac{t}{\tau}}+\frac{U}{R}(1-\mathrm{e}^{-\frac{t}{\tau}})$$

其中，右边第一项为零输入响应，第二项为零状态响应，两者相加即为全响应 i。

【思考与练习】

3.4.1　如果换路前 *L* 处于零状态，则 $t=0$ 时，$i_L(0)=0$，而 $t \to \infty$ 时，$u_L(\infty)=0$，可否认为 $t=0$ 时，电感相当于开路，$t \to \infty$ 时，电感相当于短路？

3.4.2　如果换路前 *L* 不是处于零状态，上述结论是否成立？

3.5　一阶线性暂态电路分析的三要素法

利用经典法分析一阶线性暂态电路，列写和求解线性微分方程通常比较麻烦。对于一阶暂态电路，还有一种方便和常用的分析方法，即三要素法。

由前几节分析可知，描述一阶线性电路的方程是一阶线性微分方程，它的解由两部分构成，即

$$f(t)=f'(t)+f''(t)$$

式中，$f(t)$ 为一阶线性微分方程的解；$f'(t)$ 为原方程的一个特解，一般选用稳态解来作为特解，即 $f'(t)=f(\infty)$；$f''(t)$ 为原齐次方程的通解，$f''(t)=A\mathrm{e}^{-\frac{t}{\tau}}$。所以有

$$f(t)=f(\infty)+A\mathrm{e}^{-\frac{t}{\tau}}$$

为确定积分常数 A，将初始条件代入上式，可得

$$A=f(0_+)-f(\infty)$$

所以，一阶线性电路全响应的一般表达式为

$$f(t)=f(\infty)+[f(0_+)-f(\infty)]\mathrm{e}^{-\frac{t}{\tau}} \qquad (3-37)$$

由式（3-37）可知，要求解一阶线性电路的响应，只需求出稳态值 $f(\infty)$、初始值 $f(0_+)$ 和电路时间常数 τ，就可以根据式（3-37）直接写出响应函数 $f(t)$，从而避免了列方程、解微分方程等一系列运算。把稳态值 $f(\infty)$、初始值 $f(0_+)$ 和电路时间常数 τ 称为一阶线性电路暂态分析的三要素；求出三要素，并直接代入式（3-37）求解电路响应的方法称

为三要素法。

需要指出的是，在一阶线性电路的暂态情况下，除了 u_C 或 i_L 外，电路中的其他电压和电流也是按照指数规律从它们的初始值变到稳态值。所以，式（3-37）中 $f(t)$ 既可以是 u_C 或 i_L，也可以是电路中的其他电压或电流。

利用三要素法解一阶线性电路的暂态问题，关键是正确求得三个要素 $f(\infty)$、$f(0_+)$ 和 τ，求解方法如下：

1）求初始值 $f(0_+)$。在换路前的 $(t=0_-)$ 电路中求出 $u_C(0_-)$ 及 $i_L(0_-)$，由换路定则 $u_C(0_+)=u_C(0_-)$ 或 $i_L(0_+)=i_L(0_-)$ 得到 $u_C(0_+)$ 或 $i_L(0_+)$，将 $u_C(0_+)$ 或 $i_L(0_+)$ 代入换路后 $(t=0_+)$ 的等效电路，求出 $f(0_+)$。

2）求稳态值 $f(\infty)$。在换路后并假设电路已达到稳定状态的情况下求解稳态等效电路（电容相当于开路，电感相当于短路），用直流电路分析法求出各个响应的稳态值，即 $f(\infty)$ 的值。

3）求电路的时间常数 τ。一阶 RC 电路的时间常数 $\tau=R_0C$，一阶 RL 电路的时间常数 $\tau=L/R_0$，其中 C 或 L 是储能元件电容或电感的参数值，R_0 是换路后从储能元件 C 或 L 两端向电路看进去的戴维南等效电阻。

4）求得的三要素，代入式（3-37）即可写出一阶线性电路的暂态响应。

【例 3-6】　如图 3-22a 所示电路，换路前电路已处于稳态，已知 $R_1=R_2=10\,\mathrm{k\Omega}$，$R_3=20\,\mathrm{k\Omega}$，$I_\mathrm{S}=2\,\mathrm{mA}$，$U=10\,\mathrm{V}$，$C=10\,\mathrm{\mu F}$，试求换路后的 $u_c(t)$ 和 i_3。

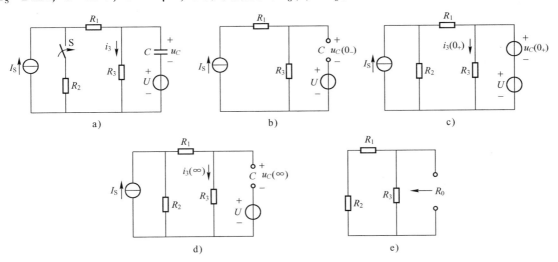

图 3-22　例 3-6 电路

解： 由如图 3-22b 所示换路前（$t=0_-$）电路，可得

$$u_C(0_-)=I_\mathrm{S}R_3-U=(2\times10^{-3}\times20\times10^3-10)\ \mathrm{V}=30\ \mathrm{V}$$

由换路定则，可得

$$u_C(0_+)=u_C(0_-)=30\ \mathrm{V}$$

由如图 3-22c 所示换路后（$t=0_+$）电路，可得

$$i_3(0_+)=\frac{u_C(0_+)+U}{R_3}=\frac{30+10}{20\times10^3}\ \mathrm{A}=2\ \mathrm{mA}$$

由如图 3-22d 所示换路后的稳态（$t\to\infty$）电路，可得

$$i_3(\infty) = \frac{R_2}{R_1+R_2+R_3}I_S = \frac{10}{10+10+20}\times 2\times 10^{-3}\ \text{A} = 0.5\ \text{mA}$$

$$u_C(\infty) = R_3 i_3(\infty) - U = (20\times 10^3 \times 0.5\times 10^{-3} - 10)\ \text{V} = 0\ \text{V}$$

换路后从储能元件 C 两端向电路看进去的等效电路如图 3-22e 所示，可得

$$R_0 = (R_1+R_2)//R_3 = (10+10)//20\ \text{k}\Omega = 10\ \text{k}\Omega$$

$$\tau = R_0 C = 10\times 10^3 \times 10\times 10^{-6}\ \text{s} = 0.1\ \text{s}$$

则全响应为

$$u_C(t) = u_C(\infty) + [u_C(0_+) - u_C(\infty)]\mathrm{e}^{-\frac{t}{\tau}}$$

$$= [0 + (30-0)\mathrm{e}^{-\frac{t}{0.1}}]\ \text{V} = 30\mathrm{e}^{-10t}\ \text{V}$$

$$i_3(t) = i_3(\infty) + [i_3(0_+) - i_3(\infty)]\mathrm{e}^{-\frac{t}{\tau}}$$

$$= [0.5 + (2-0.5)\mathrm{e}^{-\frac{t}{0.1}}]\ \text{A} = (0.5 + 1.5\mathrm{e}^{-10t})\ \text{A}$$

【例 3-7】 如图 3-23a 所示电路，换路前开关合在 1 的位置，电路处于稳定状态。换路后开关合在 2 的位置。试求换路后的 $i_L(t)$ 和 $i_1(t)$。已知 $R_1=R_3=1\ \Omega$，$R_2=2\ \Omega$，$U_1=U_2=3\ \text{V}$，$L=3\ \text{H}$。

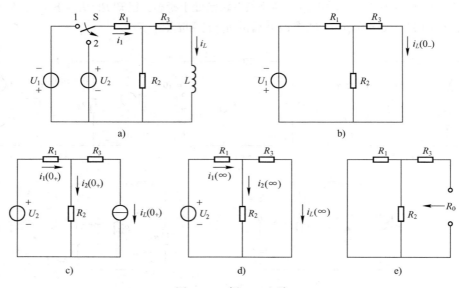

图 3-23　例 3-7 电路

解： 由图 3-23b 换路前（$t=0_-$）电路，可得

$$i_L(0_-) = -\frac{U_1}{R_1+R_2//R_3}\frac{R_2}{R_2+R_3} = -\frac{3}{1+2//1}\times \frac{2}{2+1}\ \text{A} = -1.2\ \text{A}$$

由换路定则，可得

$$i_L(0_+) = i_L(0_-) = -1.2\ \text{A}$$

由如图 3-23c 所示换路后（$t=0_+$）电路，根据 KVL、KCL，可得

$$\begin{cases} U_2 = i_1(0_+)R_1 + i_2(0_+)R_2 \\ i_1(0_+) = i_2(0_+) + i_L(0_+) \end{cases}$$

即

$$\begin{cases}3=i_1(0_+)\times1+i_2(0_+)\times2\\i_1(0_+)=i_2(0_+)-1.2\end{cases}$$

由上两式解得

$$i_1(0_+)=0.2\,\text{A}$$

由如图 3-23d 所示换路后的稳态（$t\to\infty$）电路，可得

$$i_1(\infty)=\frac{U_2}{R_1+R_2//R_3}=\frac{3}{1+1//2}\,\text{A}=1.8\,\text{A}$$

$$i_L(\infty)=i_1(\infty)\frac{R_2}{R_2+R_3}=1.8\times\frac{2}{1+2}\,\text{A}=1.2\,\text{A}$$

换路后从储能元件 L 两端向电路看进去的等效电路如图 3-23e 所示，可得

$$R_0=(R_1//R_2)+R_3=[(1//2)+1]\,\Omega=\frac{5}{3}\,\Omega$$

$$\tau=\frac{L}{R_0}=\frac{3}{5/3}\,\text{s}=1.8\,\text{s}$$

则全响应为

$$i_1(t)=i_1(\infty)+[i_1(0_+)-i_1(\infty)]\,\text{e}^{-\frac{t}{\tau}}$$
$$=[1.8+(0.2-1.8)\,\text{e}^{-\frac{t}{1.8}}]\,\text{A}=(1.8-1.6\text{e}^{-\frac{t}{1.8}})\,\text{A}$$
$$i_L(t)=i_L(\infty)+[i_L(0_+)-i_L(\infty)]\,\text{e}^{-\frac{t}{\tau}}$$
$$=[1.2+(-1.2-1.2)\,\text{e}^{-\frac{t}{1.8}}]\,\text{A}=1.2(1-2\text{e}^{-\frac{t}{1.8}})\,\text{A}$$

【思考与练习】

3.5.1　一阶线性电路的三要素法不仅可用于求取电路中的 $u_C(t)$ 或 $i_L(t)$，而且可直接用于求取电路中的其他电压或电流，试证明之。

3.5.2　在一阶线性电路中，R 一定，而 C 或 L 越大，换路时的过渡过程进行得越快还是越慢？

3.6　微分与积分电路

在电子技术中，脉冲是常见的信号波形。利用电容元件充放电的 RC 电路，当激励为矩形脉冲电压，并且电路参数满足某些条件时，输出电压波形与输入电压波形之间会形成微分或积分的关系。

3.6.1　微分电路

微分电路如图 3-24b 所示，RC 串联输入一个矩形脉冲电压 u_i，在电阻上输出电压 u_o。矩形脉冲电压 u_i 的幅值为 U，脉冲宽度为 t_p，脉冲周期为 T，如图 3-24a 所示。

$t=0\sim t_1$ 时间段内，电源对电容充电；$t=t_1\sim t_2$ 时间段内，电容通过电阻放电。RC 微分电路必须满足以下两个条件：

1) 输出电压 u_o 取自电阻 R 两端电压。

2) 常数 τ 远小于矩形脉冲宽度 t_p。

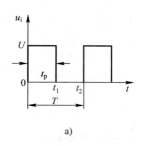
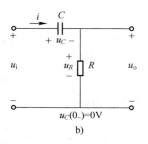

图 3-24　微分电路

a）输入矩形脉冲电压　b）微分电路

由于电容两端的电压不能突变，且 $\tau \ll t_p$，则 $u_o \approx u_R = U$，在到达 t_1 之前，电容充电过程很快结束，即电容两端电压很快为 U，而电阻两端电压很快下降到零；在 $t = t_1$ 时刻，电容通过电阻放电，同样，由于 τ 很小，在下一个脉冲电压到来之前，电容放电很快结束，输出电压为两个极性相反的尖顶脉冲电压，如图 3-25a 所示。

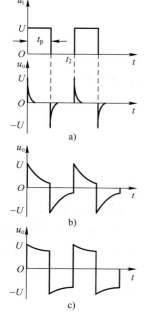

因为

$$u_i = u_R + u_C \approx u_C$$

所以

$$u_o = Ri = RC\frac{\mathrm{d}u_C}{\mathrm{d}t} \approx RC\frac{\mathrm{d}u_i}{\mathrm{d}t}$$

输出电压 u_o 与输入电压 u_i 为微分关系，因此称这种电路为微分电路。

时间常数 τ 增大，会影响微分关系，对比图 3-25a~c 的波形，图 3-25a 最接近微分关系。在电子技术中，常应用微分电路把矩形脉冲变换为尖脉冲，作为触发信号。

3.6.2　积分电路

积分电路与微分电路条件相反，如图 3-26b 所示，RC 串联输入矩形脉冲电压（见图 3-26a），在电容上输出电压，积分电路的条件为：

1）输出电压 u_o 取自电容 C 两端电压。

2）时间常数 τ 远大于矩形脉冲宽度 t_p。

由图 3-26b 电路可得

图 3-25　不同 τ 时微分电路
输入电压和输出电压的波形

a）$\tau \ll t_p$　b）$\tau \approx t_p$

c）$\tau \gg t_p$

$$u_i = u_R + u_o$$

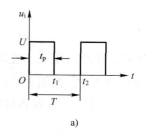
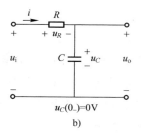

图 3-26　积分电路

a）输入矩形脉冲电压　b）积分电路

由于 τ 值较大，充电过程进行缓慢，$u_o = u_C \ll u_R$，于是有

$$u_i \approx u_R = iR$$

而

$$i = C\frac{\mathrm{d}u_o}{\mathrm{d}t}$$

所以

$$u_o = \frac{1}{RC}\int u_i \mathrm{d}t$$

输出电压 u_o 与输入电压 u_i 为积分关系，称为积分电路。在电子技术中，常需要将矩形脉冲信号变为锯齿波信号，作扫描电压使用。

当输入矩形脉冲电压由零跳变到 U 时，电容器开始充电，由于时间常数 τ 很大，电容器两端电压 u_C 在 $0 \sim t_1$ 时间段内缓慢增长，u_C 还未到达 U 时，矩形脉冲电压已由 U 跳变到零，电容器通过电阻缓慢放电，u_C 逐渐下降，在输出端得到一个近似锯齿波的电压，如图 3-27a 所示，输出与输入关系为积分关系。时间常数 τ 越小，会影响输出输入的积分关系，如图 3-27b、c 所示。

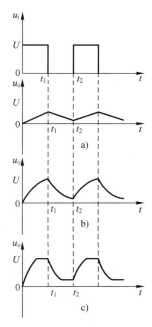

图 3-27　不同 τ 时积分电路输出电压和输入电压的波形关系

a) $\tau \gg t_p$　b) $\tau \approx t_p$　c) $\tau \ll t_p$

本章小结

1. 电阻、电感与电容元件见表 3-2。

表 3-2　电阻、电感与电容元件

元　件	伏安特性	能　量	能量转化	特　点
电阻元件	$u = iR$	i^2R	电能→热能	耗能元件
电感元件	$u = L\dfrac{\mathrm{d}i}{\mathrm{d}t}$	$\dfrac{1}{2}Li^2$	电能⇄磁场能	储能元件
电容元件	$i = C\dfrac{\mathrm{d}u}{\mathrm{d}t}$	$\dfrac{1}{2}Cu^2$	电能⇄电场能	储能元件

2. 换路定则

电路在 $t = 0$ 时换路，换路定则的一般表达式为

$$\begin{cases} i_L(0_-) = i_L(0_+) \\ u_C(0_-) = u_C(0_+) \end{cases}$$

即电感中的电流 i_L 和电容两端电压 u_C 不能发生突变。

3. RC 和 RL 电路暂态响应

零输入响应：外加激励为零，由储能元件初始值产生的暂态响应，即电路放电过程。

电容电压 u_C 为

$$u_C(t) = u_C(0_+)\mathrm{e}^{-\frac{t}{\tau}}$$

电感电流 i_L 为

$$i_L(t) = i_L(0_+)\mathrm{e}^{-\frac{t}{\tau}}$$

零状态响应：电路中储能元件的初始值为零，由外加激励产生的暂态响应，即电路充电过程。

电容电压 u_C 为

$$u_C(t) = u_C(\infty)(1 - e^{-\frac{t}{\tau}})$$

电感电流 i_L 为

$$i_L(t) = i_L(\infty)(1 - e^{-\frac{t}{\tau}})$$

全响应：由电路中储能元件初始值和外加激励共同作用产生的暂态响应。

电容电压 u_C 为

$$u_C(t) = u_C(\infty)(1 - e^{-\frac{t}{\tau}}) + u_C(0_+)e^{-\frac{t}{\tau}} = u_C(\infty) + [u_C(0_+) - u_C(\infty)]e^{-\frac{t}{\tau}}$$

电感电流 i_L 为

$$i_L(t) = i_L(\infty)(1 - e^{-\frac{t}{\tau}}) + i_L(0_+)e^{-\frac{t}{\tau}} = i_L(\infty) + [i_L(0_+) - i_L(\infty)]e^{-\frac{t}{\tau}}$$

4. 经典法求解暂态过程的步骤

1）按换路后的电路列出微分方程式。

2）求微分方程式的特解，即稳态分量。

3）求微分方程式的补函数，即暂态分量。

4）按照换路定则确定暂态过程的初始值，从而确定积分常数。

5. 三要素法

在一阶线性电路中，如果知道某一电流或电压的初始值 $f(0_+)$、稳态值 $f(\infty)$ 和电路时间常数 τ，就可以根据公式

$$f(t) = f(\infty) + [f(0_+) - f(\infty)]e^{-\frac{t}{\tau}}$$

直接求出此电流或电压的响应。初始值 $f(0_+)$、稳态值 $f(\infty)$ 和电路时间常数 τ 称为一阶线性电路分析的三要素，这种电路暂态分析方法称为三要素法。

初始值 $f(0_+)$ 的求取：在换路前的 $(t=0_-)$ 电路中求出 $u_C(0_-)$ 及 $i_L(0_-)$，由换路定则得到 $u_C(0_+)$ 或 $i_L(0_+)$，将其代入换路后 $(t=0_+)$ 的等效电路，求出 $f(0_+)$。

稳态值 $f(\infty)$ 的求取：换路后并假设电路已达到稳定状态的情况下求解稳态等效电路，得到 $f(\infty)$ 的值。

时间常数 τ 的求取：电路的时间常数 $\tau = R_0 C$ 或 $\tau = L/R_0$，其中 C 或 L 为储能元件电容或电感的参数值，R_0 为换路后的等效电阻。

6. 积分电路和微分电路

微分电路满足的条件：从电阻两端输出；$\tau \ll t_p$。输出电压波形与输入电压波形之间的关系呈微分关系的电路，即

$$u_o = RC \frac{du_i}{dt}$$

积分电路满足的条件：从电容两端输出；$\tau \gg t_p$。输出电压波形与输入电压波形之间的关系呈积分关系的电路，即

$$u_o = \frac{1}{RC} \int u_i dt$$

自测题

一、填空题

1. 电阻元件消耗能量，它是（　　　　　）元件；电感和电容元件不消耗能量，它们是（　　　　　）元件。

2. 在直流电路中，电感可以看作（　　　　　），电容可以看作（　　　　　）。

3. 产生暂态过程的必要条件：电路中含有（　　　　　）；电路发生（　　　　　）。

4. 换路是指（　　　　　）的改变，即电路接通、切断、短路、电压改变或参数改变等。

5. 换路定则仅用于换路瞬间来确定暂态过程中（　　　　　）、（　　　　　）初始值。

6. $RC(RL)$ 电路的（　　　　　）响应，即电路的放电过程；$RC(RL)$ 电路的（　　　　　）响应，即电路的充电过程。

7. 一阶线性电路三要素：（　　　　　）、（　　　　　）和（　　　　　）。

8. 时间常数 τ 决定电路暂态过程变化的（　　　　　），τ 值越大，电路的充电或放电（　　　　　）。

9. 根据叠加定理，全响应可视为（　　　　　）响应和（　　　　　）响应的叠加。

二、判断题

1. 任何电路都存在暂态过程。（　　　）

2. 电感元件两端的电压和电容元件流过的电流遵循换路定则。（　　　）

3. 换路定则仅适合换路瞬间。（　　　）

4. 换路瞬间，只有电容上的电压和电感上的电流不能发生跃变，其他电量都有可能发生跃变。（　　　）

5. 只有一个储能元件的电路称为一阶电路。（　　　）

6. 储能元件的初始能量为零，仅由电源激励所产生的电路的响应称为零状态响应。（　　　）

7. 工程上认为，$t=(3~5)\tau$ 时电容充电或放电基本结束。（　　　）

8. 一阶线性电路暂态分析三要素法公式，只适用于求解储能元件换路后随时间变化的规律。（　　　）

9. 用三要素法时，求电路中电感电压的初始值，可以由换路前的电路求取。（　　　）

10. 由 RC 组成的微分电路，$\tau=RC\ll t_{\text{p}}$，输出电压从电容端取出。（　　　）

三、选择题

1. 当线性电感元件中的电流增大时，磁场能量增大，在此过程中电能转化为（　　　）。

A. 磁场能　　　　　B. 电场能　　　　　C. 电能　　　　　D. 电功率

2. 电容端电压和电感电流不能突变的原因是（　　　）。

A. 电场能量和磁场能量的变化率均为有限值

B. 同一元件的端电压和电流不能突变

C. 电容端电压和电感电流都是有限值

D. 电容端电压和电感电流都受换路定则制约

3. 在换路瞬间，下列各项中除（　　　）不能跃变外，其他全可跃变。

A. 电感电压　　　　B. 电容电流　　　　C. 电感电流　　　　D. 电阻上的电压

4. 具有初始储能的电容器 C 与电阻 R 串联，在 $t=0$ 瞬间与直流电压源接通后的过渡过程中，电容器所处的状态（　　　）。

A. 是充电状态

B. 是放电状态

C. 由电路的具体条件而定，可能充电，也可能放电

D. 既不充电也不放电

5. RC 电路外部激励为零，而由初始储能引起的响应称为（　　　）响应。

A. 稳态　　　　　　B. 零输入　　　　　C. 零状态　　　　　D. 全响应

6. 如图3-28所示电路，开关S闭合后的时间常数τ为（　　　）。

A. L/R_1　　　　　B. $L/(R_1+R_2)$　　　　　C. R_1/L　　　　　D. L/R_2

7. 如图3-29所示电路，开关S闭合后的时间常数τ为（　　　）。

A. $(R_1+R_2)C$　　　B. R_1C　　　C. $(R_1//R_2)C$　　　D. R_2C

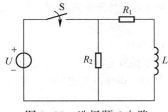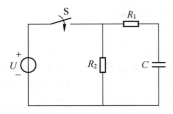

图3-28　选择题6电路　　　　　　　图3-29　选择题7电路

8. 如图3-30所示电路，开关S断开后的时间常数为τ_1，闭合后的时间常数为τ_2，则τ_1和τ_2的关系为（　　　）。

A. $\tau_1=\tau_2$　　　B. $\tau_1=\tau_2/2$　　　C. $\tau_1=2\tau_2$　　　D. $3\tau_1=\tau_2$

9. 如图3-31所示电路，开关S闭合后的时间常数τ为（　　　）s。

A. 0.1　　　　　B. 0.2　　　　　C. 0.5　　　　　D. 1.5

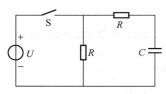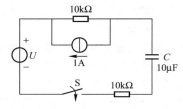

图3-30　选择题8电路　　　　　　　图3-31　选择题9电路

10. 如图3-32所示电路，S闭合前电路处于稳态，则i_R的初始值为（　　　）A。

A. 0　　　　　B. 12　　　　　C. 6　　　　　D. 8

11. 如图3-33所示电路，S闭合后的时间常数τ为（　　　）。

A. 6 ms　　　　　B. 4 ms　　　　　C. 18 ms　　　　　D. 5 ms

12. 如图3-34所示电路，S闭合后的时间常数τ为（　　　）。

A. 3 μs　　　　　B. 4.5 μs　　　　　C. 6 μs　　　　　D. 8 μs

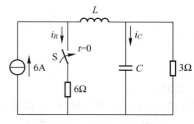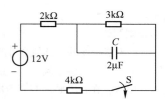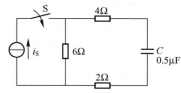

图3-32　选择题10电路　　　图3-33　选择题11电路　　　图3-34　选择题12电路

13. 在RL串联电路中，激励信号产生的电流响应（零状态响应）$i_L(t)$中（　　　）。

A. 仅有稳态分量　　　B. 仅有暂态分量　　　C. 既有稳态分量，又有暂态分量

14. 如图3-35所示电路，开关S在1和2位置的时间常数分别为τ_1和τ_2，则τ_1和τ_2的关系为（　　　）。

A. $\tau_1=\tau_2$　　　B. $\tau_1=2\tau_2$　　　C. $\tau_1=\tau_2/2$　　　D. $2\tau_1=\tau_2$

15. 如图3-36所示电路，工程上认为电路在S闭合后的过渡过程将持续（　　　）。

A. （36~60）μs　　　B. （9~15）μs　　　C. （18~36）μs　　　D. （8~16）μs

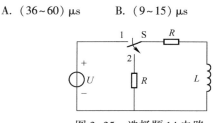  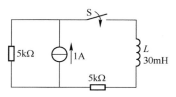

图 3-35　选择题 14 电路　　　　　　图 3-36　选择题 15 电路

16. 如图 3-37 所示电路，S 闭合后的时间常数为（　　　）。

A. 1.8 s　　　　　B. 5.4 s　　　　　C. 0 s

17. 如图 3-38 所示电路，换路前已处于稳定状态，在 $t=0$ 瞬间将开关 S 闭合，且 $u_C(0_-)=20$ V，则 $i(0_+)=$（　　　）。

A. 0 A　　　　　B. 1 A　　　　　C. 0.5 A　　　　　D. 1.5 A

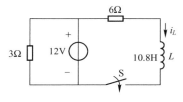 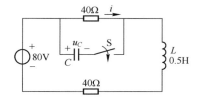

图 3-37　选择题 16 电路　　　　　　图 3-38　选择题 17 电路

习题

3.1　如图 3-39 所示电路，开关 S 在 $t=0$ 瞬间闭合，换路前电路处于稳态，试求 $i_C(0+)$、$u_L(0_+)$、$u_R(0_+)$ 和 $i_R(0_+)$。

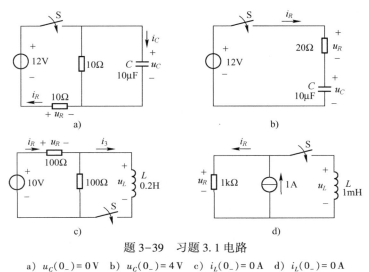

题 3-39　习题 3.1 电路

a) $u_C(0_-)=0$ V　b) $u_C(0_-)=4$ V　c) $i_L(0_-)=0$ A　d) $i_L(0_-)=0$ A

3.2　如图 3-40 所示电路，在换路前都处于稳态，试求换路后电路电流 i 的初始值 $i(0_+)$ 和稳态值 $i(\infty)$。

3.3　图 3-41 中，已知 $R=4$ Ω，电压表的内阻 $R_V=2.5$ kΩ，电源电压 $U=4$ V，试求开关 S 断开瞬间电压表两端的电压，并分析其后果。换路前电路已处于稳态。

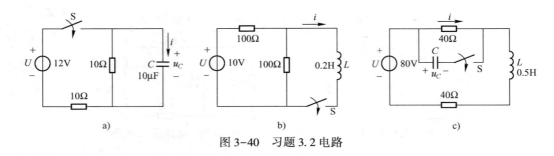

图 3-40 习题 3.2 电路

3.4 如图 3-42 所示电路，换路前电路已稳定，已知 $U=120\text{V}$，$R_1=8\Omega$，$R_2=R_3=4\Omega$，$R_4=2\Omega$，$L=1\text{mH}$，$C=1\mu\text{F}$，求开关 S 断开瞬间 i_C、u_C、i_L、u_L 和 i_2 的初始值和稳态值。

3.5 有一 RC 放电电路，如图 3-43 所示。放电开始（$t=0$）时，电容电压为 10 V，放电电流为 1 mA，经过 0.1 s（约 5τ）后电流趋近于零，试求电阻 R 和电容 C 的数值，并求放电电流 i。

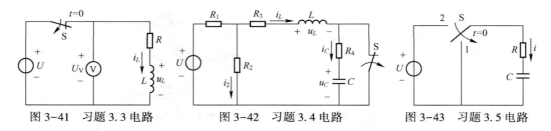

图 3-41 习题 3.3 电路　　　图 3-42 习题 3.4 电路　　　图 3-43 习题 3.5 电路

3.6 试用三要素法写出如图 3-44 所示指数曲线的表达式 u_C。

3.7 一个电阻为 40 Ω、电感为 0.5 H 的线圈，与 220 V 直流电源接通后，经过 0.01 s 时的电流等于多少？

3.8 如图 3-45 所示电路原已稳定，已知 $R_1=R_3=5\text{k}\Omega$，$R_2=10\text{k}\Omega$，$C=100\mu\text{F}$，$U=12\text{V}$，$t=0$ 时将开关 S 断开，求电压 $u_C(t)$ 和 $u_3(t)$。

3.9 如图 3-46 所示电路，已知 $U_1=30\text{V}$，$U_2=80\text{V}$，$R_1=R_3=10\text{k}\Omega$，$R_2=20\text{k}\Omega$，$C=10\mu\text{F}$，开关 S 在 1 位置时电路已处在稳定状态。当 $t=0$ 时，将开关 S 由 1 换到 2，试求：

1）$u_C(t)$ 及 $i(t)$ 随时间的变化规律，并画出它们的变化曲线。

2）当 $t=4\tau$ 时，$u_C(t)$ 和 $i(t)$ 的值。

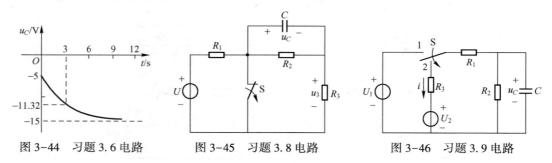

图 3-44 习题 3.6 电路　　　图 3-45 习题 3.8 电路　　　图 3-46 习题 3.9 电路

3.10 如图 3-47 所示电路，换路前电路处于稳定状态，已知 $R_1=4\text{k}\Omega$，$R_2=6\text{k}\Omega$，$C=10\mu\text{F}$，$U=12\text{V}$，$t=0$ 时将开关 S 闭合，求 S 闭合后 $u_C(t)$ 上升到 3.6 V 所需要的时间 t。

3.11 如图 3-48 所示电路，开关 S 闭合前电路已处于稳态，求开关闭合后的电压 u_C。

3.12 如图 3-49 所示电路，换路前电路处于稳定状态，已知 $I_S=5\text{A}$，$R_1=20\Omega$，$R_2=5\Omega$，$L=10\text{H}$，$t=0$ 时将开关 S 断开，求开关 S 断开后开关两端的电压 $u(t)$ 及线圈电流 $i_L(t)$。

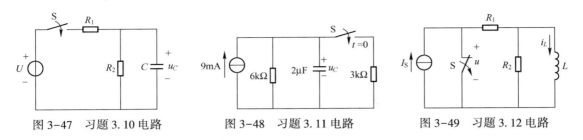

图 3-47　习题 3.10 电路　　　　图 3-48　习题 3.11 电路　　　　图 3-49　习题 3.12 电路

3.13　如图 3-50 所示电路，换路前已处于稳态，开关从 1 位置合到 2 位置后，试求 $i_L(t)$ 和 $i(t)$ 的变化规律，并画出它们的变化曲线。

3.14　如图 3-51 所示电路，已知 $U=220\,\text{V}$，$R_1=8\,\Omega$，$R_2=12\,\Omega$，$L=0.6\,\text{H}$，如在稳定状态下 R_1 被短路，试求短路后经多长时间电流 i 才达到 15 A？并画出电流 i 的变化曲线。

3.15　如图 3-52 所示电路，换路前电路处于稳定状态，已知 $U=220\,\text{V}$，$L=5\,\text{H}$，$R_1=R_3=34\,\Omega$，$R_2=10\,\Omega$，求：

1）$t\geqslant 0$ 时，电压 u_{AB} 的变化规律。

2）开关 S 断开后经过多长时间，线圈才能将它储存的磁场能量释放出 97%？

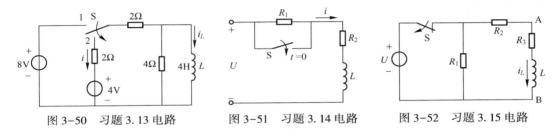

图 3-50　习题 3.13 电路　　　　图 3-51　习题 3.14 电路　　　　图 3-52　习题 3.15 电路

3.16　如图 3-53 所示电路，换路前电路处于稳定状态，试用三要素法求 $t\geqslant 0$ 时的 i_1、i_2 及 i_L 的变化规律。

3.17　如图 3-54 所示电路，换路前电路处于稳定状态，已知 $L=0.3\,\text{H}$，$R_1=20\,\Omega$，$R_2=15\,\Omega$，$R_3=30\,\Omega$，$U_1=U_2=30\,\text{V}$，$t=0$ 时将开关 S 由 2 换接至 1，试求换路后的电流 $i(t)$ 和 $i_L(t)$。

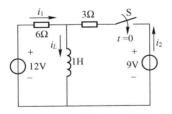 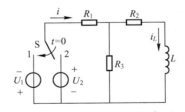

图 3-53　习题 3.16 电路　　　　图 3-54　习题 3.17 电路

第 3 章答案

第4章　正弦交流电路

【内容提要】本章首先介绍正弦交流电的基本概念、正弦量表示方法；然后介绍单一参数的正弦交流电路、*RLC* 组合的交流电路的分析方法及提高功率因数的方法；最后介绍交流电路的频率特性及非正弦周期交流电路的分析方法。

【本章目标】理解正弦量的特征及其各种表示方法；理解电路基本定律的相量形式及阻抗；熟练掌握计算正弦交流电路的相量分析法，能够画出相量图；掌握有功功率和功率因数的计算，了解瞬时功率、无功功率和视在功率的概念；了解提高功率因数的意义和方法；了解正弦交流电路的频率特性，串、并联谐振的条件及特征；了解非正弦周期电路的分析方法。

4.1　正弦量的基本概念

随时间按正弦规律变化的电压和电流等物理量统称为正弦量。以正弦电流 i 为例，它的波形如图 4-1 所示，正半波表示电流的实际方向与参考方向一致；负半波表示电流的实际方向与参考方向相反。其函数表达式为

$$i = I_m \sin(\omega t + \varphi_i) \tag{4-1}$$

式中，i 为某时刻 t 的电流值，称为瞬时值；I_m 为正弦量电流的幅值（也称最大值、峰值）；ω 为角频率；φ_i 为初相位角。

正弦量的特征表现在变化的快慢、大小及初始位置三个方面，而它们分别由频率（或周期）、幅值（或有效值）和初相位角来确定，所以角频率、幅值和初相位角就称为正弦量的三要素。正弦量的三要素是正弦量之间进行比较和区别的依据。

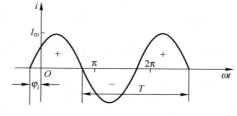

图 4-1　正弦电流的波形

4.1.1　正弦量变化的快慢

用周期、频率和角频率描述正弦量变化的快慢。

正弦量变化一次（一周）所需的时间称为周期 T，单位为秒（s）。1s 内变化的次数称为频率 f，单位为赫兹（Hz），频率是周期的倒数，即

$$f = \frac{1}{T} \tag{4-2}$$

在单位时间里正弦量变化的角度称为角频率 ω，因为正弦量在一周期 T 内经历了 2π 弧度，所以角频率为

$$\omega = \frac{2\pi}{T} = 2\pi f \tag{4-3}$$

角频率的单位是弧度每秒（rad/s）。

我国和大多数国家都普遍采用频率 50 Hz 作为电力标准频率，美国和日本采用频率 60 Hz，这种频率在工业上广泛应用，习惯上称为工频。其他领域，音频频率一般在 20 Hz～20 kHz 范围；无线电的频率高达 500 kHz～3×10^5 MHz。

4.1.2　正弦量变化的大小

用瞬时值、最大值和有效值描述正弦量变化的大小。

正弦量在任一瞬间的值称为瞬时值，电流、电压及电动势的瞬时值分别用小写字母 i、u 及 e 表示。瞬时值中最大的值称为幅值，电流、电压及电动势的幅值分别用大写字母加下标 m 表示，即用 I_m、U_m 及 E_m 表示。

正弦量的幅值、瞬时值都不能确切反映它们在电路转换能量方面的效应。为此，工程中通常采用有效值表示正弦量的大小。电流有效值的定义：一个周期电流 i 在一个周期 T 内通过某一个电阻 R 产生的热量若与一直流电流 I 在相同的时间内和通过同样大小的电阻上产生的热量相等，那么这个直流电流 I 就是正弦交流电流 i 的有效值。用公式表示为

$$\int_0^T i^2 R \mathrm{d}t = I^2 R T$$

由此可得正弦电流 i 的有效值为

$$I = \sqrt{\frac{1}{T} \int_0^T i^2 \mathrm{d}t} \tag{4-4}$$

式（4-4）表明，正弦电流 i 的有效值为方均根电流。把 $i = I_m \sin \omega t$ 代入式（4-4）中，可得正弦电流 i 的有效值 I 与其最大值 I_m 关系

$$I = \frac{I_m}{\sqrt{2}} \tag{4-5}$$

如果正弦电流 i 是作用在电阻 R 两端的周期电压 u 产生的，则也可推导出正弦电压的有效值与最大值的关系，即

$$U = \frac{U_m}{\sqrt{2}} \tag{4-6}$$

同理可得正弦电动势的有效值与最大值的关系为

$$E = \frac{E_m}{\sqrt{2}} \tag{4-7}$$

工程上所说的正弦电压或电流的大小一般均指有效值，如设备铭牌上标示的额定电压、额定电流和电网电压等级等。测量中，交流测量仪表指示的电压、电流读数一般为有效值。

4.1.3　正弦量变化的进程

用相位、初相位和相位差描述正弦量变化的进程。

在正弦电流 $i = I_m \sin(\omega t + \varphi)$ 中，$\omega t + \varphi$ 是随时间 t 变化的角度，称为相位角，简称相位。当 $t = 0$ 时，相位角 $\omega t + \varphi$ 等于 φ，即为初相位角，简称初相位。由如图 4-2 所示两个同频率正弦电压、电流波形可知，

$$u = U_m \sin(\omega t + \varphi_u)$$

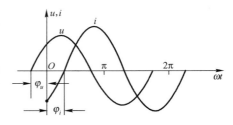

图 4-2　不同初相位的正弦电压、电流波形

$$i = I_m \sin(\omega t + \varphi_i)$$

在同一个正弦交流电路中，激励和响应一般是同频率的正弦量，这些同频率正弦量的相位角之差也称相位差，用 φ 表示，则 u 和 i 的相位差为

$$\varphi = (\omega t + \varphi_u) - (\omega t + \varphi_i) = \varphi_u - \varphi_i \tag{4-8}$$

可见，相位差等于初相位之差。当 $\varphi_u - \varphi_i > 0$，称 u 超前 i，或称 i 滞后 u，如图 4-3a 所示。当 $\varphi_u - \varphi_i = 0$，称 u、i 同相，如图 4-3b 所示。当 $\varphi_u - \varphi_i = 90°$，称 u 比 i 超前 $90°$，如图 4-3c 所示。当 $\varphi_u - \varphi_i = 180°$，称 u 和 i 反相，如图 4-3d 所示。

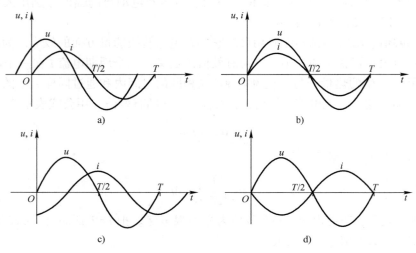

图 4-3　正弦电压与电流的几种相位关系

a）$\varphi_u - \varphi_i > 0$　b）$\varphi_u - \varphi_i = 0$　c）$\varphi_u - \varphi_i = 90°$　d）$\varphi_u - \varphi_i = 180°$

【例 4-1】 已知正弦量 u_1 和 u_2 的波形如图 4-4 所示，频率相同，且 $f = 50\,Hz$，试写出正弦量 u_1 和 u_2 的瞬时值表达式。

解： 由图 4-4 确定 φ_1、φ_2 分别为 $\dfrac{\pi}{4}$、$-\dfrac{\pi}{6}$，U_{1m}、U_{2m} 为 $100\,V$、$220\,V$，代入公式得

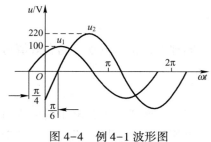

$$\omega_1 = \omega_2 = 2\pi f = (2 \times 3.14 \times 50)\,rad/s = 314\,rad/s$$

$$u_1 = U_{1m}\sin(\omega t + \varphi_1) = 100\sin\left(314t + \frac{\pi}{4}\right)\,V$$

$$u_2 = U_{2m}\sin(\omega t + \varphi_2) = 220\sin\left(314t - \frac{\pi}{6}\right)\,V$$

图 4-4　例 4-1 波形图

【思考与练习】

4.1.1　在某电路中，已知 $i = 50\sin\left(628t - \dfrac{\pi}{3}\right)\,mA$，试求：

1）频率、周期、角频率、幅值、有效值及初相位。

2）画出波形图。

4.1.2　设 $u = 100\sin\left(\omega t - \dfrac{\pi}{3}\right)\,V$，试求在下列情况下电压的瞬时值：

1）$f = 1000\,Hz$，$t = 0.375\,ms$。

2）$\omega t = \dfrac{\pi}{3}$ rad。

4.1.3　已知 $i_1 = 15\sin(314t + 60°)$ mA，$i_2 = 5\sin(314t - 15°)$ mA。

1）i_1 与 i_2 的相位差等于多少？

2）画 i_1 与 i_2 的波形图。

3）从相位上比较 i_1 是超前还是滞后于 i_2。

4.1.4　电压 u_1 和 u_2 的初相位分别为 $30°$ 和 $45°$，两者的相位差为 $75°$，对不对？

4.1.5　如果两个正弦电流在某一瞬时都是 4A，两者是否一定同相？其幅值是否一定相等？

4.2　正弦量的相量表示

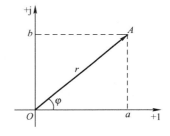

正弦量相量表示法

通过前面的学习可知，一个正弦量可以用三角函数式和正弦波形来表示。这两种方法虽然比较直观，但是直接把它们用来分析和计算正弦交流电路时，非常烦琐。相量也是正弦量的表示方法。相量表示法的基础是复数，即用复数来表示正弦量。

如图 4-5 所示，有向线段可以在复平面表示为复数 A，坐标 a 为实部、b 为虚部，r 为复数的模，φ 为复数的辐角，它们之间的关系为

$$\begin{cases} a = r\cos\varphi \\ b = r\sin\varphi \\ r = |A| = \sqrt{a^2 + b^2} \\ \varphi = \arctan\dfrac{b}{a} \quad (\varphi \le 2\pi) \end{cases} \tag{4-9}$$

图 4-5　有向线段的复数表示

复数 A 可用下面几种式子来表示。

由图 4-5 所示，可得代数式为

$$A = a + jb \tag{4-10}$$

将式（4-9）代入式（4-10），可得三角函数式为

$$A = r\cos\varphi + jr\sin\varphi \tag{4-11}$$

将欧拉公式 $\cos\varphi = \dfrac{e^{j\varphi} + e^{-j\varphi}}{2}$、$\sin\varphi = \dfrac{e^{j\varphi} - e^{-j\varphi}}{2j}$ 代入式（4-11），可得指数式为

$$A = re^{j\varphi} \tag{4-12}$$

任何复数 A 乘以或除以复数 $e^{j\varphi}$，相当于 A 逆时针或顺时针旋转一个角度 φ，而模不变，故把 $e^{j\varphi}$ 称为旋转因子。当 $\varphi = \pm 90°$ 时，则

$$e^{\pm j90°} = \cos 90° \pm j\sin 90° = 0 \pm j = \pm j$$

即复数 A 乘以 $+j$ 或 $-j$ 后，相当于 A 逆时针或顺时针旋转 $90°$。

由式（4-12）可得极坐标式为

$$A = r\angle\varphi \tag{4-13}$$

由以上分析可知，一个复数由模和辐角两个特征来确定。而正弦量由幅值（或有效值）、初相位和频率三个特征来确定。但在分析线性电路时，正弦激励和响应均为同频率的正弦量，可认为频率是已知的。因此，一个正弦量由幅值（或有效值）和初相位就可以确

定。正弦量可以用复数表示，复数的模表示正弦量的幅值或有效值，复数的辐角表示正弦量的初相位。

为了与复数相区别，把表示正弦量的复数称为相量，并用大写字母上面加"·"来表示，例如，正弦电流 $i = I_m \sin(\omega t + \varphi)$ 的相量式为

$$\dot{I}_m = I_m(\cos\varphi + j\sin\varphi) = I_m e^{j\varphi} = I_m \angle \varphi \qquad (4-14)$$

或

$$\dot{I} = I(\cos\varphi + j\sin\varphi) = I e^{j\varphi} = I \angle \varphi \qquad (4-15)$$

式（4-14）称为幅值相量式，式（4-15）称为有效值相量式。值得注意的是，相量只是用来表示正弦量，而不等于正弦量。在复平面上画出表示同频率的正弦量，称为相量图。画相量图时，可以不画出复数坐标，只画出参考水平线（虚线），如图 4-6 所示，相量图中两个同频率的正弦量即 $\dot{U} = U \angle \varphi_u$、$\dot{I} = I \angle \varphi_i$，线段长度代表有效值，线段与水平线的夹角代表初相位，在相量图上可以进行同频率正弦量的运算，即相量图也是分析和计算正弦量的工具。

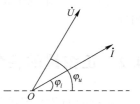

图 4-6　正弦电压、电流的相量图

【例 4-2】 已知正弦量 $i_1 = 20\sqrt{2}\sin(314t + 45°)$ A，$i_2 = 15\sqrt{2}\cos(314t - 120°)$ A，试分别写出它们对应的有效值相量，并画出相量图。

解：由已知电流 i_1 的有效值为 20A，初相位为 45°；将电流 i_2 化为正弦式为 $i_2 = 15\sqrt{2}\sin(314t - 30°)$ A，得有效值为 15 A，初相位为 -30°，则

$$\dot{I}_1 = 20 \angle 45° \text{A}, \dot{I}_2 = 15 \angle -30° \text{A}$$

相量图如图 4-7 所示。

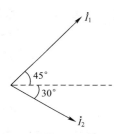

图 4-7　例 4-2 相量图

【例 4-3】 已知正弦量 $u_1 = 100\sin(\omega t + 45°)$ V，$u_2 = 60\cos(\omega t - 30°)$ V。如果 $u = u_1 + u_2$，试求电压 u，并画出电压相量图。

解：将 $u = u_1 + u_2$ 化为基尔霍夫电压定律的相量表示式，则 u 的相量 $\dot{U}_m$ 为

$$\begin{aligned}
\dot{U}_m &= \dot{U}_{1m} + \dot{U}_{2m} = U_{1m} e^{j\varphi_1} + U_{2m} e^{j\varphi_2} \\
&= 100 e^{j45°} + 60 e^{-j30°} \\
&= 100(\cos45° + j\sin45°) + 60(\cos30° - j\sin30°) \\
&= [(70.7 + j70.7) + (52 - j30)] \text{V} \\
&= (122.7 + j40.7) \text{V} = 129 e^{j18°20'} \text{V}
\end{aligned}$$

于是得

$$u = 129\sin(\omega t + 18°20') \text{V}$$

相量图如图 4-8 所示。

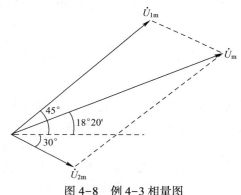

图 4-8　例 4-3 相量图

【思考与练习】

4.2.1　写出下列正弦电流的相量：

1）$i = 20\sin\omega t$ A。

2）$i = 10\sqrt{2}\sin\left(\omega t + \dfrac{\pi}{3}\right)$ A。

3）$i=20\sqrt{2}\sin\left(\omega t-\dfrac{\pi}{3}\right)$A。

4）$i=10\sin\left(\omega t+\dfrac{\pi}{2}\right)$A。

4.2.2　已知正弦量 $i_1=8\sin(\omega t+60°)$A 和 $i_2=6\cos(\omega t-30°)$A。如果 $i=i_1+i_2$，试求电流 i，并画出电流相量图。

4.2.3　判断正误，并改正：

1）$i=10\sin(\omega t-60°)=10\mathrm{e}^{-\mathrm{j}60°}$A。

2）$\dot{I}=15(\cos30°+\mathrm{j}\sin30°)$。

3）$i=20\sin\omega t$。

4）$I=10\angle30°$A。

5）$\dot{I}=10\mathrm{e}^{30°}$A。

4.2.4　已知正弦量 $\dot{U}=220\mathrm{e}^{\mathrm{j}30°}$V 和 $\dot{I}=(-4-\mathrm{j}3)$A，试分别用三角函数式及相量图表示它们。如果 $\dot{I}=(4-\mathrm{j}3)$A，则又如何？

4.3　单一参数的正弦交流电路

分析正弦交流电路，首先要掌握单一参数元件在交流电路中的性质。下面从电压与电流之间的关系、功率消耗及能量转换等方面加以讨论。

4.3.1　电阻元件的正弦交流电路

如图 4-9a 所示为一个线性电阻元件的交流电路。电压 u 和 i 为关联参考方向，由欧姆定律有

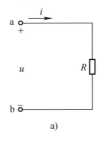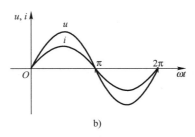

图 4-9　交流电路电阻电流与电压的关系
a）电路　b）电压与电流波形

$$u=Ri \tag{4-16}$$

若设流过电阻 R 中的电流为

$$i=I_{\mathrm{m}}\sin\omega t \tag{4-17}$$

将式（4-17）代入式（4-16），可得

$$u=Ri=RI_{\mathrm{m}}\sin\omega t$$

即

$$u=Ri=U_{\mathrm{m}}\sin\omega t \tag{4-18}$$

其中，$U_\mathrm{m} = RI_\mathrm{m}$。

可以看出，电阻元件上的电压 u 和电流 i 的频率、相位都相同，u 和 i 随时间变化的波形图如图 4-9b 所示。

式（4-17）、式（4-18）用相量表示为

$$\dot{I} = I\angle 0° \tag{4-19}$$

$$\dot{U} = U\angle 0° \tag{4-20}$$

则电压与电流的相量关系为

$$\frac{\dot{U}}{\dot{I}} = \frac{U}{I}\mathrm{e}^{\mathrm{j}0°} = R\mathrm{e}^{\mathrm{j}0°} = R$$

即

$$\dot{U} = R\dot{I} \tag{4-21}$$

式（4-21）为欧姆定律的相量表达式，其相量图如图 4-10a 所示。

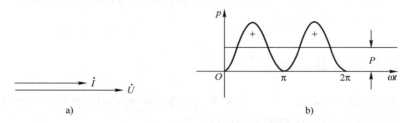

图 4-10 电阻电路相量图及瞬时功率波形
a) 相量图 b) 瞬时功率波形

在任一瞬间，某元件瞬时电压 u 与瞬时电流 i 的乘积，称为该元件的瞬时功率，并用小写的 p 表示，即

$$p = p_R = ui = U_\mathrm{m} I_\mathrm{m} \sin^2 \omega t = \frac{U_\mathrm{m} I_\mathrm{m}}{2}(1 - \cos 2\omega t)$$

$$= UI(1 - \cos 2\omega t) \tag{4-22}$$

由式（4-22）可知，在任一时刻 $\cos 2\omega t \leqslant 1$，即

$$p \geqslant 0$$

说明电阻元件在任何时刻都从电源取用电能，并把它转换成热能散发至周围介质中，这种转换过程是不可逆的，所以电阻是耗能元件。如图 4-10b 所示为瞬时功率 p 随时间变化的波形图。

工程上通常取瞬时功率 p 在一个周期内的平均值来表示功率的大小，称为平均功率，用大写字母 P 表示，即

$$P = \frac{1}{T}\int_0^T p\,\mathrm{d}t = \frac{1}{T}\int_0^T UI(1 - \cos 2\omega t)\,\mathrm{d}t = UI = RI^2 = \frac{U^2}{R} \tag{4-23}$$

平均功率是电阻元件实际消耗的功率，所以也称有功功率，单位是瓦（W）、千瓦（kW）等。如额定功率为 100 W 的白炽灯，就是指在额定工作状态时白炽灯消耗的平均功率是 100 W。

【例 4-4】如图 4-9a 所示电路，已知 $R = 2\,\Omega$，$u = 10\sqrt{2}\sin(\omega t + 60°)\,\mathrm{V}$，$f = 50\,\mathrm{Hz}$。求流过

电阻元件的电流 i，并画出相量图。

解：由 $f=50\mathrm{Hz}$，得

$$\omega = 2\pi f = (2\times 3.14\times 50)\,\mathrm{rad/s} = 314\mathrm{rad/s}$$

则

$$u = 10\sqrt{2}\sin(314t+60°)\,\mathrm{V}$$

用相量表示为

$$\dot{U} = 10\angle 60°\,\mathrm{V}$$

根据电阻元件伏安特性关系的相量形式计算，可得

$$\dot{I} = \frac{\dot{U}}{R} = \frac{10\angle 60°}{2}\mathrm{A} = 5\angle 60°\,\mathrm{A}$$

电流的瞬时值表达式为

$$i = 5\sqrt{2}\sin(314t+60°)\,\mathrm{A}$$

相量图如图 4-11 所示。

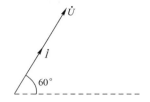

图 4-11　例 4-4 相量图

4.3.2　电感元件的正弦交流电路

线性电感线圈中通过交流电流 i 时，线圈中产生自感电动势 e_L。电流 i 和端电压 u 的参考方向如图 4-12a 所示，根据基尔霍夫电压定律，可得

电感元件的正弦
交流电路

$$u = -e_L = L\frac{\mathrm{d}i}{\mathrm{d}t} \tag{4-24}$$

设流过电感中的电流为

$$i = I_\mathrm{m}\sin\omega t \tag{4-25}$$

将式（4-25）代入式（4-24），可得

$$u = L\frac{\mathrm{d}(I_\mathrm{m}\sin\omega t)}{\mathrm{d}t} = I_\mathrm{m}\omega L\cos\omega t = U_\mathrm{m}\sin(\omega t+90°) \tag{4-26}$$

其中，$U_\mathrm{m} = \omega L I_\mathrm{m}$。

从电压和电流瞬时值表达式可以看出，电感元件上的电压 u 和电流 i 的频率相同，而相位相差 $90°$。u 和 i 随时间变化的波形如图 4-12b 所示。

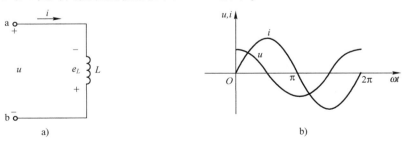

a)　　　　　　　　　　　　　b)

图 4-12　交流电路电感电压与电流的关系
a）电路　b）电压与电流波形

电压和电流的幅值或有效值之比为

$$\frac{U_{m}}{I_{m}}=\frac{U}{I}=\omega L \tag{4-27}$$

电压 U 一定，ωL 越大，电流 I 越小，可见它具有对交流电流起阻碍作用的物理性质，称为感抗，用 X_L 表示，即

$$X_{L}=\omega L=2\pi fL \tag{4-28}$$

f 越大，X_L 就越大，当 $f\to\infty$ 时，$X_L\to\infty$，$I\to 0$，这时电感相当于开路，所以电感线圈常用在高频作为扼流圈。反之，f 越小，X_L 越小，I 越大，当 $f\to 0$，$X_L=0$，在直流电路电感相当于短路。X_L 的单位是欧姆（Ω）。

式（4-25）、式（4-26）用相量可表示为

$$\dot{I}=I\angle 0° \tag{4-29}$$

$$\dot{U}=U\angle 90° \tag{4-30}$$

则电压和电流的相量关系为

$$\frac{\dot{U}}{\dot{I}}=\frac{U}{I}e^{j90°}=jX_{L}=j\omega L$$

即

$$\dot{U}=j\omega L\dot{I} \tag{4-31}$$

式（4-31）为欧姆定律的相量表达式，其相量图如图4-13a所示。

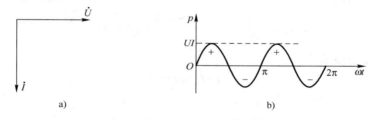

图4-13　电感电路相量图及瞬时功率波形
a) 相量图　b) 瞬时功率波形

明确了电压与电流的变化规律和相互关系后，便可计算出电路中的瞬时功率，即

$$\begin{aligned}p&=ui\\&=U_{m}I_{m}\sin\omega t\sin(\omega t+90°)\\&=\frac{U_{m}I_{m}}{2}\sin 2\omega t=UI\sin 2\omega t\end{aligned} \tag{4-32}$$

由式（4-32）可见，瞬时功率是一个幅值为 UI，并以 2ω 的角频率随时间而变化的交变量，其波形如图4-13b所示。

在第一个和第三个 1/4 周期内，p 是正的（u 和 i 同正或同负）；在第二个和第四个 1/4 周期内，p 是负的（u 和 i 一正一负）。当瞬时功率为正值时，电感元件处于受电状态，它从电源取用电能；当瞬时功率为负值时，电感元件处于供电状态，它把电能回馈给电源。电感元件的平均功率为

$$P=\frac{1}{T}\int_{0}^{T}p\mathrm{d}t=\frac{1}{T}\int_{0}^{T}UI\sin 2\omega t\mathrm{d}t=0 \tag{4-33}$$

由式（4-33）可知，电感不消耗电能，但电感与电源之间有能量交换。可用无功功率 Q 衡量能量交换的规模程度。规定无功功率等于瞬时功率的最大值，单位是乏（var）或千乏（kvar）等。由电感功率瞬时值表达式可得电感的无功功率为

$$Q = UI = X_L I^2 = \frac{U^2}{X_L} \tag{4-34}$$

【例 4-5】 如图 4-12a 所示电路，电感线圈 L 接在正弦交流电源 u 上，已知电感 $L = 2\,\text{H}$，电压有效值 $U = 220\,\text{V}$，频率 $f = 50\,\text{Hz}$。求：

1）通过电感线圈中的电流 $\dot{I}$。

2）画出相量图。

解： 1）根据已知条件可求出感抗，得

$$X_L = 2\pi fL = (2\pi \times 50 \times 2)\,\Omega = 628\,\Omega$$

设 $\dot{U} = 220\angle 0°\,\text{V}$，则有

$$\dot{I} = \frac{\dot{U}}{jX_L} = \frac{220\angle 0°}{j628}\,\text{A} = 0.35\angle -90°\,\text{A}$$

2）相量图如图 4-14 所示。

图 4-14　例 4-5 相量图

4.3.3　电容元件的正弦交流电路

如图 4-15a 所示为一个线性电容元件的交流电路，电流 i 与电压 u 为关联参考方向。由此可得电压和电流的关系为

电容元件的正弦交流电路

$$i = C\frac{\mathrm{d}u}{\mathrm{d}t} \tag{4-35}$$

若设电容两端的电压为

$$u = U_m \sin\omega t \tag{4-36}$$

将式（4-36）代入式（4-35），可得

$$i = C\frac{\mathrm{d}(U_m\sin\omega t)}{\mathrm{d}t} = \omega C U_m\cos\omega t$$

$$= \omega C U_m\sin(\omega t + 90°)$$

$$= I_m\sin(\omega t + 90°) \tag{4-37}$$

其中，$I_m = \omega C U_m$。

从电压和电流的瞬时值表达式可以看出，电容元件上的电压 u 和电流 i 的频率相同，相位相差 90°，u 和 i 随时间变化的波形如图 4-15b 所示。

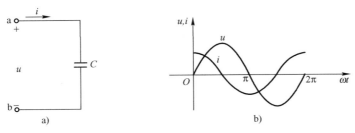

图 4-15　交流电路电容电压与电流的关系

a）电路　b）电压与电流波形

电压和电流的幅值或有效值之比为

$$\frac{U_{\mathrm{m}}}{I_{\mathrm{m}}} = \frac{U}{I} = \frac{1}{\omega C} \tag{4-38}$$

电压 U 一定，$\frac{1}{\omega C}$ 越大，电流 I 越小，可见它具有对交流电流起阻碍作用的物理性质，称为容抗，用 X_C 表示，即

$$X_C = \frac{1}{\omega C} = \frac{1}{2\pi f C} \tag{4-39}$$

当 f 越大，容抗 X_C 就越小，电容中通过的电流越大，说明电容对高频电流的阻碍作用较小。反之，当 f 越小，容抗 X_C 越大，电容中通过的电流越小，电容对低频电流的阻碍作用越大，$f \to 0$，$X_C \to \infty$，电容在直流电路中视为开路。X_C 的单位是欧姆（Ω）。

式（4-36）、式（4-37）用相量可表示为

$$\dot{U} = U \angle 0° \tag{4-40}$$

$$\dot{I} = I \angle 90° \tag{4-41}$$

则电压和电流的相量关系为

$$\frac{\dot{U}}{\dot{I}} = \frac{U}{I} \mathrm{e}^{-\mathrm{j}90°} = -\mathrm{j}X_C = -\mathrm{j}\frac{1}{\omega C}$$

即

$$\dot{U} = -\mathrm{j}X_C \dot{I} \tag{4-42}$$

式（4-42）即为欧姆定律的相量表示式，相量图如图 4-16a 所示。

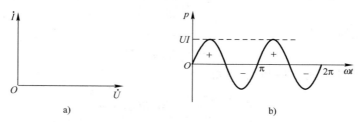

图 4-16　电容电路相量图及瞬时功率波形
a）相量图　b）瞬时功率波形

电容上的瞬时功率为

$$p = ui = U_{\mathrm{m}}I_{\mathrm{m}}\sin\omega t \sin(\omega t + 90°) = \frac{U_{\mathrm{m}}I_{\mathrm{m}}}{2}\sin 2\omega t = UI\sin 2\omega t \tag{4-43}$$

它是一个幅值为 UI、以 2ω 的角频率随时间变化的交变量，其波形如图 4-16b 所示。在第一个和第三个 1/4 周期内，p 为正（u、i 同正或同负），电容充电，电容元件从电源取用电能而储存在它的电场中；在第二个和第四个 1/4 周期内，p 为负（u、i 一正一负），电容放电，电容元件放出在充电时所储存的能量，把它归还给电源，电容元件的平均功率为

$$P = \frac{1}{T}\int_0^T p\mathrm{d}t = \frac{1}{T}\int_0^T UI\sin 2\omega t \mathrm{d}t = 0 \tag{4-44}$$

电容元件不消耗电能，但电容与电源之间有能量交换。在电路中，电感的无功功率规定为正值，则电容的无功功率为负值，电容的无功功率为

$$Q = -UI = -X_C I^2 = -\frac{U^2}{X_C} \tag{4-45}$$

【思考与练习】

4.3.1　指出下列各式哪些是对的，哪些是错的？

1）$i = \dfrac{U}{R}$；$I = \dfrac{U}{R}$；$i = \dfrac{u}{R}$；$i = \dfrac{U_m}{R}$；$\dot{I} = \dfrac{\dot{U}}{R}$。

2）$i = L\dfrac{du}{dt}$；$\dfrac{u}{i} = X_L$；$\dfrac{U}{I} = jX_L$；$\dfrac{\dot{U}}{\dot{I}} = jX_L$；$\dot{I} = -j\dfrac{\dot{U}}{\omega L}$。

3）$i = C\dfrac{du}{dt}$；$\dfrac{U}{I} = jX_C$；$\dfrac{\dot{U}}{\dot{I}} = -jX_C$；$\dot{U} = -\dfrac{\dot{I}}{j\omega L}$；$I = \omega CU$。

4.3.2　为什么感抗与交流电频率成正比？容抗与交流电频率成反比？试说明在直流电路中电感相当于短接、电容相当于开路。

4.3.3　在纯电感正弦交流电路中，已知 $L = 2\,\text{H}$，$i = 2\sin\left(314t + \dfrac{\pi}{4}\right)\text{A}$，试求电感两端的电压 $\dot{U}$，并画出相量图。

4.3.4　在电容元件的正弦交流电路中，已知 $u = 220\sqrt{2}\sin\left(\omega t + \dfrac{\pi}{3}\right)\text{V}$，$C = 4\,\mu\text{F}$，$f = 50\,\text{Hz}$，试求电流 $\dot{I}$，并画出相量图。

4.4　电阻、电感与电容组合的交流电路

4.4.1　电阻、电感与电容串联的交流电路

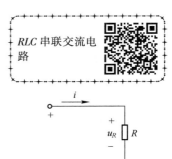

RLC 串联交流电路

1. 电压与电流的关系

电阻、电感与电容元件串联的交流电路如图 4-17 所示。

根据基尔霍夫电压定律，可列出瞬时电压关系为

$$u = u_R + u_L + u_C$$

$$= Ri + L\frac{di}{dt} + \frac{1}{C}\int i\,dt \tag{4-46}$$

设电路中电流为

$$i = I_m\sin\omega t \tag{4-47}$$

代入式（4-46），可得

$$u = U_{Rm}\sin\omega t + U_{Lm}\sin(\omega t + 90°) + U_{Cm}\sin(\omega t - 90°) \tag{4-48}$$

其中，$U_{Rm} = RI_m$；$U_{Lm} = \omega L I_m$；$U_{Cm} = \dfrac{1}{\omega C}I_m$。

几个正弦量相加，其和仍为正弦量，即式（4-48）还可以写成

$$u = U_m\sin(\omega t + \varphi_u) \tag{4-49}$$

正弦量可用相量表示，式（4-46）用相量表示为

图 4-17　电阻、电感与电容元件串联的交流电路

$$\dot{U} = \dot{U}_R + \dot{U}_L + \dot{U}_C$$
$$= R\dot{I} + jX_L\dot{I} - jX_C\dot{I}$$
$$= (R + jX_L - jX_C)\dot{I}$$

即

$$\frac{\dot{U}}{\dot{I}} = R + j(X_L - X_C) \tag{4-50}$$

设

$$Z = R + j(X_L - X_C) \tag{4-51}$$

则

$$\frac{\dot{U}}{\dot{I}} = Z \tag{4-52}$$

式中，Z 为复数阻抗。式（4-52）称为相量形式的交流欧姆定律。

由式（4-52）可得

$$\frac{\dot{U}}{\dot{I}} = \frac{U\angle\varphi_u}{I\angle\varphi_i} = Z = |Z|\angle\varphi$$

则

$$\frac{U}{I} = |Z| \tag{4-53}$$

$$\varphi_u - \varphi_i = \varphi \tag{4-54}$$

$$|Z| = \sqrt{R^2 + (X_L - X_C)^2} \tag{4-55}$$

$$\varphi = \arctan\frac{X_L - X_C}{R} \tag{4-56}$$

式中，$|Z|$ 为阻抗模，即电压有效值与电流有效值之比；φ 为阻抗角，即电压与电流的初相位之差。

以电流为参考相量画出电流及各电压的相量关系图，分三种情况：

1）如果 $X_L > X_C$，则 $\varphi > 0$，总电压超前电流，称为电感性电路，如图 4-18a 所示。

2）如果 $X_L < X_C$，则 $\varphi < 0$，总电压滞后电流，称为电容性电路，如图 4-18b 所示。

3）如果 $X_L = X_C$，则 $\varphi = 0$，总电压与电流同相，称为电阻性电路，如图 4-18c 所示。

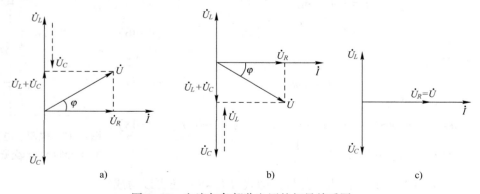

图 4-18　电流与各部分电压的相量关系图
a）电感性电路　b）电容性电路　c）电阻性电路

2. 交流功率

（1）瞬时功率

设 $i = I_m \sin\omega t$、$u = U_m \sin(\omega t + \varphi)$，则瞬时功率为

$$p = ui = U_m I_m \sin\omega t \sin(\omega t + \varphi)$$

$$= \frac{U_m I_m}{2}\left[\cos\varphi - \cos(2\omega t + \varphi)\right]$$

$$= UI\cos\varphi - UI\cos(2\omega t + \varphi) \tag{4-57}$$

可见，瞬时功率可以看成 $UI\cos\varphi$ 和 $UI\cos(2\omega t + \varphi)$ 两个分量叠加的结果。

（2）平均功率

$$P = \frac{1}{T}\int_0^T p\,\mathrm{d}t = \frac{1}{T}\int_0^T\left[UI\cos\varphi - UI\cos(2\omega t + \varphi)\right]\mathrm{d}t$$

$$= UI\cos\varphi \tag{4-58}$$

由相量图 4-18a 可得

$$U\cos\varphi = U_R = RI$$

则

$$P = U_R I = RI^2 \tag{4-59}$$

电路总的平均功率为电阻所消耗的功率。电感和电容不消耗功率，$\cos\varphi$ 称为功率因数，一般用 λ 表示，即 $\lambda = \cos\varphi$。

（3）无功功率与视在功率

在交流电路中，电感、电容与电源之间能量会不断交换，衡量电路能量交换规模的功率称为无功功率，在 RLC 串联电路中，无功功率为电感与电容无功功率之和，用 Q 表示，即

$$Q = Q_L + Q_C = U_L I - U_C I = I(U_L - U_C) = I^2(X_L - X_C) = UI\sin\varphi \tag{4-60}$$

在交流电路中，电路总电压与总电流有效值的乘积定义为电路的视在功率，用 S 表示，即

$$S = UI = |Z|I^2 \tag{4-61}$$

视在功率的单位是伏安（V·A）或千伏安（kV·A）等。视在功率通常用于表示电气设备的容量。

有功功率、无功功率和视在功率之间的关系为

$$S = \sqrt{P^2 + Q^2} \tag{4-62}$$

为便于记忆，可把电路中相关的量用相似的三个直角三角形关系表示，它们分别为阻抗三角形、电压三角形和功率三角形，如图 4-19 所示。

【例 4-6】如图 4-17 所示 RLC 串联交流电路，电源电压 $u = 100\sqrt{2}\sin(500t + 30°)$ V，$R = 30\ \Omega$，$L = 80\ \mathrm{mH}$，$C = 25\ \mu\mathrm{F}$，试求：

1）电流 i 和各部分电压 u_R、u_L、u_C。

2）画出相量图。

3）有功功率 P 和无功功率 Q。

解：1）$X_L = \omega L = (500 \times 80 \times 10^{-3})\ \Omega = 40\ \Omega$

$$X_C = \frac{1}{\omega C} = \frac{1}{500 \times 25 \times 10^{-6}}\ \Omega = 80\ \Omega$$

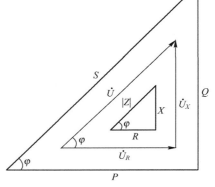

图 4-19　功率、电压和阻抗三角形

$$Z = R + j(X_L - X_C) = [30 + j(40 - 80)]\,\Omega$$
$$= 50\angle -53°\,\Omega$$

因为 $\dot{U} = 100\angle 30°$，则电流 i 和各部分电压 u_R、u_L、u_C 的相量式为

$$\dot{I} = \frac{\dot{U}}{Z} = \frac{100\angle 30°}{50\angle -53°}\mathrm{A} = 2\angle 83°\,\mathrm{A}$$

$$\dot{U}_R = R\dot{I} = 30\Omega \times 2\angle 83°\mathrm{A} = 60\angle 83°\,\mathrm{V}$$

$$\dot{U}_L = jX_L\dot{I} = \angle 90° \times 40\Omega \times 2\angle 83°\mathrm{A} = 80\angle 173°\,\mathrm{V}$$

$$\dot{U}_C = -jX_C\dot{I} = \angle -90° \times 80\Omega \times 2\angle 83°\mathrm{A} = 160\angle -7°\,\mathrm{V}$$

电流 i 和各部分电压 u_R、u_L、u_C 的瞬时值
表达式为

$$i = 2\sqrt{2}\sin(500t + 83°)\,\mathrm{A}$$

$$u_R = 60\sqrt{2}\sin(500t + 83°)\,\mathrm{V}$$

$$u_L = 80\sqrt{2}\sin(500t + 173°)\,\mathrm{V}$$

$$u_C = 160\sqrt{2}\sin(500t - 7°)\,\mathrm{V}$$

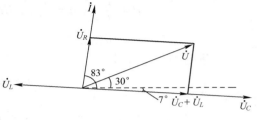

图4-20 例4-6相量图

2）电流和各电压的相量图如图4-20
所示。

3）$P = UI\cos\varphi = 100 \times 2 \times \cos(-53°)\,\mathrm{W} = 120\,\mathrm{W}$

$Q = UI\sin\varphi = 100 \times 2 \times \sin(-53°)\,\mathrm{var} = -160\,\mathrm{var}$

4.4.2 阻抗的串联与并联

在正弦交流电路中，阻抗的连接形式是多种多样的，其中最常用的是串联和并联。

1. 阻抗的串联

图4-21a 是两个阻抗串联的电路。根据基尔霍夫电压定律可写出它的相量表达式为

$$\dot{U} = \dot{U}_1 + \dot{U}_2 = Z_1\dot{I} + Z_2\dot{I} = (Z_1 + Z_2)\dot{I}$$

因此

$$\dot{U} = Z\dot{I}$$

比较以上两式，则得

$$Z = Z_1 + Z_2$$

由此可见，两个串联的阻抗可用一个等效阻抗 Z 来代替，
如图4-21b 所示。一般情况下，几个阻抗串联时，其等效复阻
抗可表示为

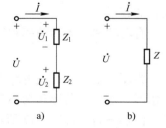

图4-21 阻抗的串联

$$Z = \sum Z_K = \sum R_K + j\sum X_K = |Z|\,\mathrm{e}^{j\varphi} \tag{4-63}$$

其中

$$|Z| = \sqrt{\left(\sum R_K\right)^2 + \left(\sum X_K\right)^2}$$

$$\varphi = \arctan\frac{\sum X_K}{\sum R_K}$$

在以上各式的 $\sum X_K$ 中，感抗 X_L 取正号，容抗 X_C 取负号。

一般来说

$$U \neq U_1 + U_2$$

即

$$|Z|\,I \neq |Z_1|\,I + |Z_2|\,I$$

所以

$$|Z| \neq |Z_1| + |Z_2|$$

【例 4-7】 已知 $Z_1 = 6.16 + j9\ \Omega$，$Z_2 = 2.5 - j4\ \Omega$，串联在一起接至 $\dot{U} = 220\angle 30°\ V$ 的电源上，求电路中的电流 $\dot{I}$ 和各阻抗上的电压 $\dot{U}_1$ 和 $\dot{U}_2$。

解： 等效复阻抗为

$$Z = Z_1 + Z_2 = 6.16 + j9 + 2.5 - j4 = 8.66 + j5 = 10\angle 30°\ \Omega$$

电流为

$$\dot{I} = \frac{\dot{U}}{Z} = \frac{220\angle 30°}{10\angle 30°} = 22\angle 0°\ A$$

则

$$\dot{U}_1 = \dot{I}\,Z_1 = 22\angle 0° \times (6.16 + j9) = 22\angle 0° \times 10.9\angle 55.6° = 239.8\angle 55.6°\ V$$

$$\dot{U}_2 = \dot{I}\,Z_2 = 22\angle 0° \times (2.5 - j4) = 22\angle 0° \times 4.7\angle -58° = 103.4\angle -58°\ V$$

2. 阻抗的并联

如图 4-22a 所示是两个阻抗并联的电路。根据基尔霍夫电流定律可写出它的相量表达式为

$$\dot{I} = \dot{I}_1 + \dot{I}_2 = \frac{\dot{U}}{Z_1} + \frac{\dot{U}}{Z_2} = \left(\frac{1}{Z_1} + \frac{1}{Z_2}\right)\dot{U}$$

因此

$$\dot{I} = \frac{\dot{U}}{Z}$$

比较以上两式，可得

$$\frac{1}{Z} = \frac{1}{Z_1} + \frac{1}{Z_2}$$

或

$$Z = \frac{Z_1 Z_2}{Z_1 + Z_2}$$

由此可见，两个并联的阻抗可用一个等效阻抗 Z 来代替，如图 4-22b 所示。一般情况下，几个阻抗并联时，其等效复阻抗的倒数等于各个并联阻抗的倒数之和，可表示为

$$\frac{1}{Z} = \sum \frac{1}{Z_K} \qquad (4-64)$$

一般来说

$$I \neq I_1 + I_2$$

即

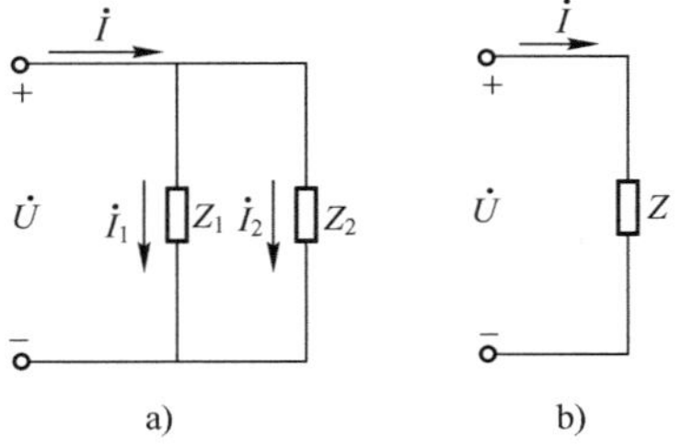

图 4-22　阻抗的并联

$$\frac{U}{|Z|} \neq \frac{U}{|Z_1|} + \frac{U}{|Z_2|}$$

所以

$$\frac{1}{|Z|} \neq \frac{1}{|Z_1|} + \frac{1}{|Z_2|}$$

【例 4-8】 如图 4-22 所示电路，有两个阻抗 $Z_1 = (3+j4)\ \Omega$ 和 $Z_2 = (8-j6)\ \Omega$，它们并联接在 $\dot{U} = 220\angle 0°\text{V}$ 的电源上，试计算电路中的电流 $\dot{I}_1$、$\dot{I}_2$ 和 $\dot{I}$。

解： $Z_1 = (3+j4)\ \Omega = 5\angle 53°\ \Omega$，$Z_2 = (8-j6)\ \Omega = 10\angle -37°\ \Omega$

$$Z = \frac{Z_1 Z_2}{Z_1 + Z_2} = \frac{5\angle 53° \times 10\angle -37°}{3+j4+8-j6}\ \Omega = \frac{50\angle 16°}{11-j2}\ \Omega = \frac{50\angle 16°}{11.8\angle -10.5°}\ \Omega$$

$$= 4.47\angle 26.5°\ \Omega$$

$$\dot{I}_1 = \frac{\dot{U}}{Z_1} = \frac{220\angle 0°}{5\angle 53°}\ \text{A} = 44\angle -53°\ \text{A}$$

$$\dot{I}_2 = \frac{\dot{U}}{Z_2} = \frac{220\angle 0°}{10\angle -37°}\ \text{A} = 22\angle 37°\ \text{A}$$

$$\dot{I} = \frac{\dot{U}}{Z} = \frac{220\angle 0°}{4.47\angle 26.5°}\ \text{A} = 49.2\angle -26.5°\ \text{A}$$

4.4.3 复杂正弦交流电路的分析与计算

前面讨论了用相量表示法对电阻、电感和电容元件组成的串联交流电路的分析与计算。在此基础上，下面进一步研究复杂交流电路的计算。

【例 4-9】 如图 4-23a 所示电路，已知 $R_1 = 10\ \Omega$，$R_2 = 6\ \Omega$，$X_L = 17.32\ \Omega$，$X_C = 8\ \Omega$，$u = 220\sqrt{2}\sin 314t\ \text{V}$，求：

1）各支路电流和总电流。

2）画出相量图。

3）有功功率。

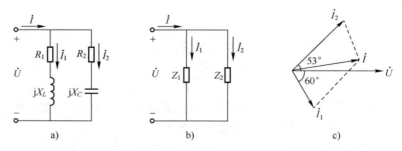

图 4-23　例 4-9 电路及相量图

解： 1）图 4-23b 为图 4-23a 的等效电路，可得

$$\dot{U} = 220\angle 0°\ \text{V}$$

$$Z_1 = R_1 + jX_L = (10+j17.32)\ \Omega = 20\angle 60°\ \Omega$$

$$Z_2 = R_2 - jX_C = (6-j8)\ \Omega = 10\angle -53°\ \Omega$$

$$\dot{I}_1 = \frac{\dot{U}}{Z_1} = \frac{220\angle 0°}{20\angle 60°} \text{A} = 11\angle -60° \text{A}$$

$$\dot{I}_2 = \frac{\dot{U}}{Z_2} = \frac{220\angle 0°}{10\angle -53°} \text{A} = 22\angle 53° \text{A}$$

$$I = \dot{I}_1 + \dot{I}_2 = (11\angle -60° + 22\angle 53°)\text{A} \approx (18.7 + j8.074)\text{A}$$

2）相量图如图 4-23c 所示。

3）有功功率 $P = I_1^2 R_1 + I_2^2 R_2 = (11^2 \times 10 + 22^2 \times 6)\text{W} = 4114\text{W}$

【例 4-10】 如图 4-24a 所示电路，已知 $X_C = 50\,\Omega$，$X_L = R = 100\,\Omega$，$I_C = 2\,\text{A}$，求：
1）I_R 和 U 的值。2）画出相量图。

解：1）由图可知

$$Z_{ab} = \frac{1}{\dfrac{1}{R} + \dfrac{1}{jX_L}} = \frac{jRX_L}{R + jX_L} = \frac{j100 \times 100}{100 + j100}\,\Omega = (50 + j50)\,\Omega$$

$$|Z_{ab}| = \sqrt{50^2 + 50^2}\,\Omega = 50\sqrt{2}\,\Omega$$

$$U_{ab} = I_C \cdot |Z_{ab}| = 2 \times 50\sqrt{2}\,\text{V} = 100\sqrt{2}\,\text{V}$$

电阻 R 上流过的电流有效值为 $I_R = \dfrac{U_{ab}}{R} = \dfrac{100\sqrt{2}}{100}\,\text{A} = \sqrt{2}\,\text{A}$

电路总阻抗为

$$\begin{aligned}
Z &= Z_{ab} - jX_C \\
&= (50 + j50 - j50)\,\Omega \\
&= 50\,\Omega
\end{aligned}$$

电路中总电压有效值为

$$U = |Z| \cdot I_C = 50 \times 2\,\text{V} = 100\,\text{V}$$

2）以 $\dot{U}_{ab}$ 为参考相量，即 $\dot{U}_{ab} = U_{ab}\angle 0°\,\text{V}$，电阻电流 $\dot{I}_R$ 与 $\dot{U}_{ab}$ 同相，电感电流滞后 $\dot{U}_{ab}$ 90°；由于 $X_L = R$，所以 $I_R = I_L = \sqrt{2}$，$\dot{I}_C = \dot{I}_R + \dot{I}_L$，电容电压滞后电流 90°，$U_C = I_C X_C = 100\,\text{V}$，由于 $\dot{U} = \dot{U}_C + \dot{U}_{ab}$，所以 $U = 100\,\text{V}$，相量图如图 4-24b 所示。

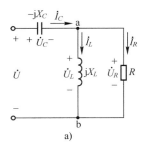 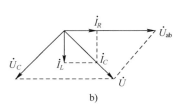

图 4-24　例 4-10 电路及相量图

与第 2 章计算复杂直流电路一样，复杂交流电路也要应用支路电流法、节点电压法、叠加定理和戴维南定理等方法来分析与计算。所不同的是，电压和电流应以相量表示，电阻、电感和电容及其组成的电路应以阻抗来表示。

【**例 4-11**】 如图 4-25a 所示正弦交流电路中，已知 $\dot{U}_S = 100\angle 45° \text{V}$，$\dot{I}_S = 4\angle 0° \text{A}$，$Z_1 = Z_3 = 50\angle 30° \Omega$，$Z_2 = 50\angle -30° \Omega$，用叠加定理计算电路中的电流 $\dot{I}_2$。

解：电流源 $\dot{I}_S$ 单独作用的电路如图 4-25b 所示，可得

$$\dot{I}_2' = \dot{I}_S \frac{Z_3}{Z_2 + Z_3} = 4\angle 0° \times \frac{50°\angle 30°}{50\angle -30° + 50\angle 30°} \text{A} = \frac{200\angle 30°}{50\sqrt{3}} \text{A} = 2.31\angle 30° \text{A}$$

电压源 $\dot{U}_S$ 单独作用的电路如图 4-25c 所示，可得

$$\dot{I}_2'' = -\frac{\dot{U}_S}{Z_2 + Z_3} = \frac{-100\angle 45°}{50\sqrt{3}} \text{A} = 1.155\angle -135° \text{A}$$

根据叠加定理，电流 $\dot{I}_2$ 为

$$\dot{I}_2 = \dot{I}_1' + \dot{I}_2'' = (2.31\angle 30° + 1.155\angle -135°) \text{A} = 1.23\angle -15.9° \text{A}$$

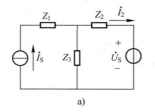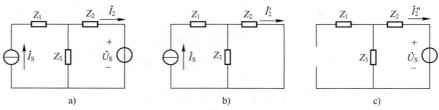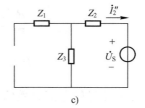

图 4-25 例 4-11 电路

【**例 4-12**】 如图 4-26 所示电路，已知 $\dot{U}_1 = 230\angle 0° \text{V}$，$\dot{U}_2 = 227\angle 0° \text{V}$，$Z_1 = Z_2 = (0.1 + \text{j}0.5) \Omega$，$Z_3 = (5 + \text{j}5) \Omega$，试用戴维南定理计算电流 $\dot{I}_3$。

解：图 4-26a 电路可化为如图 4-26b 所示等效电路。等效电压源 $\dot{U}_0$ 由图 4-26c 可得

$$\dot{U}_0 = \frac{\dot{U}_1 - \dot{U}_2}{Z_1 + Z_2} \times Z_2 + \dot{U}_2 = \left[\frac{230\angle 0° - 227\angle 0°}{2(0.1 + \text{j}0.5)} \times (0.1 + \text{j}0.5) + 227\angle 0°\right] \text{V}$$

$$= 228.85\angle 0° \text{V}$$

等效电压源的内阻抗 Z_0 由图 4-26d 可得

$$Z_0 = \frac{Z_1 Z_2}{Z_1 + Z_2} = \frac{Z_1}{2} = \frac{0.1 + \text{j}0.5}{2} \Omega = (0.05 + \text{j}0.25) \Omega$$

然后由图 4-26b 可得

$$\dot{I}_3 = \frac{\dot{U}_0}{Z_0 + Z_3} = \frac{228.85\angle 0°}{(0.05 + \text{j}0.25) + (5 + \text{j}5)} \text{A} = 31.3\angle -46.1° \text{A}$$

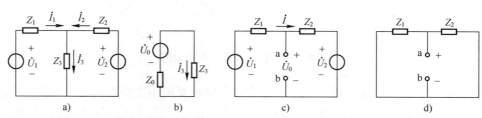

图 4-26 例 4-12 电路

【思考与练习】

4.4.1　在 RLC 串联交流电路中，下列关系式中哪些是错误的？哪些是对的？

1）$u = u_R + u_L + u_C$　　2）$U = U_R + U_L + U_C$　　3）$\dot{U} = \dot{U}_R + \dot{U}_L + \dot{U}_C$

4）$\dot{U} = \dot{U}_R + \mathrm{j}(\dot{U}_L + \dot{U}_C)$　　5）$Z = R + \mathrm{j}(X_L - X_C)$　　6）$Z = R + (X_L - X_C)$

7）$|Z| = R + (X_L - X_C)$　　8）$i = \dfrac{u}{|Z|}$　　9）$\dot{U}_L = \dfrac{\mathrm{j}\omega L}{R + \mathrm{j}\omega L - \mathrm{j}\dfrac{1}{\omega C}}\dot{U}$

10）$U_L = \dfrac{\omega C}{R + \omega L - \omega C}U$

4.4.2　RLC 串联交流电路的功率因数 $\cos\varphi$ 是否一定小于 1？

4.4.3　在 RLC 串联电路中，调节电容使 C 增大，电路性质的变化趋势如何？电路消耗的功率将如何变化？

4.5　功率因数的提高

功率因数的提高

在电力系统中大多使用设备为电感性负载，如电力变压器、电动机和电焊机等，这些设备运行时不仅要求电力系统输送有功功率，而且还要承担一定的无功功率。无功功率将由电力系统中发电厂的发电机供给，而无功功率的输送将造成电能损耗和电压损失，限制电气设备送电的能力。对于纯电阻性负载（如白炽灯），电压与电流同相位，功率因数 $\cos\varphi = 1$。对于其他负载的功率因数 $\cos\varphi < 1$，会引起电源与负载之间进行能量互换，使电源提供的无功功率增大，影响供电质量。因而世界各国电力企业对电力用户的用电功率因数都有要求，并按用户用电功率因数的高低在经济上给予奖励。我国电力系统《供电营业规则》指出，高压供电的工业企业的平均功率因数应不低于 0.9，其他单位不低于 0.85。实际负载的功率因数都较低，如被广泛使用的异步电动机，满载时功率因数为 0.7～0.85，轻载时则更低，这就有必要采取措施提高功率因数。

功率因数低将引起以下两个问题。

1. 发电设备的容量不能充分利用

当负载的功率因数小于 1 时，而发电机的电压和电流又不允许超过额定值，显然这时发电机所能发出的有功功率就减少了，功率因数越低，发电机所发出的有功功率就越小，而无功功率就越大。无功功率越大，即电路中能量交换的规模越大，则发电机发出的能量就不能充分利用，其中有一部分即在发电机与负载之间进行交换。

例如：一台容量为 65 kV·A 的发电机，当线路功率因数为 0.95 时，输出有功功率应为 $P = UI\cos\varphi = 61.75$ kW，无功功率应为 $Q = UI\sin\varphi = 20.2$ kvar；当线路功率因数为 0.8 时，发电机输出有功功率为 $P = UI\cos\varphi = 52$ kW，无功功率为 $Q = UI\sin\varphi = 39$ kvar，供电效率明显降低。

2. 增加线路和发电机绕组的功率损耗

当发电机的电压 U 和输出功率 P 一定时，电流 I 与功率因数成反比，而线路和发电机绕组上的功率损耗 ΔP 则与 $\cos\varphi$ 的二次方成反比，即

$$\Delta P = rI^2 = \left(r\frac{P^2}{U^2}\right)\frac{1}{\cos^2\varphi}$$

式中，r 为发电机绕组和线路的等效电阻。

　　功率因数越低，线路中电流越大，在线路中传输的无功功率越大，造成发电机绕组和输电线路的损耗增大。

　　由上可知，功率因数的提高，能使发电设备的容量得到充分利用，同时也能使电能得到大量节约，提高功率因数有着非常重要的经济意义。这里所说的提高功率因数，是指提高线路的功率因数，而不是提高某一负载的功率因数。应该注意的是，功率因数的提高必须在保证负载正常工作的前提下实现。

　　提高功率因数常用的方法是在电感性负载两端并联电容器，电路如图 4-27a 所示。感性负载在未并联电容器之前，电路总电流 $\dot{I}=\dot{I}_L$，滞后于电压 $\dot{U}$，设其相位差为 φ_1。当并联电容器后，总电流 $\dot{I}=\dot{I}_L+\dot{I}_C$，因为 $\dot{I}_C$ 相位超前电压 $\dot{U}$ 90°，结果使 $\dot{I}$ 与 $\dot{U}$ 的相位差减小到 φ，整个电路的功率因数得到提高。

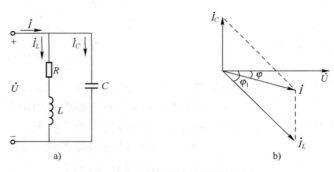

图 4-27　提高功率因数的方法
a）电路　b）相量图

　　由于电容器是并联在负载两端的，负载两端的电压不变，所以负载的工作状态也就不会发生变化。

　　在电感性负载上并联了电容器以后，减少了电源与负载之间的能量交换。电感性负载所需的无功功率，大部分由电容器供给，即能量的交换主要发生在电感性负载与电容器之间，因而使交流发电机容量得到充分利用。

　　并联电容的计算，可由图 4-27b 得

$$I_C=I_L\sin\varphi_1-I\sin\varphi \tag{4-65}$$

负载的平均功率为

$$P=UI_L\cos\varphi_1=UI\cos\varphi$$

代入式（4-65），可得

$$I_C=\frac{P\sin\varphi_1}{U\cos\varphi_1}-\frac{P\sin\varphi}{U\cos\varphi}=\frac{P}{U}(\tan\varphi_1-\tan\varphi)$$

又

$$I_C=\frac{U}{X_C}=2\pi fCU$$

可得

$$C=\frac{P}{2\pi fU^2}(\tan\varphi_1-\tan\varphi) \tag{4-66}$$

【例 4-13】 有一电感性负载，接在 $U=220\,V$、$f=50\,Hz$ 的电源上，其有功功率 $P=10\,kW$，功率因数 $\cos\varphi_1=0.6$。

1）求线路电流和无功功率。

2）如果将功率因数提高到 0.9，试求并联电容值及并联电容后的线路电流及无功功率。

解：1）并联电容器之前线路的电流为

$$I_1=\frac{P}{U\cos\varphi_1}=\frac{10\times10^3}{220\times0.6}\,A=76\,A$$

由 $\cos\varphi_1=0.6$，可得

$$\varphi_1=(\arccos0.6)^\circ=53^\circ$$

无功功率为

$$Q_1=UI_1\sin\varphi_1=(220\times76\times\sin53^\circ)\,var=13\,kvar$$

2）如果提高功率因数到 0.9，则

$$\varphi=(\arccos0.9)^\circ=26^\circ$$

并联电容值为

$$C=\frac{P}{2\pi fU^2}(\tan\varphi_1-\tan\varphi)$$

$$=\frac{10\times10^3}{2\pi\times50\times220^2}(\tan53^\circ-\tan26^\circ)\,F$$

$$=552\,\mu F$$

并联电容器后线路的电流和无功功率为

$$I=\frac{P}{U\cos\varphi}=\frac{10\times10^3}{220\times0.9}\,A=51\,A$$

$$Q=UI\sin\varphi=(220\times51\times\sin26^\circ)\,var=5\,kvar$$

【思考与练习】

4.5.1　试述提高功率因数的意义和方法。

4.5.2　采用并联电容器提高电路的功率因数后，电感性负载的工作状态是否发生改变？

4.5.3　能否用超前电流来提高功率因数？

4.5.4　分析说明串联电容器能否提高电路的功率因数，为什么？

4.6　交流电路的频率特性

在某些应用场合，经常要研究电路在不同频率激励时的工作情况，特别是电路中含有电感、电容元件时，它们的感抗和容抗值会随频率变化而变化，因此，电路的响应也发生变化。把电路响应与频率的关系称为电路的频率特性或频率响应，研究频率响应称为频域分析。

4.6.1　RC 滤波电路

让某一频带的信号顺利通过，而抑制不需要的其他频率的信号，具有这样特点的电路称为滤波电路。滤波电路按滤波特性通常分为低通、高通、带通和带阻等多种。

1. RC 低通滤波电路

RC 串联电路如图 4-28 所示，输入、输出电压都是角频率 ω 的函数。

用 $T(j\omega)$ 表示电路的输出电压和输入电压的比值，称为电路的传递函数或转移函数。即

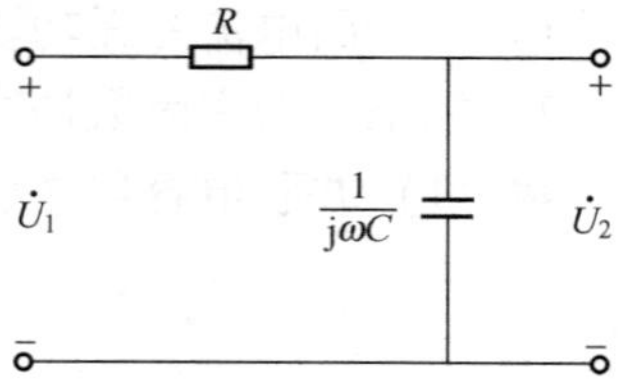

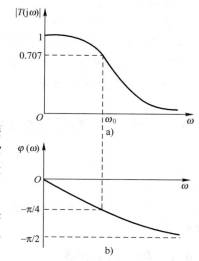

图 4-28　RC 低通滤波电路

$$T(j\omega) = \frac{U_2(j\omega)}{U_1(j\omega)} = \frac{\dfrac{1}{j\omega C}}{R + \dfrac{1}{j\omega C}} = \frac{1}{1 + j\omega RC}$$

$$= \frac{1}{\sqrt{1 + (\omega RC)^2}} \angle -\arctan(\omega RC)$$

$$= |T(j\omega)| \angle \varphi(\omega) \tag{4-67}$$

其中

$$|T(j\omega)| = \frac{1}{\sqrt{1 + (\omega RC)^2}}$$

$$\varphi(\omega) = -\arctan(\omega RC)$$

$|T(j\omega)|$ 是传递函数的模，是随 ω 变化的函数，所以称幅频特性；$\varphi(\omega)$ 是传递函数的辐角，是随 ω 变化的函数，所以称相频特性。

设

$$\omega_0 = \frac{1}{RC}$$

则

$$T(j\omega) = \frac{1}{1 + j\dfrac{\omega}{\omega_0}} = \frac{1}{\sqrt{1 + \left(\dfrac{\omega}{\omega_0}\right)^2}} \angle -\arctan\left(\frac{\omega}{\omega_0}\right)$$

由上可见，当

1）$\omega = 0$ 时，$|T(j\omega)| = 1$，$\varphi(\omega) = 0$。

2）$\omega = \infty$ 时，$|T(j\omega)| = 0$，$\varphi(\omega) = -\dfrac{\pi}{2}$。

3）$\omega = \omega_0 = \dfrac{1}{RC}$ 时，$|T(j\omega)| = \dfrac{1}{\sqrt{2}}$，$\varphi(\omega) = -\dfrac{\pi}{4}$。

幅频特性和相频特性如图 4-29 所示。

由图 4-29 可知，当 $\omega < \omega_0$ 时，$|T(j\omega)|$ 变化不大，接近等于 1；当 $\omega > \omega_0$ 时，$|T(j\omega)|$ 明显下降，表明上述 RC 电路具有使低频率信号较易通过而抑制高频率信号的作用，称为低通滤波电路。

当 $\omega = \omega_0 = 1/RC$ 时，$|T(j\omega)| = 1/\sqrt{2}$，即输出电压降低到输入电压 $1/\sqrt{2}$。由于功率与电压的二次方成正比，功率为原始值的一半，因此，ω_0 称为半功率点角频率或截止角频率。角频率范围 $0 < \omega \leq \omega_0$ 为此滤波电路的通频带。

图 4-29　低通滤波电路的频率特性
a）幅频特性　b）相频特性

2. RC 高通滤波电路

RC 高通滤波电路如图 4-30 所示，与 RC 低通滤波电路相比，电容和电阻位置互换了一

下，电压在电阻两端输出。

电路的传递函数为

$$T(\mathrm{j}\omega)=\frac{U_2(\mathrm{j}\omega)}{U_1(\mathrm{j}\omega)}=\frac{R}{R+\dfrac{1}{\mathrm{j}\omega C}}=\frac{\mathrm{j}\omega RC}{1+\mathrm{j}\omega RC}=\frac{1}{1-\mathrm{j}\dfrac{1}{\omega RC}}$$

$$=\frac{1}{\sqrt{1+\left(\dfrac{1}{\omega RC}\right)^2}}\angle\arctan\left(\dfrac{1}{\omega RC}\right)$$

$$=|T(\mathrm{j}\omega)|\angle\varphi(\omega) \tag{4-68}$$

设

$$\omega_0=\frac{1}{RC}$$

则

$$|T(\mathrm{j}\omega)|=\frac{1}{\sqrt{1+\left(\dfrac{1}{\omega RC}\right)^2}}=\frac{1}{\sqrt{1+\left(\dfrac{\omega_0}{\omega}\right)^2}}$$

$$\varphi(\omega)=\arctan\left(\dfrac{1}{\omega RC}\right)=\arctan\left(\dfrac{\omega_0}{\omega}\right)$$

由上可见，当

1) $\omega=0$ 时，$|T(\mathrm{j}\omega)|=0$，$\varphi(\omega)=\dfrac{\pi}{2}$。

2) $\omega=\infty$ 时，$|T(\mathrm{j}\omega)|=1$，$\varphi(\omega)=0$。

3) $\omega=\omega_0=\dfrac{1}{RC}$时，$|T(\mathrm{j}\omega)|=\dfrac{1}{\sqrt{2}}$，$\varphi(\omega)=\dfrac{\pi}{4}$。

幅频特性和相频特性如图 4-31 所示。

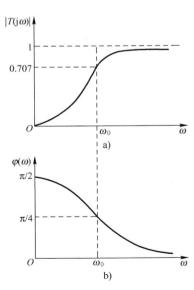

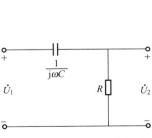

图 4-30　RC 高通滤波电路　　　　图 4-31　高通滤波电路的频率特性

a) 幅频特性　b) 相频特性

通过频率特性曲线可以看出，此电路容易通过高频信号，称为高通滤波电路。角频率范围 $\omega > \omega_0$ 为此滤波电路的通频带。

3. 带通滤波电路

RC 带通滤波电路如图 4-32 所示，为 RC 串并联电路。

电路的传递函数为

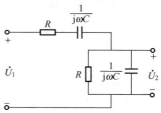

图 4-32 RC 带通滤波电路

$$T(j\omega) = \frac{U_2(j\omega)}{U_1(j\omega)} = \cfrac{\cfrac{\frac{R}{j\omega C}}{R + \frac{1}{j\omega C}}}{R + \frac{1}{j\omega C} + \cfrac{\frac{R}{j\omega C}}{R + \frac{1}{j\omega C}}}$$

$$= \cfrac{\cfrac{R}{1 + j\omega RC}}{\cfrac{1 + j\omega RC}{j\omega C} + \cfrac{R}{1 + j\omega RC}} = \frac{j\omega RC}{(1 + j\omega RC)^2 + j\omega RC}$$

设　　$\omega_0 = \dfrac{1}{RC}$

则　　　$T(j\omega) = \cfrac{1}{\sqrt{3^2 + \left(\dfrac{\omega}{\omega_0} - \dfrac{\omega_0}{\omega}\right)^2}} \angle -\arctan \cfrac{\dfrac{\omega}{\omega_0} - \dfrac{\omega_0}{\omega}}{3}$

$$= |T(j\omega)| \angle \varphi(\omega)$$

$$(4\text{-}69)$$

由上可见，当

1）$\omega = 0$ 时，$|T(j\omega)| = 0$，$\varphi(\omega) = \dfrac{\pi}{2}$。

2）$\omega = \infty$ 时，$|T(j\omega)| = 0$，$\varphi(\omega) = -\dfrac{\pi}{2}$。

3）$\omega = \omega_0 = \dfrac{1}{RC}$ 时，$|T(j\omega)| = \dfrac{1}{3}$，$\varphi(\omega) = 0$。

幅频特性和相频特性如图 4-33 所示。

由图 4-33 可知，当 $\omega = \omega_0$ 时，输出电压与输入电压同相，比值最大，即 $|T(j\omega)| = 1/3$，当 $\omega = \omega_1$ 或 $\omega = \omega_2$ 时，为转折频率，$|T(j\omega)| = 1/3 \times 1/\sqrt{2}$，即为 $|T(j\omega)|$ 的最大值的 $1/\sqrt{2}$，因此滤波器的通频带为

$$\Delta\omega = \omega_2 - \omega_1$$

从幅频特性曲线可以看出，通频带内的信号容易通过，此电路称为带通滤波电路。

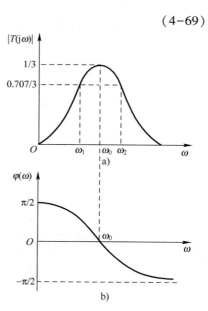

图 4-33 带通滤波电路的频率特性

a）幅频特性　b）相频特性

4.6.2　电路中的谐振

在含有电阻、电感和电容元件的正弦交流电路中，电路的复阻抗是电源频率的函数，随着频率的变化，电路可以存在电感性、电容性及纯电阻三种状态。适当改变电源的频率或电路的参数使整个电路呈现纯电阻状态时，则电路发生了谐振。谐振现象被广泛地应用于无线电工程、电子测量技术和其他电子技术领域中，以实现有选择地传送信号的目的。但对于电力系统，会因谐振而影响系统的稳定运行，甚至造成危害。因此，研究电路中的谐振现象是十分重要的。研究谐振的目的就是要认识这种客观现象，并在工程实际中充分利用谐振的特征，同时又要预防它所产生的危害。

谐振现象是交流电路的一种特殊状态，根据电路的不同连接方式，谐振分为串联谐振和并联谐振。

1. 串联谐振

（1）串联谐振的条件

串联谐振

在 RLC 串联电路中（见图 4-17），电路的复阻抗为

$$Z = R + j(X_L - X_C) = R + j\left(\omega L - \frac{1}{\omega C}\right) = |Z| \angle \varphi$$

阻抗的模为

$$|Z| = \sqrt{R^2 + (X_L - X_C)^2}$$

阻抗角为

$$\varphi = \arctan \frac{X_L - X_C}{R}$$

当 $X_L = X_C$ 时，$\varphi = 0$，电路呈现电阻性，电路发生串联谐振，所以 RLC 串联电路谐振的条件为

$$\omega L = \frac{1}{\omega C} \tag{4-70}$$

所以，调整 ω、L 和 C 任意一个参数均可使电路发生谐振。

当电感 L、电容 C 固定不变时，可调整电源频率 ω 或 f 使电路达到谐振。由式（4-70）可知，电路谐振时的电源频率为

$$\omega_0 = \frac{1}{\sqrt{LC}}, \quad f_0 = \frac{1}{2\pi\sqrt{LC}} \tag{4-71}$$

式（4-71）表明，ω 和 f 只与电路的固有参数 L、C 有关，因此 ω_0 和 f_0 又分别称为电路的固有频率。也就是说，只有当电源频率等于电路的固有频率时电路才发生谐振。

当电源频率一定时，可通过调整参数 L 或 C 使电路发生谐振：

$$L = \frac{1}{\omega_0^2 C}, \quad C = \frac{1}{\omega_0^2 L}$$

调整参数 L 和 C 使电路发生谐振的过程称为调谐。例如，无线电收音机的接收回路就是用改变电容 C 的方法，使电路对某一电台发射的频率信号发生谐振，从而达到选择电台的目的；而电视机通常是调整电感 L 来达到选台的目的。

（2）串联谐振电路的特征

1）阻抗模最小，复阻抗为电阻性，即

$$Z = R + j(X_L - X_C) = R$$

2）在电压 U 不变的情况下，电流在谐振时最大，即

$$I = I_0 = \frac{U}{|Z|} = \frac{U}{R}$$

电路阻抗和电流随频率变化的曲线如图 4-34 所示。

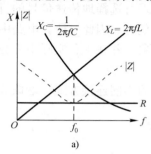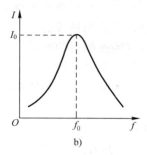

图 4-34　阻抗和电流随频率变化的曲线

a）阻抗　b）电流

3）总电压和电流同相，则 $\dot{U} = \dot{U}_R$，$U = U_R$，$\dot{U}_L = -\dot{U}_C$，$U_L = U_C$。

若 $X_L = X_C \gg R$，则 $U_L = U_C \gg U_R = U$，即电容或电感上的电压比总电压高很多，因此串联谐振也称为电压谐振，发生串联谐振时的相量图如图 4-35 所示。

4）谐振时，电路中的功率为

$$\begin{cases} P = UI_0\cos\varphi = UI_0 = \dfrac{U^2}{R} \\ Q = 0 \\ S = UI_0 = \dfrac{U^2}{R} \end{cases} \tag{4-72}$$

由式（4-72）可知，电路谐振时，电源提供的视在功率全部转换为有功功率，被电阻消耗。总的无功功率为零，电路与电源之间没有能量交换。因为 $Q_L = I_0^2 X_L$，$Q_C = -I_0^2 X_C$，说明在电路谐振时，能量交换发生在电感和电容之间。

图 4-35　串联谐振时的相量图

5）发生谐振时，电感电压（或电容电压）与总电压的比值称为电路的品质因数，用 Q 表示，即

$$Q = \frac{U_L}{U} = \frac{U_C}{U} = \frac{X_C}{R} = \frac{X_L}{R} = \frac{\omega_0 L}{R} = \frac{1}{\omega_0 RC} = \frac{1}{R}\sqrt{\frac{L}{C}} \tag{4-73}$$

可见，当 $X_L = X_C \gg R$ 时，品质因数 Q 很高，电感（或电容）电压将大大超过电源电压，这种高电压有可能击穿电感线圈或电容器的绝缘而损坏设备。因此，在电力工程中一般应避免串联谐振或接近谐振情况的发生。但在无线电工程中，串联谐振得到了广泛的应用。

串联谐振在电路中具有加强某一频率信号而抑制其他频率信号的特性，这种特性称为选频特性或选择性。选择性的强弱主要取决于电路的品质因数 Q。当电路的 L 和 C 一定时，线圈电阻 R 越小，电路的 Q 值越大，则选择性越好。这是因为 Q 值越大，谐振时在电感线圈（或电容器）上得到的电压越高。谐振曲线与 Q 值的关系如图 4-36 所示。

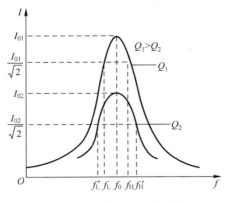

图 4-36　谐振曲线与 Q 值的关系

工程上经常使用通频带的概念。当谐振电路的电流等于最大值的 $1/\sqrt{2}$ 时，对应的上、下限频率之间的宽度，称为通频带 Δf，在图 4-36 中，有

$$\Delta f = f_H - f_L \tag{4-74}$$

只有信号频率在电路的通频带范围之内，电路才能不失真地传递信号。由图 4-36 可知，电路 Q 值越高，谐振曲线越尖锐，f 偏离 f_0 时的电流下降越多，这说明电路的选择性越好。但通频带过窄，显然又不利于信号的传递。因此，在工程实际中应合理选择 Q 值的大小，使之能够兼顾选择性和通频带两个方面，即应使谐振电路不仅具有较高的选择性，而且还应具有不失真传递信号的能力。

【例 4-14】 如图 4-37 所示，收音机利用串联谐振电路对电台载波进行选择，即谐振时在电容两端输出 u_o 最大，已知 $L = 200\ \mu H$。接收频率范围为 $625 \sim 1705\ kHz$ 的中频段信号，试选择 C 值的范围。

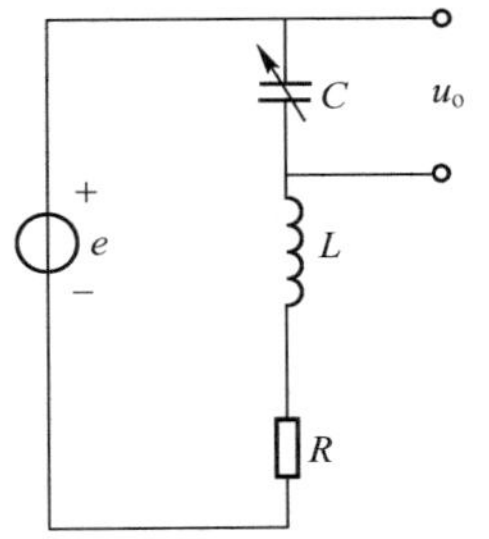

解：由式（4-70）可得

$$C = \frac{1}{\omega^2 L} = \frac{1}{(2\pi f)^2 L}$$

图 4-37　例 4-14 电路

当 $f = 625\ kHz$ 时，有

$$C = \frac{1}{(2\pi f)^2 L} = \frac{10^6}{(2\pi \times 625 \times 10^3)^2 \times 200}\ F = 325\ pF$$

当 $f = 1705\ kHz$ 时，有

$$C = \frac{1}{(2\pi f)^2 L} = \frac{10^6}{(2\pi \times 1705 \times 10^3)^2 \times 200}\ F = 43.6\ pF$$

即 C 的变化范围是 $43.6 \sim 325\ pF$。

【例 4-15】 有一电感、电阻和电容相串联的电路接在电压为 20 V 且频率可调的交流电源上，已知 $L = 6\ mH$，$R = 80\ \Omega$，$C = 120\ pF$。试求：

1）电路的谐振频率。

2）电路的品质因数。

3）谐振时电阻、电感和电容的电压有效值。

解：1）谐振频率为

$$f_0 = \frac{1}{2\pi \sqrt{LC}} = \frac{1}{2\pi \sqrt{6 \times 10^{-3} \times 120 \times 10^{-12}}}\ Hz = 187.6\ kHz$$

2）品质因数为

$$Q = \frac{1}{R}\sqrt{\frac{L}{C}} = \frac{1}{80}\sqrt{\frac{6\times10^{-3}}{120\times10^{-12}}} = 88$$

3）电路发生谐振时的感抗和容抗分别为

$$X_L = X_C = 2\pi f_0 L = (2\pi \times 187.6\times10^3 \times 6\times10^{-3})\ \Omega = 7069\ \Omega$$

谐振时电路的电流为

$$I_0 = \frac{U}{R} = \frac{20}{80}\ \mathrm{A} = 0.25\ \mathrm{A}$$

各元件的电压有效值为

$$U_R = RI_0 = 80\times0.25\ \mathrm{V} = 20\ \mathrm{V}$$
$$U_L = U_C = X_L I_0 = (7069\times0.25)\ \mathrm{V} = 1767\ \mathrm{V}$$

2. 并联谐振

在电子技术中，为提高谐振电路的选择性，常常需要提高 Q 值。但是当信号源内阻很大时，采用串联谐振会使 Q 值大为降低，使谐振电路的选择性显著变差。在这种情况下，常采用并联谐振电路。电感线圈和电容器并联等效电路如图 4-38 所示。

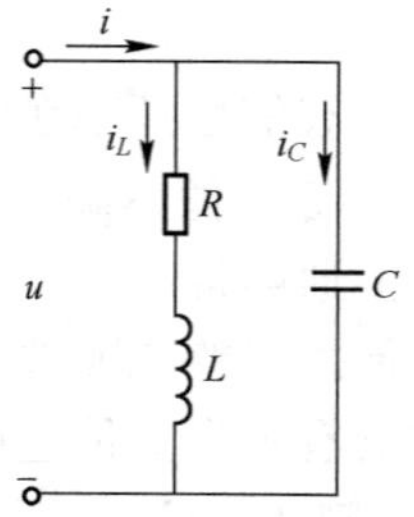

电路等效阻抗为

$$Z = \frac{(R+\mathrm{j}\omega L)\left(-\mathrm{j}\dfrac{1}{\omega C}\right)}{R+\mathrm{j}\omega L-\mathrm{j}\dfrac{1}{\omega C}} \qquad (4-75)$$

图 4-38　电感线圈和电容器并联等效电路

由于实际线圈的感抗 $X_L \gg R$，故式（4-75）可近似处理为

$$Z = \frac{(R+\mathrm{j}\omega L)\left(-\mathrm{j}\dfrac{1}{\omega C}\right)}{R+\mathrm{j}\omega L-\mathrm{j}\dfrac{1}{\omega C}} \approx \frac{\mathrm{j}\omega L\left(-\mathrm{j}\dfrac{1}{\omega C}\right)}{R+\mathrm{j}\omega L-\mathrm{j}\dfrac{1}{\omega C}} = \frac{\dfrac{L}{C}}{R+\mathrm{j}\left(\omega L-\dfrac{1}{\omega C}\right)}$$

即当 $\omega L = \dfrac{1}{\omega C}$ 时，电路的复阻抗的幅角 $\varphi = 0$，电路发生并联谐振。由谐振条件可得谐振频率为

$$\omega = \omega_0 = \frac{1}{\sqrt{LC}}, \quad f = f_0 = \frac{1}{2\pi\sqrt{LC}} \qquad (4-76)$$

调节参数 L、C 或电源频率 f 都能使电路发生谐振。

电路发生并联谐振时具有下列特点：

1）电路的阻抗模最大，为电阻性，即

$$|Z| = |Z_0| = \frac{\dfrac{L}{C}}{\sqrt{R^2+(X_L-X_C)^2}} = \frac{L}{RC} \qquad (4-77)$$

2）电源电压 U 一定的情况下，电流 I 将在谐振时达到最小值，即

$$I_0 = \frac{U}{|Z_0|} = \frac{U}{\dfrac{L}{RC}}$$

阻抗模与电流的谐振曲线如图 4-39 所示。

3）总电压和总电流同相，相量图如图 4-40 所示，谐振时支路电流为

$$U\omega_0 C = I_C \approx I_L = \frac{U}{\sqrt{R^2+(\omega_0 L)^2}} \approx \frac{U}{\omega_0 L}$$

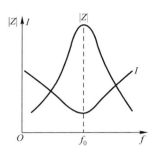

图 4-39　阻抗模和电流的谐振曲线　　图 4-40　并联谐振时的相量图

谐振时，如果 $\omega_0 L = \dfrac{1}{\omega_0 C} \gg R$，则 $I_L \approx I_C \gg I_0$，即支路电流远大于总电流，因此并联谐振也称为电流谐振。电路的品质因数为

$$Q = \frac{I_L}{I_0} = \frac{1}{\omega_0 CR} = \frac{\omega_0 L}{R} \qquad (4-78)$$

在某些无线电接收设备中，常利用并联谐振阻抗高的特点选取有用信号和消除杂波。

【例 4-16】如图 4-38 所示并联电路，已知 $L = 0.5$ mH，$R = 40\ \Omega$，$C = 50$ pF，试求谐振角频率 ω_0、品质因数 Q 和谐振时电路的阻抗模 $|Z_0|$。

解：将参数代入并联谐振相关公式，可得

$$\omega_0 = \frac{1}{\sqrt{LC}} = \frac{1}{\sqrt{0.5\times10^{-3}\times50\times10^{-12}}}\ \text{rad/s} = 6.33\times10^6\ \text{rad/s}$$

$$f_0 = \frac{\omega_0}{2\pi} = \frac{6.33\times10^6}{2\pi}\ \text{Hz} = 1008\ \text{kHz}$$

$$Q = \frac{\omega_0 L}{R} = \frac{6.33\times10^6\times0.5\times10^{-3}}{40} = 79$$

$$|Z_0| = \frac{L}{RC} = \frac{0.5\times10^{-3}}{40\times50\times10^{-12}}\ \Omega = 250\ \text{k}\Omega$$

【思考与练习】

4.6.1　RLC 串联电路发生谐振时电阻上的电压有可能高于电源电压吗？

4.6.2　保持正弦交流电源的有效值不变，改变电源频率使 RLC 串联电路谐振，电路中的有功功率、无功功率是否达到最大？

4.6.3　试说明当频率低于和高于谐振频率时，RLC 串联电路是电容性还是电感性？

*4.7　非正弦周期电压和电流

如前所述的正弦交流电路中，电压和电流都是随时间按正弦规律变化的。但在工程实际中，经常会遇到非正弦周期变化的电压和电流，如数字电子电路中的脉冲电压及整流电路的

输出电压等，都是非正弦周期信号。图 4-41 列举了锯齿波、矩形波、全波整流波及三角波几种常见的非正弦周期波形。

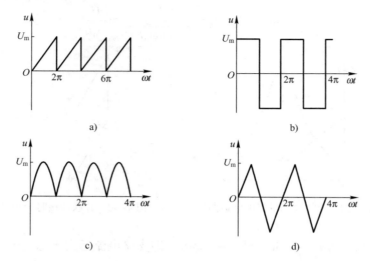

图 4-41　非正弦周期波形

a) 锯齿波　b) 矩形波　c) 全波整流波　d) 三角波

　　一个非正弦周期函数，只要满足狄里赫利条件（函数 $f(t)$ 在一个周期 T 内有有限个第一类的不连续点、有限个极大值和极小值，在一个周期内函数绝对值的积分为有限值），都可以展开为傅里叶级数，即直流分量和一系列正弦分量之和。电工技术中的非正弦周期量都能满足狄里赫利条件。

　　设周期函数为 $f(\omega t)$，其角频率为 ω，可以分解成傅里叶级数为

$$f(\omega t) = A_0 + A_{1m}\sin(\omega t + \varphi_1) + A_{2m}\sin(2\omega t + \varphi_2) + \cdots + A_{km}\sin(k\omega t + \varphi_k)$$

$$= A_0 + \sum_{k=1}^{\infty} A_{km}\sin(k\omega t + \varphi_k) \tag{4-79}$$

式中，A_0 为不随时间变化的常数，称为恒定分量或直流分量；第二项 $A_{1m}\sin(\omega t + \varphi_1)$ 的频率与非正弦周期函数的频率相同，称为基波或一次谐波分量；其余各项的频率为周期函数的频率的整数倍，称为高次谐波分量，如 $k=2$，3，$\cdots$ 的各项分别称为 2 次谐波分量、3 次谐波分量等。对大多数电工、电子电路使用的非正弦周期函数 $f(t)$，可通过查表得到其展开式，不必计算。表 4-1 列出了图 4-41 所示常见非正弦周期波形的傅里叶级数。

表 4-1　常见非正弦周期波形的傅里叶级数

名　称	傅里叶级数
矩形波	$u = \dfrac{4U_m}{\pi}\left(\sin\omega t + \dfrac{1}{3}\sin3\omega t + \dfrac{1}{5}\sin5\omega t + \cdots\right)$
锯齿波	$u = U_m\left(\dfrac{1}{2} - \dfrac{1}{\pi}\sin\omega t - \dfrac{1}{2\pi}\sin2\omega t - \dfrac{1}{3\pi}\sin3\omega t - \cdots\right)$
三角波	$u = \dfrac{8U_m}{\pi^2}\left(\sin\omega t - \dfrac{1}{9}\sin3\omega t + \dfrac{1}{25}\sin5\omega t - \cdots\right)$
全波整流波	$u = \dfrac{2U_m}{\pi}\left(1 - \dfrac{2}{3}\cos2\omega t - \dfrac{2}{15}\cos4\omega t - \cdots\right)$

由表 4-1 中的傅里叶级数可以看出，各次谐波的幅值是不等的，频率越高，则幅值越小，这说明傅里叶级数具有收敛性。恒定分量、基波及接近基波的高次谐波是非正弦周期量的主要组成部分，一般可近似前三项之和。

非正弦周期电流 i 的有效值为

$$I = \sqrt{\frac{1}{T}\int_0^T i^2 \mathrm{d}t} = \sqrt{\frac{1}{T}\int_0^T \left[I_0 + \sum_{k=1}^{\infty} I_{km}\sin(k\omega t + \varphi_k) \right]^2 \mathrm{d}t}$$

$$= \sqrt{I_0^2 + I_1^2 + I_2^2 + \cdots} = \sqrt{I_0^2 + \sum_{k=1}^{\infty} I_k^2} \qquad (4-80)$$

式中，$I_1 = \dfrac{I_{1m}}{\sqrt{2}}$，$I_2 = \dfrac{I_{2m}}{\sqrt{2}}$，$\cdots$，为基波、2 次谐波等的有效值。因为它们本身都是正弦波，所以有效值等于各相应幅值的 $\dfrac{1}{\sqrt{2}}$。

同理，非正弦周期电压 u 的有效值为

$$U = \sqrt{U_0^2 + U_1^2 + U_2^2 + \cdots} = \sqrt{U_0^2 + \sum_{k=1}^{\infty} U_k^2} \qquad (4-81)$$

非正弦周期信号电路的平均功率也是以瞬时功率在一个周期内的平均值定义的，即

$$P = \frac{1}{T}\int_0^T p\mathrm{d}t = \frac{1}{T}\int_0^T ui\mathrm{d}t \qquad (4-82)$$

设电压 $u(t)$ 和电流 $i(t)$ 的傅里叶基数展开式分别为

$$U = U_0 + \sum_{k=1}^{\infty} U_{km}\sin(k\omega t + \varphi_k)$$

$$I = I_0 + \sum_{k=1}^{\infty} I_{km}\sin(k\omega t + \varphi_k - \psi_k)$$

代入式（4-82），整理得

$$P = U_0 I_0 + \sum_{k=1}^{\infty} U_k I_k \cos\psi_k = P_0 + \sum_{k=1}^{\infty} P_k$$

$$= P_0 + P_1 + P_2 + \cdots$$

可见，非正弦周期电路中的平均功率等于恒定分量和各谐波分量的平均功率之和。

【例 4-17】 已知周期性电压、电流分别为

$$u(t) = \left[50 + 60\sqrt{2}\sin(\omega t + 30°) + 40\sqrt{2}\sin(2\omega t + 10°) \right]\mathrm{V}$$

$$i(t) = \left[1 + 0.5\sqrt{2}\sin(\omega t - 20°) + 0.3\sqrt{2}\sin(2\omega t + 50°) \right]\mathrm{A}$$

求电压、电流的有效值和平均值，以及该电路的平均功率。

解： 1）电压、电流的有效值为

$$U = \sqrt{50^2 + 60^2 + 40^2}\,\mathrm{V} = 87.8\,\mathrm{V}$$

$$I = \sqrt{1^2 + 0.5^2 + 0.3^2}\,\mathrm{A} = 1.16\,\mathrm{A}$$

2）电压、电流的平均值为

$$U = 50\,\mathrm{V}$$

$$I = 1\mathrm{A}$$

3）电路平均功率 P 为

$$P = U_0 I_0 + U_1 I_1 \cos(\varphi_{1u} - \varphi_{1i}) + U_2 I_2 \cos(\varphi_{2u} - \varphi_{2i})$$

$$= [50 \times 1 + 60 \times 0.5 \cos(30° + 20°) + 40 \times 0.3 \cos(10° - 50°)] \text{ W}$$

$$= (50 + 19.3 + 9.2) \text{ W}$$

$$= 78.5 \text{ W}$$

本章小结

1. 正弦量的三要素有角频率、幅值和初相位角，分别表征正弦量的快慢、大小和初始值三个方面。

2. 正弦量的表示方法有瞬时值表达式、波形图表示法、相量表示法及相量图表示法，其中相量表示法是计算分析正弦交流电的重要工具。

3. 单一参数正弦交流电路见表 4-2。

表 4-2 单一参数正弦交流电路的电压、电流、功率间的关系

参　数	电压与电流关系	相位关系	功率关系	波　形　图
电阻元件	瞬时值表达式 $i = \dfrac{u}{R} = \dfrac{U_m \sin \omega t}{R}$ 有效表达式 $I = \dfrac{U}{R}$ 相量表达式 $\dot{I} = \dfrac{\dot{U}}{R}$	$\longrightarrow \dot{I}$ $\longrightarrow \dot{U}$	$P = UI$ $= RI^2$ $= \dfrac{U^2}{R}$	
电感元件	瞬时值表达式 $u = L\dfrac{di}{dt}$ $= I_m \omega L \sin(\omega t + 90°)$ 有效表达式 $\dfrac{U}{I} = \omega L = X_L$ 相量表达式 $\dfrac{\dot{U}}{\dot{I}} = jX_L = j\omega L$	$\dot{U}$ $\downarrow \dot{I}$	$P = 0$ $Q = UI$ $= X_L I^2$ $= \dfrac{U^2}{X_L}$	
电容元件	瞬时值表达式 $i = C\dfrac{du}{dt}$ $= \omega C U_m \sin(\omega t + 90°)$ 有效表达式 $\dfrac{U}{I} = X_C = \dfrac{1}{\omega C}$ 相量表达式 $\dfrac{\dot{U}}{\dot{I}} = -jX_C = -j\dfrac{1}{\omega C}$	$\uparrow \dot{I}$ $\dot{U} \longrightarrow$	$P = 0$ $Q = -UI$ $= -X_C I^2$ $= -\dfrac{U^2}{X_C}$	

4. RLC 串联交流电路

1）电压与电流瞬时值关系为

$$u = u_R + u_L + u_C = Ri + L\frac{di}{dt} + \frac{1}{C}\int i dt$$

2）相量关系为

$$\frac{\dot{U}}{\dot{I}} = R + j(X_L - X_C) = Z$$

3）有效值关系为

$$\frac{U}{I} = \sqrt{R^2 + (X_L - X_C)^2} = |Z|$$

4）功率关系

平均功率（有功功率）$P = U_R I = R I^2 = U I \cos\varphi$ 是指电阻消耗的功率，无功功率 $Q = U I \sin\varphi = I^2 (X_L - X_C)$ 是指储能元件 (L, C) 与电源之间进行能量交换的规模。

视在功率 $S = U I = |Z| I^2 = \sqrt{P^2 + Q^2}$ 是指电气设备的容量。

5. 功率因数

功率因数 $\cos\varphi = \dfrac{P}{S}$，是电路实际消耗功率与电源发出功率的比值；功率因数过低将导致设备利用率低，电路能量损耗大，故一般在感性负载两端并联电容来提高电路功率因数。

6. 阻抗串并联

阻抗串联

$$Z = Z_1 + Z_2 , \quad \begin{cases} \dot{U}_1 = Z_1 \dot{I} = \dfrac{Z_1}{Z_1 + Z_2} \dot{U} \\[2mm] \dot{U}_2 = Z_2 \dot{I} = \dfrac{Z_2}{Z_1 + Z_2} \dot{U} \end{cases}$$

阻抗并联

$$\frac{1}{Z} = \frac{1}{Z_1} + \frac{1}{Z_2} \text{或} \ Z = \frac{Z_1 Z_2}{Z_1 + Z_2} , \quad \begin{cases} \dot{I}_1 = \dfrac{\dot{U}}{Z_1} = \dfrac{Z_2}{Z_1 + Z_2} \dot{I} \\[2mm] \dot{I}_2 = \dfrac{\dot{U}}{Z_2} = \dfrac{Z_1}{Z_1 + Z_2} \dot{I} \end{cases}$$

7. 滤波

低通滤波电路是具有使低频率信号较易通过而抑制高频率信号的电路。

高通滤波电路是具有使高频率信号较易通过而抑制低频率信号的电路。

8. 谐振

谐振的条件 $\omega L = \dfrac{1}{\omega C}$ 或 $X_L = X_C$

谐振频率 $f_0 = \dfrac{1}{2\pi \sqrt{LC}}$

串联谐振电路的特征：阻抗最小；电源电压一定时，电流有效值最大；电路与电源之间无能量交换；电感与电容之间进行完全能量补偿。

并联谐振电路的特征：阻抗最大；电源电压一定时，电流有效值最小；电路与电源之间无能量交换；电感与电容之间进行完全能量补偿。

自测题

一、填空题

1.（　　　　）、（　　　　）、（　　　　）称为正弦量的三要素。

2. 任何一个正弦交流量都可以用（　　　　）相量和（　　　　）相量来表示。

3. 已知正弦交流电压 $u = 380\sqrt{2}\sin(314t - 60°)$ V，则它的有效值为（　　　　）V，角频率为（　　　　）rad/s，频率为（　　　　）Hz，初相位为（　　　　）。

4. 电阻元件上的伏安关系瞬时值表达式为（　　　　）；电感元件上的伏安关系瞬时值表达式为（　　　　），电容元件上的伏安关系瞬时值表达式为（　　　　）。

5. 在正弦交流电路中，电源的频率越高，电感元件的感抗越（　　　　），电容元件的感抗越（　　　　）。

6. 电阻元件两端的电压与电流相位（　　　　），电感元件两端的电压（　　　　）电流 90°，电容元件两端的电压（　　　　）电流 90°。

7. 在正弦交流电路中，各串联元件上（　　　　）相同，画串联电路相量图时，通常选择（　　　　）作为参考相量；并联各元件上（　　　　）相同，画并联电路相量图时，一般选择（　　　　）作为参考相量。

8. 在正弦交流电路中，有功功率的基本单位是（　　　　），无功功率的基本单位是（　　　　），视在功率的基本单位是（　　　　）。

9. 在纯电感电路中，已知 $u = 10\sqrt{2}\sin(100t + 30°)$ V，$L = 0.2$ H，则该电感元件的感抗 $X_L = $（　　　　）Ω，流经电感元件的电流 $I = $（　　　　）A，电感的有功功率 $P = $（　　　　）W。

10. 在纯电容电路中，已知 $u = 10\sqrt{2}\sin(100t + 30°)$ V，$C = 20\ \mu\text{F}$，则该电容元件的容抗 $X_c = $（　　　　）Ω，流经电容元件的电流 $I = $（　　　　）A，电容的有功功率 $P = $（　　　　）W。

11. 电阻和电感元件相串联的电路，电路性质呈（　　　　）性；电阻和电容元件相串联的电路，电路性质呈（　　　　）性。

12. 在 RLC 串联电路中，发生串联谐振的条件是（　　　　）等于（　　　　）。

13. 当 RLC 串联电路发生谐振时，电路中阻抗最小且等于（　　　　）；电路中电压一定时电流最大，且与电路总电压（　　　　）。

14. 串联谐振又称（　　　　）谐振，并联谐振又称（　　　　）谐振。

15. 实际电气设备大多为（　　　　）性设备，功率因数往往（　　　　）。若要提高感性电路的功率因数，常采用人工补偿法进行调整，即在感性线路（或设备）两端并联（　　　　）。

16. 负载的功率因数越高，电源的利用率就（　　　　），无功功率就（　　　　）。

二、判断题

1. 因为正弦量可以用相量来表示，所以说相量就是正弦量。（　　　）

2. 电压三角形是相量图，阻抗三角形也是相量图。（　　　）

3. 正弦量的三要素是指最大值（幅值）、角频率和相位。（　　　）

4. 电感元件的正弦交流电路中，消耗的有功功率等于零。（　　　）

5. 正弦交流电路的视在功率等于有功功率和无功功率之和。（　　　）

6. 正弦交流电路的频率越高，阻抗越大；频率越低，阻抗越小。（　　　）

7. 某元件两端电压和通过的电流分别为 $u = 5\sin(200t + 90°)$ V，$i = 2\cos200t$ A，则该元件代表的是电感元件。（　　　）

8. 在 RLC 串联电路中，已知电阻为 30 Ω，感抗为 40 Ω，容抗为 80 Ω，那么电路的阻抗为 150 Ω。（　　　）

9. 两个复阻抗串联，则阻抗模大的负载消耗的有功功率大。（　　　）

10. 交流量都可以用相量表示。（　　　）

11. 并联阻抗具有分压作用，串联阻抗具有分流作用。（　　　）

12. 两个复阻抗串联，则阻抗模大的负载消耗的有功功率大。（　　　）

13. RC 低通滤波电路具有使低频信号较易通过而抑制较高频率信号的作用。（　　　）

14. 电路发生并联谐振时阻抗模达到最小。（　　　）

15. RLC 串联电路发生谐振时，电源与电感之间发生能量互换。（　　　）

16. 容量为 $1000\,kV\cdot A$ 的变压器，如果 $\cos\varphi=0.7$，则无功功率为 $300\,kW$。（　　　）

17. 在感性负载的两端适当并联电容器可以使功率因数提高，电路的总电流减小。（　　　）

18. 电容元件的正弦交流电路中，电压有效值不变，频率增大时，电路中电流将增大。（　　　）

三、选择题

1. 某正弦电压有效值为 $220\,V$，频率为 $50\,Hz$，在 $t=0$ 时，$u(0)=220\,V$，则该正弦电压瞬时值表达式为（　　　）。

  A. $u=380\sin100\pi t\ V$ B. $u=311\sin(100\pi t+45°)\ V$ C. $u=220\sin(100\pi t+90°)\ V$

2. 通常交流仪表测量的交流电流、电压是（　　　）。

  A. 最大值   B. 有效值   C. 平均值   D. 瞬时值

3. 已知 $i_1=10\sin(314t+90°)\,A$，$i_2=10\sin(628t+30°)\,A$，则（　　　）。

  A. i_1 超前 i_2 60°   B. i_1 滞后 i_2 60°   C. 相位差无法判断

4. 用有效值相量表示正弦电压 $u=220\sin(314t-30°)\,V$ 时，可写作（　　　）。

  A. $\dot{U}=220\angle-30°$ B. $\dot{U}=\dfrac{220}{\sqrt{2}}\angle-30°$ C. $\dot{U}=\dfrac{220}{\sqrt{2}}\angle30°$ D. $U=\dfrac{220}{\sqrt{2}}\angle-30°$

5. 与电流相量 $\dot{I}=(7.07-j7.07)\,A$ 对应的正弦电流写成 $i=$（　　　）。

  A. $10\sqrt{2}\sin(\omega t-45°)\,A$ B. $10\sqrt{2}\sin(\omega t+45°)\,A$ C. $10\sin(\omega t-45°)\,A$

6. 正弦交流电路中，电阻元件的伏安关系的相量形式是（　　　）。

  A. $\dot{U}=R\dot{I}$ B. $\dot{I}=R\dot{U}$ C. $\dot{U}=jR\dot{I}$ D. $\dot{U}=jR\dot{I}$

7. R、L 串联的正弦交流电路中，下列各式中错误的是（　　　）。

  A. $\dot{I}=\dfrac{\dot{U}}{R+\omega L}$ B. $\dot{U}=R\dot{I}+jX_L\dot{I}$ C. $I=\dfrac{U}{\sqrt{R^2+\omega^2 L^2}}$

8. 已知在 R、L 串联的正弦交流电路中，总电压 $U=30\,V$，L 上的电压 $U_L=18\,V$，则 R 上的电压 $U_R=$（　　　）。

  A. $12\,V$ B. $24\,V$ C. $48\,V$ D. $48\sqrt{2}$

9. 通过电感 L 的电流为 $i_L=6\sqrt{2}\sin(200t+30°)\,A$，此时电感的端电压 $U_L=2.4\,V$，则电感 L 为（　　　）。

  A. $\sqrt{2}\,mH$ B. $2\,mH$ C. $8\,mH$ D. $400\,mH$

10. 在 RL 串联电路中，$U_R=16\,V$，$U_L=12\,V$，则总电压为（　　　）。

  A. $28\,V$ B. $20\,V$ C. $2\,V$

11. 如图 4-42a 所示相量图，电路如图 4-43b 所示，正弦电压 $\dot{U}$ 施加于感抗 $X_L=5\,\Omega$ 的电感元件上，则通过的电流相量 $\dot{I}=$（　　　）。

  A. $5\angle-60°\,A$ B. $50\angle120°\,A$ C. $2\angle-60°\,A$

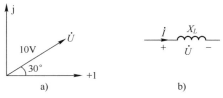

图 4-42　选择题 11 相量图和电路

12. 已知交流电路中，某元件的阻抗与频率成反比，则该元件是（　　　）。

　　A. 电阻　　　　　　　B. 电感　　　　　　　C. 电容　　　　　　　D. 电动势

13. 正弦交流电路中，电容元件的端电压有效值保持不变，因电源频率变化使其电流减小，据此现象可判断频率（　　　）。

　　A. 升高　　　　　　　B. 降低　　　　　　　C. 无法判定

14. 在正弦交流电路中，阻抗角可表示为（　　　）。

　　A. $\varphi = \arctan \dfrac{R}{|Z|}$　　　B. $\varphi = \arctan \dfrac{X}{R}$　　　C. $\varphi = \arctan \dfrac{R}{X}$　　　D. $\varphi = \arctan \dfrac{X}{|Z|}$

15. 已知电路复阻抗 $Z = (3 - j4)\,\Omega$，则该电路一定呈（　　　）。

　　A. 电阻性　　　　　　B. 电感性　　　　　　C. 电容性　　　　　　D. 不确定

16. 某感性负载的功率因数为 0.5，接在 220 V 正弦交流电源上，电流为 10 A，则该负载消耗的功率为（　　　）。

　　A. 2.2 kW　　　　　　B. 1.1 kW　　　　　　C. 4.4 kW　　　　　　D. 0.55 kW

17. 在 RLC 串联正弦交流电路中，当 $X_L = X_C$ 时，电路呈现（　　　）。

　　A. 电阻性　　　　　　B. 电感性　　　　　　C. 电容性　　　　　　D. 不确定

18. 如图 4-43 所示正弦交流电路，已知 $U_L = 4\,V$，$U_C = 3\,V$，则 $U = $（　　　）。

　　A. 7 V　　　　　　　B. 1 V　　　　　　　C. 5 V　　　　　　　D. 不确定

19. 如图 4-44 所示 R、L、C 元件串联电路中，施加正弦电压 u，当 $X_L > X_C$ 时，电压 u 与 i 的相位关系应是 u（　　　）。

　　A. 超前于 i　　　　　B. 滞后于 i　　　　　C. 与 i 反相

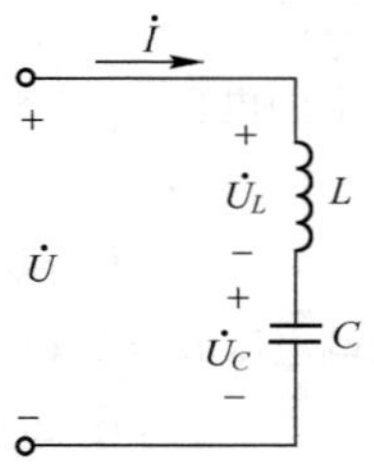

图 4-43　选择题 18 电路 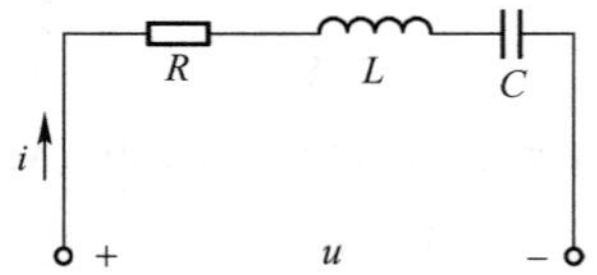　　　图 4-44　选择题 19 电路

20. 每盏荧光灯的功率因数为 0.5，当 N 盏荧光灯并联时，总的功率因数（　　　），若再将 M 盏白炽灯并联，则总功率因数（　　　）。

　　A. 等于 0.5　　　　　B. 大于 0.5　　　　　C. 小于 0.5　　　　　D. 不确定

21. 已知某负载无功功率 $Q = 3$ kvar，功率因数为 0.8，则其视在功率 S 为（　　　）。

　　A. 2.4 kV·A　　　　　B. 3 kV·A　　　　　C. 5 kV·A　　　　　D. 3.2 kV·A

22. 如图 4-45 所示电路，相量 $\dot{I} = 5\angle 0\,A$，$\dot{U} = 50\angle \dfrac{\pi}{4}\,V$，电感电压有效值 $U_L = 25\,V$，则阻抗 Z 为（　　　）。

　　A. (7.07 + j7.07) Ω　　　B. (7.07 + j2.07) Ω　　　C. (7.07 + j12.07) Ω

23. 如图 4-46 所示电路，若开关 S 闭合前后电流表 A 读数无变化，则可判断容抗 X_C 与感抗 X_L 的关系为（　　　）。

　　A. $X_C = X_L$　　　　　B. $X_C = 2X_L$　　　　　C. $X_C = \dfrac{1}{2}X_L$　　　　　D. $X_C = 3X_L$

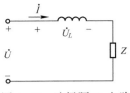
图 4-45 选择题 22 电路

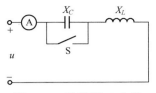
图 4-46 选择题 23 电路

24. 在电感与电容并联的正弦交流电路中，当 $X_L > X_C$ 时，电路呈现（   ）。

A. 电感性   B. 电容性   C. 不可确定属性   D. 电阻性

25. 有一 RLC 串联电路，已知 $R = X_L = X_C = 5\,\Omega$，端电压 $U = 10\,V$，则 $I = ($ $)A$。

A. 2/3   B. 1/2   C. 2   D. 3

26. 正弦交流电路的无功功率是表征该电路中储能元件的（   ）。

A. 瞬时功率   B. 平均功率   C. 瞬时功率最大值   D. 视在功率

27. 如图 4-47 所示阻抗串联的正弦交流电路，各电压有效值关系为 $U = U_1 + U_2$ 时，复阻抗 Z_1 与 Z_2 的关系是（   ）。

A. 任意关系   B. 阻抗模相等   C. 同为性质相同的单一参数元件

28. 如图 4-48 所示正弦交流电路，已知 $I_1 = 6\,A$，$I_2 = 8\,A$，则 $I = ($ $)$。

A. 10 A   B. 14 A   C. 2 A   D. 不确定

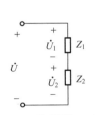
图 4-47 选择题 27 电路

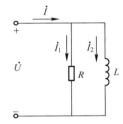
图 4-48 选择题 28 电路

29. 正弦交流电的电压和电流最大值为 U_m 与 I_m，则视在功率应为（   ）。

A. $U_m I_m / \sqrt{2}$ B. $\sqrt{2} U_m I_m$ C. $2 U_m I_m$ D. $U_m I_m / 2$

30. 如图 4-49 所示电路，已知电流 $I_1 = 6\,A$，$I_2 = 4\,A$，$I_3 = 3\,A$，$I_4 = 2\,A$，则电流表 A 的读数为（   ）。

A. 15 A   B. 5 A   C. 7 A   D. 9 A

31. 如图 4-50 所示电路，已知 $X_C = 100\,\Omega$，开关 S 闭合前与闭合后，电流表 A 的读数均为 4 A，则 X_L 应为（   ）。

A. 25 Ω   B. 200 Ω   C. 100 Ω   D. 50 Ω

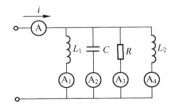
图 4-49 选择题 30 电路

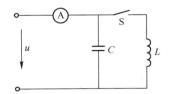
图 4-50 选择题 31 电路

32. 提高供电电路的功率因数，下列说法正确的是（   ）。

A. 减少了用电设备中无用的无功功率

B. 减少了用电设备的有功功率，提高了电源设备的容量

C. 可提高电源设备的利用率并减少输电线路中的功率损耗

33. *RLC* 串联电路在 f_0 时发生谐振，当频率增加到 $2f_0$ 时，电路性质呈（　　）。

A. 电阻性　　　　　　　　B. 电感性　　　　　　　　C. 电容性

习题

4.1　将一台额定电压为 380 V、功率为 3 kW 的电阻炉接到电压为 $u = 220\sqrt{2}\sin\left(628t - \dfrac{\pi}{3}\right)$ V 的电源上，试求流过电阻炉的电流 i 和电阻炉消耗的功率。

4.2　如图 4-51 所示正弦交流电路中，电压表读数为 110 V，频率为 50 Hz，电流表读数为 10 A，且相位上 u 超前 i 为 60°，试写出 u、i 的瞬时值表达式、相量表达式，画出相量图。

4.3　一个线圈接在 $U = 60$ V 的直流电源上，$I = 10$ A；若接在 $f = 50$ Hz、$U = 220$ V 的交流电源上，则 $I = 22$ A，试求线圈的电阻 R 和电感 L。

4.4　有一电感线圈接于 100 V、50 Hz 的正弦交流电源上，测得此电感线圈的电流 $I = 2$ A，有功功率 $P = 120$ W，求此线圈的电阻 R 和电感 L。

4.5　一个电感线圈，电感 $L = 0.08$ H，电阻 $R = 50\,\Omega$，电感线圈上作用的电压 $u = 220\sqrt{2}\sin314t$ V，求线圈的阻抗、电流、平均功率 P、视在功率 S 和无功功率 Q。

图 4-51　习题 4.2
电路

4.6　如图 4-52 所示某线圈电路，已知电压 $u = 100\sqrt{2}\sin314t$ V，视在功率 $S = 2$ kV·A，有功功率 $P = 1.6$ kW，求：

1）线圈的电阻 R、电感 L。

2）通过线圈的电流 i。

4.7　如图 4-53 所示 *RC* 串联电路，已知 $R = 8\,\Omega$，$X_C = 6\,\Omega$，电源电压 $\dot{U} = 10\angle0°$ V，试求：

1）电流 $\dot{I}$、电压 $\dot{U}_R$ 和 $\dot{U}_C$。

2）画出相量图。

4.8　有一 *RC* 串联电路，电源电压为 u，电阻和电容上的电压分别为 u_R 和 u_C，已知电路阻抗模为 2000 Ω，频率为 1000 Hz，并设 u 和 u_C 之间的相位差为 30°，试求 R 和 C，并说明在相位上 u_C 比 u 超前还是滞后。

4.9　如图 4-54 所示电路，已知 R、L、C 上的电压有效值分别为 $U_R = 8$ V，$U_L = 12$ V，$U_C = 6$ V，求电源电压 u 的有效值为多少？

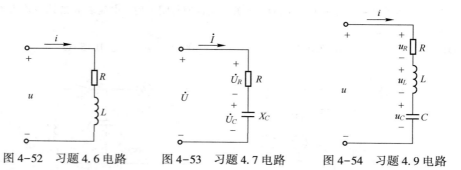

图 4-52　习题 4.6 电路　　　图 4-53　习题 4.7 电路　　　图 4-54　习题 4.9 电路

4.10　如图 4-54 所示 *RLC* 串联交流电路，电源电压 $u = 220\sqrt{2}\sin(314t + 20°)$ V，$R = 30\,\Omega$，$L = 127$ mH，$C = 40\,\mu$F，试求：

1）电流 i 和各部分电压 u_R、u_L、u_C。

2）画出相量图。

3）有功功率 P、无功功率 Q 和视在功率 S。

4.11 如图 4-55 所示电路，电阻 R 和电容 C 并联接在频率为 50 Hz、有效值为 110 V 的正弦交流电源上，电源提供的电流为 0.3 A，有功功率为 11 W，试求电路参数 R 和 C。

4.12 如图 4-56 所示电路，已知电流表 A_1 的读数为 5 A，A_2 的读数 3 A，求电流表 A 的读数。

4.13 如图 4-57 所示电路，$X_L = X_C = R$，并已知电流表 A_1 的读数为 3A，试问 A_2 的读数为多少？

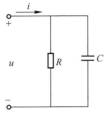 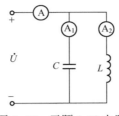 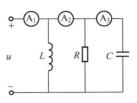

图 4-55 习题 4.11 电路　　图 4-56 习题 4.12 电路　　图 4-57 习题 4.13 电路

4.14 如图 4-58 所示电路，已知 3 个表 A_1、A_2、V 的读数分别为 $5\sqrt{2}$ A、5 A、5 V，$\omega = 1000$ rad/s，$\dot{U}$ 滞后 $\dot{U}_L 90°$，求电路元件参数 R、L、C。

4.15 如图 4-59 所示电路，已知 $I_1 = 8\sqrt{2}$ A，$I_2 = 8$ A，$U = 200$ V，$R = 5\,\Omega$，$R_1 = X_L$，试求 I、R_1、X_L 和 X_C。

4.16 如图 4-60 所示电路，电源电压 $U = 200$ V，电路总有功功率 $P = 1.2$ kW，频率为 $f = 50$ Hz，$R_1 = R_2 = R_3 = R$，$I = I_1 = I_2$，求：

1）电流有效值 I。

2）电路元件的参数 R、L、C。

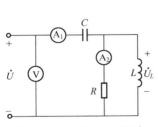 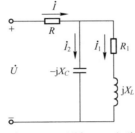 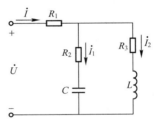

图 4-58 习题 4.14 电路　　图 4-59 习题 4.15 电路　　图 4-60 习题 4.16 电路

4.17 如图 4-61 所示电路，$U = 120$ V，$R_1 = 10\,\Omega$，$R_2 = 20\,\Omega$，$X_C = 20\,\Omega$，$X_L = 40\,\Omega$，求：

1）电流 I、I_1 和 I_2。

2）画出电流、电压的相量图。

4.18 求如图 4-62 所示电路的阻抗 Z_{ab}。

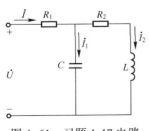 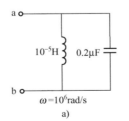 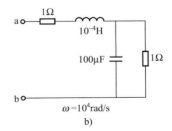

图 4-61 习题 4.17 电路　　　　图 4-62 习题 4.18 电路

4.19 如图 4-63 所示电路，已知 $U_{ab} = U_{bc}$，$R = 10\,\Omega$，$X_C = 10\,\Omega$，$Z_{ab} = R + jX_L$，试求 $\dot{U}$ 和 $\dot{I}$ 同相时 Z_{ab}

等于多少？

4.20 如图 4-64 所示电路，已知 $i=5\sqrt{2}\sin\left(\omega t+\dfrac{\pi}{4}\right)\mathrm{mA}$，$\omega=10^6\,\mathrm{rad/s}$，$R_2=2\,\mathrm{k\Omega}$，$L=2\,\mathrm{mH}$，$R_1=1\,\mathrm{k\Omega}$，当 i 与 u 同相时，试求：

1）u_{ab}、i_2、u 和电容 C 的值。

2）电阻 R_2 消耗的功率。

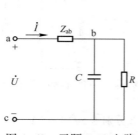

图 4-63 习题 4.19 电路

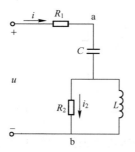

图 4-64 习题 4.20 电路

4.21 已知感性负载 $R=3\,\Omega$，$X_L=4\,\Omega$，接于电压为 220 V、频率为 50 Hz 的正弦交流电源上，求：

1）电路的功率因数及有功功率。

2）若将电路的功率因数提高到 0.9，应并联多大的电容？

4.22 已知一感性负载 $R=6\,\Omega$，$X_L=8\,\Omega$，接入额定容量为 $10\,\mathrm{kV\cdot A}$、额定电压为 220 V 的工频交流电源。

1）求该电路还可以接入多少盏 220 V、100 W 的白炽灯？

2）现为提高功率因数，在感性负载两端并联一个容量为 $100\,\mu\mathrm{F}$ 的电容器，求并联电容后的功率因数以及并联电容后可以接入多少盏 220 V、100 W 的白炽灯？

4.23 将一 $L=4\,\mathrm{mH}$、$R=50\,\Omega$ 的线圈，与电容器 $C=160\,\mathrm{pF}$ 串联，接在 $U=25\,\mathrm{V}$ 的电源上。

1）当 $f_0=200\,\mathrm{kHz}$ 时发生谐振，求电流与电容器上的电压。

2）当频率增加 10% 时，求电流与电容器上的电压。

4.24 RLC 串联电路在频率 $f=500\,\mathrm{Hz}$ 时发生谐振，谐振时电流有效值 $I=0.2\,\mathrm{A}$，$X_C=314\,\Omega$，电容上的电压为外加电压的 20 倍。

1）求 R、L。

2）若将频率 f 变为 250 Hz 而 R、L、C 及电源电压有效值不变，求电流 I，此时电路呈何性质？

4.25 有一电容元件，$C=0.01\,\mu\mathrm{F}$，在其两端加一三角波形的周期电压，如图 4-65 所示。

1）求电流 i。

2）画出 i 的波形。

3）计算 i 的平均值及有效值。

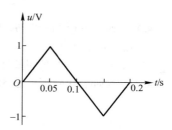

图 4-65 习题 4.25 电路

第 4 章答案

第5章 三相交流电路

【内容提要】 本章主要讨论三相电路中电源和负载的连接方式以及三相电路中电压、电流和功率的计算。最后介绍安全用电和节约用电的基本知识。

【本章目标】 了解三相对称电源的基本概念；掌握三相四线制电路中单相负载及三相负载的连接方法，了解中性线的作用；掌握相电压与线电压、相电流与线电流在对称和不对称三相电路中的相互关系；掌握对称和不对称三相电路电压、电流和功率的计算方法；了解工业企业供配电的基本知识及安全用电和节约用电的经济意义及措施。

5.1 三相电源

在电力工业中电能的产生、传输和分配大多采用三相交流电。由三相交流电源供电的电路称为三相交流电路，第 4 章讨论的单相交流电路也就是三相交流电路中的其中一相。

5.1.1 三相电压的产生

当前各类发电厂都是利用三相交流发电机发电的，其结构示意图如图 5-1a 所示。它主要由定子和转子两部分组成。定子铁心由硅钢片叠成，内圆周表面冲有槽，用以放置三个结构相同的电枢绕组，即 U_1U_2、V_1V_2 和 W_1W_2 绕组。其中 U_1、V_1、W_1 称为绕组的始端，U_2、V_2、W_2 称为绕组的末端，三个绕组的始端或末端在空间位置上相差 $120°$。在转子铁心上绕有励磁绕组，用直流励磁，只要选择合适的磁极形状、合理地分布励磁绕组，可使转子表面的空气隙中的磁感应强度按正弦规律分布。

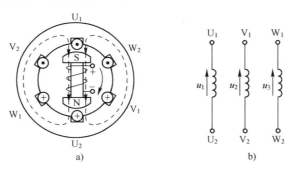

图 5-1 三相交流发电机原理图及三相绕组产生的电压
a) 三相交流发电机原理图 b) 三相绕组及电压

当原动机（汽轮机或水轮机等）带动转子以均匀的角速度 ω 按顺时针方向转动时，定子三相绕组切割转子磁极的磁感应线，在三相绕组中分别产生 u_1、u_2 和 u_3 三个正弦电压，如图 5-1b 所示。由于三个绕组的结构完全相同，又是以同一速度切割同一转子磁极的磁感应线，只是绕组位置分布相差 120°，因而产生的 u_1、u_2 和 u_3 是三个频率相同、幅值相等、相位互差 120°的电压，称为对称三相电压。产生对称三相电压的电源称为对称三相电源，简称三相电源。如果设 u_1 为参考正弦量，其初相位为 0，则对称三相电压可表示为

$$\begin{cases} u_1 = U_m \sin \omega t \\ u_2 = U_m \sin(\omega t - 120°) \\ u_3 = U_m \sin(\omega t - 240°) = U_m \sin(\omega t + 120°) \end{cases} \tag{5-1}$$

式中，U_m 为电压的最大值。

对称三相电压的波形如图 5-2a 所示，用有效值相量可表示为

$$\begin{cases} \dot{U}_1 = E \angle 0° \\ \dot{U}_2 = E \angle -120° \\ \dot{U}_3 = E \angle 120° \end{cases} \tag{5-2}$$

式中，U 为电压的有效值。相量图如图 5-2b 所示。

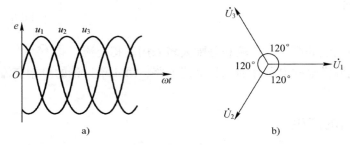

图 5-2 对称三相电压的波形及相量图
a）波形 b）相量图

式（5-2）相加可得

$$\dot{U}_1 + \dot{U}_2 + \dot{U}_3 = 0 \tag{5-3}$$

即

$$u_1 + u_2 + u_3 = 0$$

三相电源的相序是指每相电压依次出现最大值的顺序，一般为 U→V→W，称为正序或顺序，与此相反，称为负序或逆序。相序决定三相电源所接三相交流电动机的转动方向。

5.1.2 三相电源的连接

对三相交流发电机的三相绕组做适当的连接就可以向外电路供电，这就是三相电源。三相绕组有两种基本的连接方法：一种为星形（Y）联结，工业生产和生活用电的三相电源普遍采用星形联结；另外一种为三角形（△）联结。

三相电源绕组星形联结如图 5-3a 所示，将三相绕组的末端连在一起，这一连接点称为中性点或零点，用 N 表示。从中性点引出的导线称为中性线或零线（NN′），在应用最多的低压供电系统中，中性点通常是接地的，因而，中性线又俗称地线。从三相绕组的始端 U_1、V_1、W_1 分别引出的导线称为端线或相线（L_1、L_2、L_3）。相线与中性线之间的电压 $\dot{U}_1$、$\dot{U}_2$、$\dot{U}_3$ 称为电源的相电压。相线与相线之间的电压 $\dot{U}_{12}$、$\dot{U}_{23}$、$\dot{U}_{31}$ 称为电源的线电压。在如图 5-3a 所示参考方向下，根据 KVL 可得线电压与相应的相电压的关系为

$$\begin{cases} \dot{U}_{12} = \dot{U}_1 - \dot{U}_2 \\ \dot{U}_{23} = \dot{U}_2 - \dot{U}_3 \\ \dot{U}_{31} = \dot{U}_3 - \dot{U}_1 \end{cases} \tag{5-4}$$

相电压有效值用 U_P 表示。设 $\dot{U}_1$ 为参考相量，根据式（5-4）画出相电压和线电压的相量图，如图 5-3b 所示。显然，三个线电压也是对称，其有效值用 U_L 表示。由相量图可以求得线电压的有效值等于相电压有效值 $\sqrt{3}$ 倍，即

$$U_L = \sqrt{3}\, U_P \tag{5-5}$$

由相量图还可以看出，线电压超前对应的相电压 $30°$，即 $\dot{U}_{12}$、$\dot{U}_{23}$ 和 $\dot{U}_{31}$ 分别超前 $\dot{U}_1$、$\dot{U}_2$ 和 $\dot{U}_3$ $30°$。

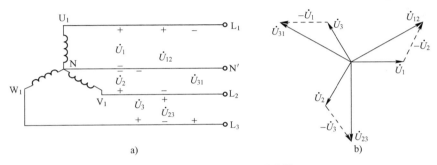

图 5-3　三相电源的星形联结

a）绕组星形联结　b）相电压及线电压的相量关系

星形联结的三相电源，可给单相或三相负载提供两种三相对称电压，即相电压和线电压。通常低压配电系统中的相电压为 220 V，线电压为 380 V。

三相电源绕组三角形联结如图 5-4 所示，将三相电源的三个绕组的始端、末端顺序相连，引出三条导线，两导线间电压为线电压（$\dot{U}_{12}$、$\dot{U}_{23}$、$\dot{U}_{31}$），绕阻两端电压为相电压（$\dot{U}_1$、$\dot{U}_2$、$\dot{U}_3$）。

三角形联结时，线电压就是对应的相电压，即

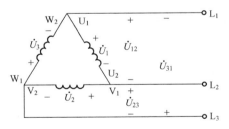

图 5-4　三相电源的三角形联结

$$\begin{cases} \dot{U}_{12} = \dot{U}_1 \\ \dot{U}_{23} = \dot{U}_2 \\ \dot{U}_{31} = \dot{U}_3 \end{cases} \tag{5-6}$$

线电压的有效值等于相电压的有效值，即

$$U_L = U_P \tag{5-7}$$

在相位上，线电压与对应的相电压相位相同。

【思考与练习】

5.1.1　三角形联结的对称三相电源，空载运行时，三相电压会不会在三相绕组所构成的闭合回路中产生电流？

5.1.2　当发电机的三相绕组星形联结时，设线电压 $u_{12}=380\sqrt{2}\sin(\omega t-30°)\,\text{V}$，试写出相电压 u_1 的瞬时值表达式。

5.2　三相负载的连接

三相负载可以分为两类：一类负载必须接在三相电源上才能工作，如三相交流电动机、大功率三相电炉，称为三相对称负载；另一类负载如电灯、家用电器等，只需由单相电源供电即可工作。为了使三相电源供电均衡，负载要大致平均分配到三相电源上，称为单相负载的三相连接，属于不对称的三相负载。三相负载的连接有星形和三角形联结两种方式，采用哪种方式可根据电源电压和负载额定电压来选择，如果负载的额定电压不等于电源电压，则需用变压器。三相负载的连接如图 5-5 所示，设电源的线电压为 380 V，电灯和负载 Z 的额定电压为 220 V。

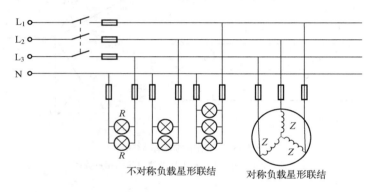

图 5-5　三相负载接线图

5.2.1　三相负载的星形联结

三相负载的星形联结

如图 5-6 所示是三相负载星形联结的三相四线制电路。三相负载的三个末端连接在一起，接到电源的中性线上，三相负载的三个首端分别接到电源的三根相线上。负载的阻抗分别为 Z_1、Z_2 和 Z_3。电压和电流的参考方向如图 5-6 所示。三相电路中的电流也有相电流与线电流之分。每相负载中的电流称为相电流，其有效值用 I_p 表示；每根相线中的电流称为线电流，其有效值用 I_L 表示。当负载为星形联结时，显然，相电流即为线电流，即

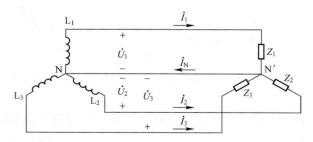

图 5-6　三相负载星形联结的三相四线制电路

$$I_P = I_L \tag{5-8}$$

设电源相电压 $\dot{U}_1$ 为参考相量，则有

$$\begin{cases} \dot{U}_1 = U_1 \angle 0° \\ \dot{U}_2 = U_2 \angle -120° \\ \dot{U}_3 = U_3 \angle 120° \end{cases} \tag{5-9}$$

由于有中性线，电源每相电压即为负载每相电压，即

$$\begin{cases} \dot{I}_1 = \dfrac{\dot{U}_1}{Z_1} = \dfrac{U_1 \angle 0°}{|Z_1| \angle \varphi_1} = I_1 \angle -\varphi_1 \\[3mm] \dot{I}_2 = \dfrac{\dot{U}_2}{Z_2} = \dfrac{U_2 \angle -120°}{|Z_2| \angle \varphi_2} = I_2 \angle (-120° - \varphi_2) \\[3mm] \dot{I}_3 = \dfrac{\dot{U}_3}{Z_3} = \dfrac{U_3 \angle 120°}{|Z_3| \angle \varphi_3} = I_3 \angle (120° - \varphi_3) \end{cases} \tag{5-10}$$

每相负载中电流的有效值分别为

$$I_1 = \frac{U_1}{|Z_1|}, \quad I_2 = \frac{U_2}{|Z_2|}, \quad I_3 = \frac{U_3}{|Z_3|} \tag{5-11}$$

各相负载的电压与电流之间的相位差分别为

$$\varphi_1 = \arctan \frac{X_1}{R_1}, \quad \varphi_2 = \arctan \frac{X_2}{R_2}, \quad \varphi_3 = \arctan \frac{X_3}{R_3} \tag{5-12}$$

中性线电流可由如图 5-7 所示相量图求出，它与三个相电流的关系为

$$\dot{I}_N = \dot{I}_1 + \dot{I}_2 + \dot{I}_3 \tag{5-13}$$

在图 5-6 中，如果每相负载是对称的，即 $Z_1 = Z_2 = Z_3 = Z$，由于三相电压是对称的，则负载的相电流及线电流是对称的，即

$$I_1 = I_2 = I_3 = I_P = \frac{U_P}{|Z|}$$

$$\varphi_1 = \varphi_2 = \varphi_3 = \varphi = \arctan \frac{X}{R}$$

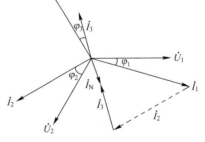

图 5-7　三相负载星形联结时
各相电压和电流的相量图

由相量图知，中性线电流等于零，即

$$\dot{I}_N = \dot{I}_1 + \dot{I}_2 + \dot{I}_3 = 0$$

因此，当负载对称为星形联结时，中性线可以去掉，变成三相三线制（Y）供电，如图 5-8 所示。如果负载不对称，中性线则不能去掉，称为三相四线制（Y_0）。

【例 5-1】如图 5-6 所示三相四线制供电电路中，线电压为 380 V，每相负载的阻抗 $Z_1 = Z_2 = Z_3 = (6 + j8) \,\Omega$，求：

1）电路的相电流和中性线电流。

2）当负载 $Z_1 = Z_2 = (6 + j8) \,\Omega$，$Z_3 = 20 \,\Omega$ 时，负载的相电流和中性线电流。

解： 1）每相负载的相电压为

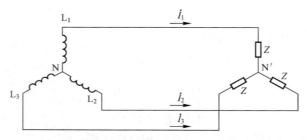

图 5-8　对称负载星形联结的三相三线制电路

$$U_P = \frac{U_L}{\sqrt{3}} = \frac{380}{\sqrt{3}} \text{ V} = 220 \text{ V}$$

因为负载对称，可计算一相电流，其余两相电流按对称关系写出，设 $\dot{U}_1 = 220\angle 0°$，则

$$\dot{I}_1 = \frac{\dot{U}_1}{Z_1} = \frac{220\angle 0°}{6+\text{j}8} \text{ A} = \frac{220\angle 0°}{10\angle 53°} \text{ A} = 22\angle -53° \text{A}$$

$$\dot{I}_2 = \dot{I}_1 \angle -120° = 22\angle -173° \text{ A}$$

$$\dot{I}_3 = \dot{I}_1 \angle 120° = 22\angle 67° \text{ A}$$

中性线电流为

$$\dot{I}_N = \dot{I}_1 + \dot{I}_2 + \dot{I}_3 = (22\angle -53° + 22\angle -173° + 22\angle 67°) \text{ A} = 0$$

2）由于有中性线，负载相电压仍对称，$Z_1 = Z_2 = (6+\text{j}8)\ \Omega$ 不变，则 L_1、L_2 相电流不变，重新计算 L_3 相电流及中性线电流，设 $\dot{U}_1 = 220\angle 0°$，则

$$\dot{I}_3 = \frac{\dot{U}_3}{Z_3} = \frac{220\angle 120°}{20} \text{ A} = 11\angle 120° \text{A}$$

$$\dot{I}_N = \dot{I}_1 + \dot{I}_2 + \dot{I}_3 = (22\angle -53° + 22\angle -173° + 11\angle 120°) \text{ A} = 17.7\angle 217° \text{A}$$

【例 5-2】如图 5-9 所示为某居民楼照明线路，已知电源的线电压为 380 V，照明灯的额定电压为 220 V，由于各相照明灯的功率和用电时间不同，所以三相负载是不对称的。假设这些照明灯的额定功率是相同的。当开关 S 断开时，试讨论：

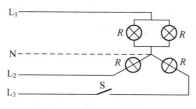

图 5-9　例 5-2 线路图

1）若接有中性线，各相会出现什么情况？

2）若没有中性线，各相又会出现什么情况？

解：当开关 S 断开时，L_3 相电压为零，L_3 相灯不亮。

1）若接有中性线，L_1 和 L_2 两相的相电压等于电源的相电压 220 V，L_1 和 L_2 两相的灯正常亮。

2）若没有中性线，L_1 和 L_2 两相的灯串联接到 380 V 的线电压上。由于 L_2 相电阻大、L_1 相等效电阻小，因此 L_2 相的灯两端电压会比 L_1 相的灯两端电压高些，严重时电压会高出 220 V 很多，L_2 相的灯会被烧毁，之后 L_1 相的灯被熄灭。

从例 5-2 可以看出，当三相负载不对称而又没有中性线时，三相电源不能保证为三相负载提供正常的额定电压。因此，在三相四线制电路中，中性线不允许断开，也不允许安装熔断器等短路或过电流保护装置。

5.2.2　三相负载的三角形联结

三相负载的三角形联结

三相负载各相首尾端依次相连，三个连接点分别与电源的端线相连，称为负载三角形联结的三相电路，如图 5-10 所示。因为各相负载都直接接在电源的线电压上，所以负载的相电压与电源的线电压相等。

无论负载对称与否，其相电压总是对称的，每相负载电流的计算公式为

$$\begin{cases} \dot{I}_{12}=\dfrac{\dot{U}_{12}}{Z_{12}}=I_{12}\angle-\varphi_{12} \\[2mm] \dot{I}_{23}=\dfrac{\dot{U}_{23}}{Z_{23}}=I_{23}\angle(-120°-\varphi_{23}) \\[2mm] \dot{I}_{31}=\dfrac{\dot{U}_{31}}{Z_{31}}=I_{31}\angle(120°-\varphi_{31}) \end{cases} \quad (5-14)$$

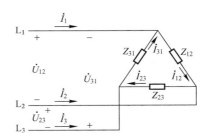

图 5-10　负载三角形联结的三相电路

负载的线电流与相电流的关系为

$$\begin{cases} \dot{I}_1=\dot{I}_{12}-\dot{I}_{31} \\ \dot{I}_2=\dot{I}_{23}-\dot{I}_{12} \\ \dot{I}_3=\dot{I}_{31}-\dot{I}_{23} \end{cases} \quad (5-15)$$

如果负载对称，即 $Z_{12}=Z_{23}=Z_{31}=Z$，则负载的线电流也对称的，负载线电流是对应相电流大小的 $\sqrt{3}$ 倍，线电流相位滞后对应的相电流 $30°$，相量图如图 5-11 所示，即

$$\begin{cases} \dot{I}_1=\sqrt{3}\,\dot{I}_{12}\angle-30° \\ \dot{I}_2=\sqrt{3}\,\dot{I}_{23}\angle-30° \\ \dot{I}_3=\sqrt{3}\,\dot{I}_{31}\angle-30° \end{cases} \quad (5-16)$$

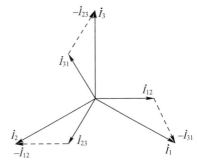

图 5-11　对称负载三角形联结的线电流与相电流关系相量图

【例 5-3】如图 5-10 所示电路，电源线电压为 380 V，对称负载每相阻抗 $Z=(17.32+j10)\,\Omega$，试求负载的相电流和线电流。

解：由于负载对称，先计算一相电流，设线电压 $\dot{U}_{12}=380\angle0°\text{V}$ 为参考相量，则

$$\dot{I}_{12}=\frac{\dot{U}_{12}}{Z}=\frac{380\angle0°}{20\angle30°}\text{A}=19\angle-30°\text{A}$$

$$\dot{I}_1=\sqrt{3}\,\dot{I}_{12}\angle-30°=(\sqrt{3}\times19\angle-30°\times\angle-30°)\,\text{A}=33\angle-60°\text{A}$$

其他电流根据对称关系可得

$$\dot{I}_{23}=\frac{\dot{U}_{23}}{Z}=19\angle-150°\text{A}$$

$$\dot{I}_{31}=\frac{\dot{U}_{31}}{Z}=19\angle90°\text{A}$$

$$\dot{I}_2=\sqrt{3}\,\dot{I}_{23}\angle-30°=33\angle-180°\text{A}$$

$$\dot{I}_3 = \sqrt{3}\,\dot{I}_{31}\angle -30° = 33\angle 60°\text{A}$$

【思考与练习】

5.2.1 为什么电灯开关一定要接在相线上？

5.2.2 三相四线制连接的电路中，如果某相负载发生故障（开路或短路），其他两相能否正常工作，试解释之。

5.2.3 三相不对称负载三角形联结时，若有一相断路，对其他两相的工作情况有影响吗？

5.3 三相电路的功率

三相功率计算

在三相交流电路中，无论采用哪种连接方式、负载对称与否，三相负载总的有功功率应等于各相负载的有功功率之和，即

$$P = P_1 + P_2 + P_3 \tag{5-17}$$

在负载对称三相电路中，每相负载相电压有效值、相电流有效值及相电压与相电流之间的相位差相等，即三相总有功功率为

$$P = 3P_\text{P} = 3U_\text{P}I_\text{P}\cos\varphi \tag{5-18}$$

因为线电压和线电流的数值容易测量，在电气工程中广泛采用的三相设备（如三相变压器、三相异步电动机等），设备铭牌上标注的额定电压和额定电流都是线电压、线电流有效值。式（5-18）也可以用线电压和线电流表示。

对于对称负载星形联结，有

$$U_\text{P} = \frac{1}{\sqrt{3}}U_\text{L},\quad I_\text{P} = I_\text{L}$$

对于对称负载三角形联结，有

$$U_\text{P} = U_\text{L},\quad I_\text{P} = \frac{1}{\sqrt{3}}I_\text{L}$$

代入式（5-18），可得

$$P = \sqrt{3}\,U_\text{L}I_\text{L}\cos\varphi \tag{5-19}$$

注意：式（5-19）中的 φ 仍然是相电压与相电流之间的相位差，即每相负载的阻抗角。

同理，三相无功功率和视在功率计算公式为

$$Q = 3U_\text{P}I_\text{P}\sin\varphi = \sqrt{3}\,U_\text{L}I_\text{L}\sin\varphi \tag{5-20}$$

$$S = 3U_\text{P}I_\text{P} = \sqrt{3}\,U_\text{L}I_\text{L} \tag{5-21}$$

有功、无功及视在功率三者的关系为

$$S = \sqrt{P^2 + Q^2}$$

$$\cos\varphi = \frac{P}{S}$$

$$\sin\varphi = \frac{Q}{S}$$

【例 5-4】 有一对称星形联结的感性负载接在线电压为 380 V 的三相工频电源上，测得电路中消耗的有功功率为 11 kW，线电流为 20 A，求负载的参数。

解：由于负载为星形联结，负载的相电流等于线电流，即

$$I_L = I_P = 20\ A$$

相电压为

$$U_P = \frac{U_L}{\sqrt{3}} = \frac{380}{\sqrt{3}}\ V = 220\ V$$

每相负载的阻抗模为

$$|Z_P| = \frac{U_P}{I_P} = \frac{220}{20}\ \Omega = 11\ \Omega$$

由对称负载的三相功率计算公式可得

$$\cos\varphi = \frac{P}{\sqrt{3}\,U_L I_L} = \frac{11 \times 10^3}{\sqrt{3} \times 380 \times 20} = 0.84$$

由阻抗三角形，求得电阻和感抗为

$$R = |Z_P|\cos\varphi = (11 \times 0.84)\ \Omega = 9.24\ \Omega$$
$$X_L = |Z_P|\sin\varphi = (11 \times 0.54)\ \Omega = 5.94\ \Omega$$
$$L = X_L/2\pi f = [5.94/(2\pi \times 50)]\ H = 0.019\ H$$

即感性负载参数为 $R = 9.24\ \Omega$，$L = 0.019\ H$。

【例 5-5】 有一台三相电阻炉，功率因数等于 1，星形联结，另有一台三相交流电动机，功率因数等于 0.8，三角形联结。共同由线电压为 380 V 的三相电源供电，它们消耗的有功功率分别为 75 kW 和 36 kW。求电源的线电流。

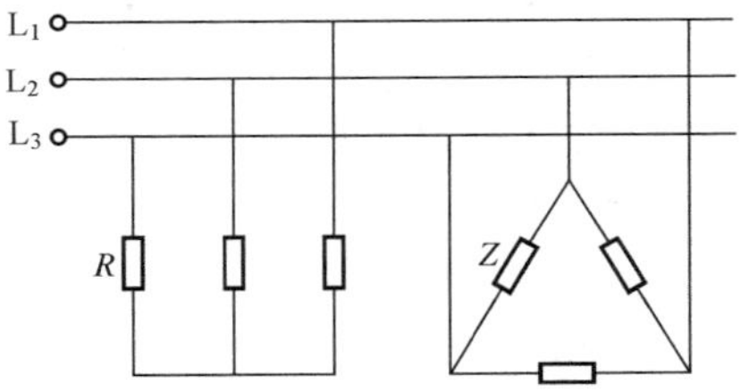

解：按题意画出电路如图 5-12 所示。电阻炉的功率因数 $\cos\varphi_1 = 1$，$\varphi_1 = 0°$，故无功功率 $Q_1 = 0$。电动机的功率因数 $\cos\varphi_2 = 0.8$，$\varphi_2 = 36.9°$，故无功功率为

$$Q_2 = P_2\tan\varphi_2 = 36 \times \tan 36.9°\ kvar = 27\ kvar$$

电源输出的总有功功率、无功功率和视在功率为

$$P = P_1 + P_2 = (75 + 36)\ kW = 111\ kW$$
$$Q = Q_1 + Q_2 = (0 + 27)\ kvar = 27\ kvar$$
$$S = \sqrt{P^2 + Q^2} = \sqrt{111^2 + 27^2}\ kV\cdot A = 114\ kV\cdot A$$

图 5-12 例 5-5 电路

由此求得电源的线电流为

$$I_L = \frac{S}{\sqrt{3}\,U_L} = \frac{114 \times 10^3}{1.73 \times 380}\ A = 173\ A$$

【思考与练习】

5.3.1 一般情况下，$S = S_1 + S_2 + S_3$ 是否成立？

5.3.2 同一三相负载，采用三角形联结和星形联结接于线电压相同的三相电源上，试求这两种情况下负载的相电流、线电流和有功功率的比值。

*5.4 供配电与安全用电

5.4.1 发电和输电概述

发电厂按照所利用的能源种类可分为火力发电厂、水力发电厂、核能发电厂、风力发电

厂等。各种发电厂中的发电机几乎都是三相同步发电机，国产三相同步发电机的电压等级有400 V、230 V和3.15 kV、6.3 kV、10.5 kV、13.8 kV、15.75 kV、18 kV及20 kV等多种。至于为什么能产生三相对称电压，已在4.1节讨论过。各个发电厂中往往安装着多台同步发电机并联运行，这是因为发电厂的负载在每年以及在每一昼夜中的不同时刻都在变动，如果只安装一台大容量的发电机，那么这台发电机多半时间都在轻载运行，不甚经济，何况现代大型发电厂的容量很大，制造这样大的发电机在技术上也有困难。

为了充分合理地利用动力资源，降低发电成本，大中型发电厂大多建在产煤地区或水利资源丰富的地区附近，距离用电地区往往很远，因而必须进行长距离的输电。输电方式有交流输电和直流输电两种。

交流输电是目前应用最普遍的输电方式，一般采用三相三线制。由于在一定的功率因数下输送相同的功率，输电电压越高，输电电流就越小，一方面可以减少输电线上的功率损耗，另一方面可以选用截面积较小的输电导线，节省导电材料，因此，远距离输电需要用高压来进行。输电距离越远，输送功率越大，要求的输电电压就越高。如输电电压为110 kV时，可以将5万kW的功率输送到50~150 km的地方；输电电压为220 kV时，输电容量可增至20万~30万kW，输电距离可增至200~400 km；若输电电压为500 kV的超高压，输电容量可高达100万kW，输电距离也可增加至500 km以上。目前我国最高的输电电压为1000 kV。

直流输电是在送电端用变压器将交流电压变换成适当的电压值后，用整流器将交流变换成直流，再经直流输电线送至受电端，然后用逆变器将直流变换成交流。由于直流输电只需两根输电线，可减少建设费用；直流没有无功功率，在相同的功率下，输电电流小，又不会产生电抗电压降，因此输电线路的功率损耗小，电压降小，适用于大功率、长距离的输电。

由于目前发电机的额定电压一般为10 kV左右，这就需要利用安装在变电所中的变压器将电压升高到输电所需要的数值，再进行远距离输电。当电能输送到用电地区后，由于目前工、农业生产和民用建筑的动力用电，高压为10 kV和6 kV，低压为380 V和220 V，这又需要通过变电所再将输送来的高电压降低，然后分配到各个用电地区，再视不同的要求，使用各种变压器来获得不同的电压。变电所中安装了升压或降压用的变压器、控制开关、保护装置和测量仪表等，可以对电压进行变压、调压、控制和监测。

各种不同电压的输电线和变电所所组成的电力系统的一部分称为电力网。我国国家标准规定的电力网的额定电压有35 kV、110 kV、220 kV、330 kV、500 kV、750 kV、1000 kV等。

由于目前市区的输电电压一般为10 kV左右，因此，一般的厂矿企业和民用建筑都必须设置降压变电所，经配电变压器将电压降为380 V/220 V，再引出若干条供电线到各个用电点的配电箱上，再由配电箱将电能分配给各用电设备。这种低压供电系统的接线方式主要有放射式和树干式。

放射式配电线路如图5-13所示。它的特点是从配电变压器低压侧引出若干条支线，分别向各用电点直接供电。这种供电方式不会因其中某一支线发生故障而影响其他支线的供电，供电的可靠性高，而且也便于操作和维护。但配电导线用量大，投资费用高。在用电点比较分散、每个用电点的用电量较大、变电所又居于各用电点的中央时，采用放射式配电方式比较有利。

树干式配电线路如图5-14所示。它的特点是从配电变压器低压侧引出若干条干线，沿干线再引出若干条支线供电给用电点。这种供电方式一旦某一干线出现故障或需要检修时，停电的面积大，供电的可靠性差。但配电导线的用量小，投资费用低，接线灵活，在用电点比较集中、各用电点居于变电所同一侧时，采用树干式配电方式比较合适。

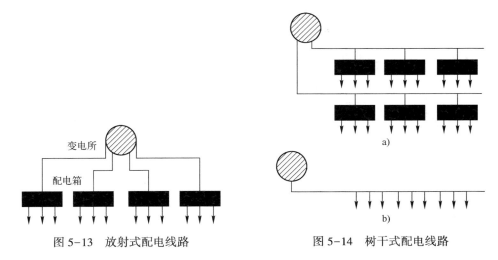

图 5-13　放射式配电线路　　　　　　图 5-14　树干式配电线路

5.4.2　安全用电

安全用电是劳动保护教育和安全技术的主要组成部分之一。

1. 电流对人体的危害

由于人体不慎触及带电体，将产生触电事故，使人体受到各种不同的伤害。根据伤害性质可分为电击和电伤两种。

电击是指电流通过人体，使内部器官组织受到损伤。如果受害者不能迅速摆脱带电体，则会造成死亡事故。

电伤是指在电弧作用下或熔丝熔断时，对人体外部造成的伤害，如烧伤、金属溅伤等。

根据对大量触电事故资料的分析和实验，证实电击所引起的伤害程度与以下各种因素有关：

1）人体电阻的大小。人体的电阻越大，通入的电流越小，伤害程度也就越轻。根据研究结果，当皮肤有完好的角质外层并且很干燥时，人体电阻为 $10^4 \sim 10^5\ \Omega$；当角质外层破坏时，则人体电阻降到 $800 \sim 1000\ \Omega$。

2）电流通过时间的长短。电流通过人体的时间越长，则伤害越严重。

3）电流的大小。如果通过人体的电流在直流 0.05 A（或交流 0.01 A）以上时，就有生命危险。一般来说，接触 36 V 以下的电压时，通过人体的电流不致超过 0.05 A，故把 36 V 的电压作为安全电压。如果在潮湿的场所，安全电压还要规定得低一些，通常是 24 V 和 12 V。

4）电流的频率。直流和频率为 $40 \sim 60\ \text{kHz}$ 的交流对人体的伤害最大，而 20 kHz 以上的交流对人体无危害，高频电流还可以治疗某种疾病。

此外，电击后的伤害程度还与电流通过人体的路径以及与带电体接触的面积和压力等有关。

2. 触电方式

（1）接触正常带电体

发生电源中性点接地系统的单相触电时，人体处于相电压下，危险性较大，如果人体与地面的绝缘较好，危险性可以大大减小，如图 5-15 所示。

　　发生电源中性点不接地系统的单相触电时，也有危险。初看起来，似乎电源中性点不接地时，不能构成电流通过人体的回路，其实不然，要考虑到导线与地面间的绝缘可能不良（对地绝缘电阻为 R'），甚至有一相接地，在这种情况下人体中就有电流通过。在交流的情况下，导线与地面间存在的电容也可构成电流的通路，如图 5-16 所示。

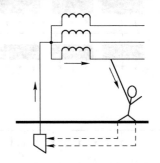

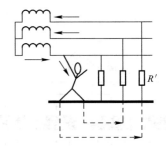

图 5-15　电源中性点接地系统的单相触电　　　　图 5-16　电源中性点不接地系统的单相触电

　　两相触电最为危险，因为人体处于线电压之下，但这种情况不常见。

　　（2）接触正常不带电的金属体

　　触电的另一种情形是接触正常不带电的部分。如电机的外壳本来是不带电的，由于绕组绝缘损坏而与外壳相接触，使它也带电。人手触及带电的电机（或其他电气设备）外壳，相当于单相触电。大多数触电事故属于这一种。为了防止这种触电事故，对电气设备常采用保护接地和保护接零（接中性线）的保护装置。

　　3. 接地和接零

　　为了人身安全和电力系统工作的需要，要求电气设备采取接地措施。按接地目的的不同，主要可分为工作接地、保护接地和保护接零三种。

　　（1）工作接地

　　电力系统由于运行和安全的需要，常将中性点接地，如图 5-17 所示，图中的接地体是埋入地中并直接与大地接触的金属导体，这种接地方式称为工作接地。工作接地有以下目的：

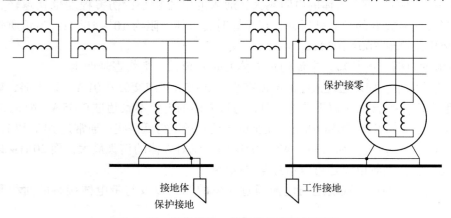

图 5-17　工作接地、保护接地和保护接零

　　1）降低触电电压。在中性点不接地系统中，当一相接地而人体触及另外两相之一时，触电电压将为相电压的 $\sqrt{3}$ 倍，即为线电压。而在中性点接地系统中，在上述情况下，触电电压降低到等于或接近相电压。

2）迅速切断故障设备。在中性点不接地系统中，当一相接地时，接地电流很小（因为导线和地面间存在电容和绝缘电阻，也可构成电流的通路），不足以使保护装置动作而切断电源，接地故障不易被发现，将长时间持续下去，对人体不安全。而在中性点接地系统中，一相接地后的接地电流较大（接近单相短路），保护装置迅速动作，断开故障点。

3）降低电气设备对地的绝缘水平。在中性点不接地系统中，一相接地时将使另外两相的对地电压升高到线电压。而在中性点接地系统中，一相接地时另外两相的对地电压则接近于相电压，故可降低电气设备和输电线的绝缘水平，节省投资。

但是，中性点不接地也有好处。首先，一相接地往往是瞬时的，能自动消除，在中性点不接地系统中，就不会跳闸而发生停电事故；其次，一相接地故障可以允许短时存在，以便故障查找和修复。

（2）保护接地

保护接地就是将电气设备的金属外壳（正常情况下是不带电的）接地，宜用于中性点不接地的低压系统中。

如图 5-18 所示为电动机的保护接地，分以下两种情况分析：

1）当电动机某一相绕组的绝缘损坏使外壳带电而外壳未接地时，人体触及外壳，相当于单相触电。这时接地电流 I_e（经过故障点流入地中的电流）的大小决定于人体电阻 R_b 和绝缘电阻 R'，当系统的绝缘性能下降时，就有触电危险。

2）当电动机某一相绕组的绝缘损坏时，外壳带电，在外壳接地的情况下，人体触及外壳时，由于人体的电阻 R_b 与接地电阻 R_o 并联，而通常 $R_b \gg R_o$，所以通过人体的电流很小，不会有危险。这就是保护接地保证人身安全的作用。

（3）保护接零

保护接零就是将电气设备的金属外壳接到零线（或称中性线）上，宜用于中性点接地的低压系统中。

如图 5-19 所示为电动机的保护接零。当电动机某一相绕组的绝缘损坏而与外壳相接时，就形成单相短路，迅速将这一相中的熔丝熔断，因而外壳便不带电。即使在熔丝熔断前人体触及外壳时，也由于人体电阻远大于线路电阻，通常人体的电流也是极为微小的。

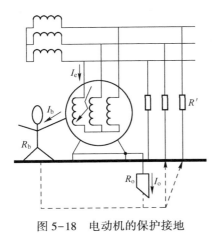

图 5-18　电动机的保护接地　　　　　图 5-19　电动机的保护接零

这种保护接零方式称为 TN-C 系统。

为什么在中性点接地的系统中不采用保护接地呢？因为采用保护接地时，当电气设备的绝缘损坏时，接地电流为

$$I_e = \frac{U_P}{R_o + R'_o}$$

式中，U_P 为系统的相电压；R_o 和 R'_o 分别为保护接地和工作接地的接地电阻。如果系统电压为 380 V/220 V，$R_o = R'_o = 4\,\Omega$，则接地电流为

$$I_e = \frac{220}{4+4}\text{A} = 27.5\text{ A}$$

为了保证保护装置能可靠地动作，接地电流不应小于继电保护装置动作电流的 1.5 倍或熔丝熔断电流的 3 倍。因此 27.5 A 的接地电流只能保证断开动作电流不超过 $\frac{27.5}{1.5}$ A = 18.3 A 的继电保护装置或额定电流不超过 $\frac{27.5}{3}$ A = 9.2 A 的熔丝。如果电气设备容量较大，就得不到保护，接地电流长期存在，外壳也将长期带电，其对地电压为

$$U_e = \frac{U_P}{R_o + R'_o}R_o$$

如果 $U_P = 220$ V，$R_o = R'_o = 4\,\Omega$，则 $U_e = 110$ V。此电压值对人体是不安全的。

（4）保护接零与重复接地

在中性点接地系统中，除采用保护接零外，还要采用重复接地，就是将零线相隔一定距离多处进行接地，如图 5-20 所示。当零线在"×"处断开而电动机一相碰壳时：

1）如无重复接地，人体触及外壳，相当于单相触电，是有危险的（见图 5-15）。

2）如有重复接地，由于多处重复接地的接地电阻并联，使外壳对地电压大大降低，减小了危险程度。

为了确保安全，零线必须连接牢固，开关和熔断器不容许装在零线上。但引入住宅和办公场所的一根相线和一根零线上一般都装有双极开关，并都装有熔断器以增加短路即熔断的机会。

（5）工作零线与保护接零

在三相四线制系统中，由于负载往往不对称，零

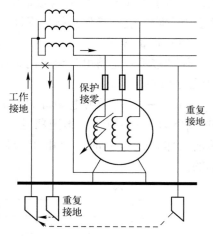

图 5-20 工作接地、保护接零和重复接地

线中有电流，因而零线对地电压不为零，距电源越远，电压越高，但一般在安全值以下，无危险性。为了确保设备外壳对地电压为零，专设保护零线 PE，如图 5-21 所示，工作零线在进建筑物入口处要接地，进户后再另设一保护零线，这样就成为三相五线制。所有的接零设备都要通过三孔插座（L、N、E）接到保护零线上。在正常工作时，工作零线中有电流，保护零线中不应有电流。

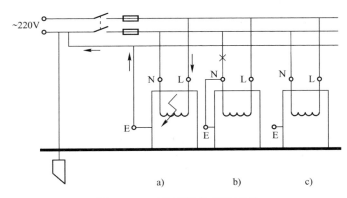

图 5-21　工作零线和保护接零
a）接零正确　b）接零不正确　b）忽视接零

如图 5-21a 所示为正确连接。当绝缘损坏、外壳带电时，短路电流经过保护零线，将熔断器熔断，切断电源，消除触电事故。如图 5-21b 所示的连接是不正确的，因为如果在"×"处断开，绝缘损坏后外壳便带电，将会发生触电事故。有的用户在使用日常电器（如手电钻、电冰箱、洗衣机、台式电扇等）时，忽视外壳的接零保护，插上单相电源就用，如图 5-21c 所示，这是十分不安全的。一旦绝缘损坏，外壳也将带电。

图 5-21 中，从靠近用户处的某点开始，工作零线 N 和保护零线 PE 分为两条，而在前面从电源中性点处开始两者是合一的。也可以在电源中性点处，两者就已分为两条而共同接地，此后不再有任何电气连接，这种保护接零方式称为 TN-S 系统。图 5-21 中的保护接零方式则称为 TN-C-S 系统。

5.4.3　节约用电

随着我国社会主义建设事业的发展，各方面的用电需求日益增长。为了满足这种需求，除了增加发电量外，还必须注意节约用电，使每一度电都能发挥它的最大效用，从而降低生产成本，节省对发电设备和用电设备的投资。

节约用电的具体措施主要有以下几项。

（1）发挥用电设备的效能

如前所述，电动机和变压器通常在接近额定负载时运行效率最高，轻载时效率最低。为此，必须正确选用它们的功率。

（2）提高线路和用电设备的功率因数

提高功率因数的目的在于发挥发电设备的潜力和减少输电线路的损失。工矿企业的功率因数一般要求达到 0.9 以上。

（3）降低线路损失

要减低线路损失，除提高功率因数外，还必须合理选择导线截面、适当缩短大电流负载（如电焊机）的连接、保持连接点的紧接、安排三相负载接近对称等。

（4）技术革新

如电车上采用晶闸管调速比电阻调速可节电 20% 左右；电阻炉上采用硅酸铝纤维代替耐火砖作为保温材料，可节电 30% 左右；采用精密铸造后，可使铸件的耗电量大大减小；采用节能灯，逐渐淘汰耗电大、寿命短的白炽灯。

（5）加强用电管理

特别是注意照明用电的节约。

本章小结

1. 三相电源

三相电源是频率相同、幅值相等、相位彼此相差 120° 的正弦交流电源。

三相电源的连接方式有星形联结和三角形联结两种。

星形联结的三相电源，其相电压和线电压均对称，且线电压等于对应相电压的 $\sqrt{3}$ 倍，线电压相位超前相电压 30°。

三角形联结的三相电源，其相电压等于线电压。

2. 负载

负载分为单相负载和三相负载，其中三相负载分为三相对称负载和三相不对称负载。

负载的联结方式有星形联结和三角形联结两种。

负载为星形联结的三相电路，无论负载是否对称，只要有中性线，负载的相电压等于电源的相电压，负载的相电流等于电路线电流。中性线电流等于各线电流的相量之和，若负载对称，则中性线电流为零，中性线可以去掉；若负载不对称，则中性线不可去掉，它的作用是使不对称负载的相电压对称。中性线上不允许接开关和熔断器。

负载为三角形联结的三相电路，负载相电压等于电源线电压。若负载对称，则线电流等于相电流的 $\sqrt{3}$ 倍，线电流相位滞后相电流 30°。

3. 三相功率

三相电路功率等于各相功率之和。当负载对称时，三相有功功率 $P = 3U_P I_P \cos\varphi = \sqrt{3} U_L I_L \cos\varphi$；三相无功功率 $Q = 3U_P I_P \sin\varphi = \sqrt{3} U_L I_L \sin\varphi$，三相视在功率 $S = 3U_P I_P = \sqrt{3} U_L I_L = \sqrt{P^2 + Q^2}$。其中，$\varphi$ 为相电压与相电流之间的相位差。

4. 供配电与安全用电

输电方式有交流输电和直流输电两种。低压供电系统的接线方式主要有放射式和树干式两种。触电方式通常有接触正常带电体、接触正常不带电的金属体。电气设备采取的接地形式主要可分为工作接地、保护接地和保护接零三种。

自测题

一、填空题

1. 三相对称电压就是三个频率（   ）、幅值（   ）、相位互差（   ）的三相交流电压。

2. 三相电源相线与中性线之间的电压称为（   ）；相线与相线之间的电压称为（   ）。

3. 三相负载的连接方式有（   ）和（   ）两种。

4. 我国在三相四线制（低压供电系统）的照明电路中，相电压是（   ）V，线电压是（   ）V。

5. 当三相对称负载的额定电压等于三相电源的线电压时，则应将负载接成（   ）；当三相对称负载的额定电压等于三相电源的相电压时，则应将负载接成（   ）。

6. 对称三相负载做星形联结，接在 380 V 的三相四线制电源上。此时负载端的相电压等于（　　　　）倍的线电压；相电流（　　　　）线电流；中性线电流等于（　　　　）A。

7. 有中性线的三相供电方式称为（　　　　）；无中性线的三相供电方式称为（　　　　）。

8. 在三相负载做星形联结时，三相负载越接近对称，中性线电流就越接近于（　　　　）A。

9. 在三相四线制供电线路中，中性线上不允许接（　　　　）和（　　　　）。

10. 三相对称负载三角形联结的电路中，线电压与相电压（　　　　）。

11. 在对称三相交流电路中，已知电源线电压有效值为 380 V，若负载做星形联结，负载相电压为（　　　　）V；若负载做三角形联结，负载相电压为（　　　　）V。

二、判断题

1. 三相对称电压在任一瞬时的代数和为零。（　　　）

2. 三相交流发电机绕组星形联结，一定要引出中性线。（　　　）

3. 三相四线制供电系统的一相负载断开，其他相的相电压不变。（　　　）

4. 负载星形联结的三相交流电路，线电流与相电流大小相等。（　　　）

5. 负载为星形联结的三相四线制电路中，负载的相电压对称，负载的相电流也一定对称。（　　　）

6. 在三相交流电路中，不对称三相负载做星形联结时，中性线能保证负载的相电压对称。（　　　）

7. 三相对称电路中，负载星形联结时，$I_L = \sqrt{3}I_P$。（　　　）

8. 阻抗对称是指阻抗幅值相等、辐角相差 120°。（　　　）

9. 中性线不允许断开，因此不能安装熔断器和开关。（　　　）

10. 三相不对称负载星形联结，各相负载均为电阻性，测得 $I_A = 2$ A，$I_B = 4$ A，$I_C = 4$ A，则中性线上的电流为 2 A。（　　　）

11. 三相不对称负载越接近对称，中性线上通过的电流就越大。（　　　）

12. 三相电源的相序是指每相电动势依次出现最大值的顺序。（　　　）

13. 三相正弦交流电路中，只要负载对称，无论做何连接，其有功功率均为 $P = \sqrt{3}U_LI_L\cos\varphi$。（　　　）

14. 三相负载总的视在功率等于各相视在功率之和。（　　　）

15. 为防止触电事故发生，通常电气设备的外壳采取保护接地或保护接零（接中性线）的措施。（　　　）

16. 电流的频率越高，对人体的伤害越大。（　　　）

17. 当通过人体的工频电流超过 50 mA 时，就有可能造成生命危险。（　　　）

三、选择题

1. 三相对称电路是指（　　　）。

A. 电源对称电路　　　　B. 三相负载对称电路　　　　C. A 和 B

2. 在三相交流电路中，负载对称的条件是（　　　）。

A. $|Z_A| = |Z_B| = |Z_C|$　　　B. $\varphi_A = \varphi_B = \varphi_C$　　　C. $Z_A = Z_B = Z_C$

3. 在三相四线制供电系统中，相电压为线电压的（　　　）。

A. $\sqrt{3}$ 倍　　　B. $\sqrt{2}$ 倍　　　C. $1/\sqrt{3}$ 倍　　　D. $1/\sqrt{2}$ 倍

4. 如图 5-22 所示电路，已知 $R_1 = R_2 = R_3$，$I_1 = 4$ A，$I_2 = 4$ A，$I_3 = 4$ A，则中性线电流 I_N 为（　　　）。

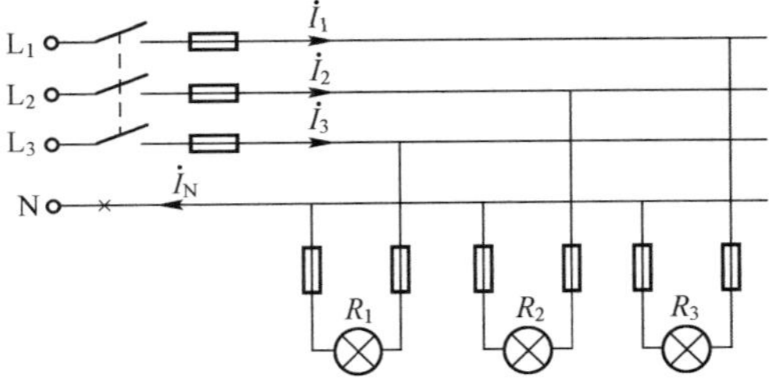

图 5-22　选择题 4 电路

A. 10 A   B. 2 A   C. 6 A   D. 0 A

5. 图 5-22 中，各相负载电阻不等，若中性线在"×"处断开，后果是（   ）。

A. 各相电灯中电流均为零   B. 各相电灯中电流不变

C. 各相电灯上电压将重新分配，高于或低于额定值，因此有的不能正常发光，有的可能被烧坏

6. 当三相交流发电机的三个绕组星形联结时，若线电压 $u_{23}=380\sqrt{2}\sin\omega t$ V，则相电压 $\dot{U}_1=$（   ）。

A. $220\angle-90°$ B. $220\angle90°$ C. $220\angle30°$ D. $220\angle-30°$

7. 在电源对称的三相四线制电路中，不对称的三相负载做星形联结，负载各相相电流（   ）。

A. 不对称   B. 对称   C. 不一定对称

8. 三相电路，若负载对称，则每一相的有功功率（   ）。

A. 相等   B. 不相等   C. 不确定

9. 三角形联结的三相对称负载接于三相对称电源，线电流与其对应的相电流的相位关系是（   ）。

A. 线电流超前相电流30°   B. 线电流滞后相电流30°   C. 两者同相

10. 三相对称电阻炉，各相负载的额定电压均为 220 V，电源线电压为 380 V，电阻炉应接成（   ）联结。

A. Y   B. △   C. 两者都行

11. 对称三相电路的无功功率 $Q=\sqrt{3}U_LI_L\sin\varphi$，式中 φ 为（   ）。

A. 线电压与线电流的相位差   B. 相电压与相电流的相位差

C. 阻抗角与30°之和

12. 三个 $R=10\Omega$ 的电阻做三角形联结，已知线电流 $I_l=22$ A，则该三相负载的有功功率 $P=$（   ）。

A. 4.84 kW   B. 14.5 kW   C. 8.38 kW

13. 一对称三相负载接入三相交流电源后，若负载的额定电压等于电源线电压，则此三个负载是（   ）联结。

A. Y   B. Y₀   C. △

14. 电容负载做三角形联结的三相对称电路中，各相 $X_C=38\Omega$，电源线电压为 380 V，则三相负载的无功功率为（   ）。

A. 11.4 kvar   B. 3.8 kvar   C. 6.58 kvar

15. 三角形联结的三相对称负载，接于三相对称电源上，线电流与相电流之比为（   ）。

A. $\sqrt{3}$ B. $\sqrt{2}$ C. 1   D. 0.1

16. 三角形联结的纯电容对称负载接于三相对称电源上，已知各相容抗 $X_C=6\Omega$，各线电流均为 10 A，则此三相电路的视在功率为（   ）。

A. 200 V·A   B. 600 V·A   C. 1039 V·A   D. 1800 V·A

17. 三相负载电路三角形和星形联结时，三相总功率 $P=\sqrt{3}U_LI_L\cos\varphi$，（   ）。

A. 只适用于对称三相负载   B. 只适用于无中性线的三相负载

C. 只适用于有中性线的三相负载   D. 所有三相负载都适用

18. 根据环境不同，我国规定相应的安全电压等级，其中包括（   ）。

A. 40 V   B. 36 V   C. 50 V   D. 45 V

19. 将电气设备的金属外壳接到电力系统的零（中性）线上，这种保护方式称为（   ）。

A. 工作接地   B. 保护接零   C. 保护接地   D. 不确定

习题

5.1 某楼电灯发生故障，第二层和第三层楼的所有电灯突然都暗淡下来，而第一层楼的电灯亮度未变，试问这是什么原因？这栋楼的电灯是如何连接的？同时又发现第三层楼的电灯比第二层楼的还要暗

些，这又是什么原因？画出电路图。

5.2 如图 5-23 所示的三相四线制电路中，电源相电压 $U_P = 220$ V。三个电阻性负载额定电压为 220 V 并接成星形联结，其电阻为 $R_1 = R_2 = 10\ \Omega$，$R_3 = 22\ \Omega$。

1）试求负载相电压、相电流及中性线电流，并画出它们的相量图。

2）若中性线断开，求负载相电压，负载能否正常工作？

3）若有中性线，求 L_2 相短路时各相电压和电流，负载能否正常工作？

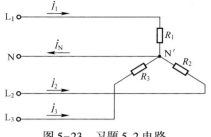

图 5-23 习题 5.2 电路

5.3 星形联结的三相对称负载接在三相四线制对称三相电源上，已知各相负载的阻抗 $Z = (8+j6)\ \Omega$，电源的线电压 $U_L = 380$ V，求各相负载电流、中性线电流及三相有功功率。

5.4 三相对称负载，各相负载阻抗 $Z = (10\sqrt{3}+j10)\ \Omega$，以三角形联结方式接于线电压为 380 V 的对称三相电源上。求负载的相电流、线电流及三相有功功率。

5.5 如图 5-24 所示电路，三相四线制电源线电压 $U_1 = 380$ V，接有对称星形联结的纯电阻负载，其总功率为 165 W。此外，在 L_2 相上接有额定电压为 220 V、功率为 44 W、功率因数 $\cos\varphi = 0.5$ 的感性负载，试求电流 I_1、I_2、I_3 及 I_N。

5.6 今有三个额定电压为 220 V、阻抗模为 $10\ \Omega$、$\cos\varphi = 0.8$ 的感性负载，组成对称三相负载；另有一个额定电压为 380 V、阻抗模为 $19\ \Omega$、$\cos\varphi = 1$ 的单相负载，其一端接在 A 相上，另一端自选。试将它们接在线电压 380 V 的三相对称电源上。

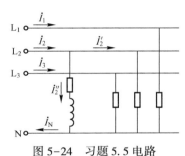

图 5-24 习题 5.5 电路

1）画出接线图。

2）求总线电流。

3）计算三相电源供给的总功率 P。

5.7 如图 5-25 所示电路，三相负载接于三相对称电源上，电源的线电压 $U_1 = 380$ V。

1）如果各相负载的阻抗模都等于 $22\ \Omega$，是否可以说负载是对称的？

2）试求各相电流和三相平均功率。

5.8 工厂有三个车间，每一车间装有 10 盏 220 V、100 W 的白炽灯，用线电压为 380 V 的三相四线制供电。

1）画出合理的配电接线图。

2）若各车间的灯同时点亮，求电路的线电流和中性线电流。

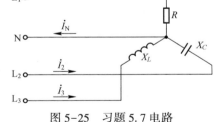

图 5-25 习题 5.7 电路

3）若只有两个车间用灯，再求电路的线电流和中性线电流。

5.9 一台额定相电压为 380 V、额定功率为 4 kW、额定功率因数为 0.84、效率为 0.89 的三相感应电动机，由线电压 $U_L = 380$ V 的三相四线制电源供电，在 L_3 相和中性线之间接有一个 220 V、6 kW 的单相电阻炉。

1）电动机的接法是星形联结还是三角形联结？

2）画出接线电路图。

3）计算 L_3 相线电流。

5.10 某住宅楼有 60 户居民，设计每户最大用电功率为 2.4 kW，功率因数为 0.8，额定电压为 220 V，采用三相电源供电，线电压 $U_L = 380\,\text{V}$。

1）试将用户均匀分配组成对称三相负载，画出供电线路。

2）计算线路总电流，每相负载阻抗、电阻及感抗。

3）计算三相变压器的总容量（视在功率）。

5.11　如图 5-26 所示电路，线电压为 380 V 的三相电源上接入两组对称负载，其中一组为星形联结的感性负载，阻抗 $Z = (5+\text{j}5)\,\Omega$，另一组为三角形联结的电阻性负载，功率 $P_\triangle = 10\,\text{kW}$。试求：

1）电流 $\dot{I}_1$。

2）有功功率、无功功率及视在功率。

5.12　一台频率为 50 Hz 的三相对称电源，向星形联结的对称感性负载提供 $30\,\text{kV}\cdot\text{A}$ 的视在功率和 15 kW 的有功功率，已知负载线电流为 45.6 A，求感性负载的参数 R、L。

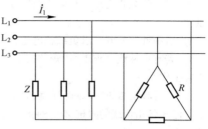

图 5-26　习题 5.11 电路

第 5 章答案

第 6 章　磁路与变压器

【内容提要】 本章介绍磁场的基本物理量，讨论铁心线圈工作时电流与磁场的关系，最后介绍电磁铁和变压器的工作原理及应用。

【本章目标】 了解磁性材料的磁性能以及磁路中几个基本物理量的意义和单位；了解分析磁路的基本定律；理解铁心线圈电路中的电磁关系、电压电流关系以及功率与储能问题，特别要掌握 $U \approx 4.44fN\Phi_m$ 这一关系式；了解变压器的基本构造、工作原理、铭牌数据、外特性和绕组的同极性，掌握其电压、电流、阻抗的变换功能；了解电磁铁的吸力以及交流电磁铁与直流电磁铁的异同。

6.1　磁路及其分析方法

在电工设备中，常用铁磁材料制成一定形状的铁心。因为铁心的磁导率要比周围非磁性材料的磁导率大得多，所以励磁线圈中电流产生的磁通绝大部分经铁心闭合。而磁通的闭合路径，称为磁路。如图 6-1 所示为直流铁心线圈的磁路。磁通经过铁心（磁通的主要部分）和空气隙（有的磁路中没有空气隙）而闭合。

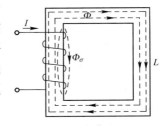

图 6-1　直流铁心线圈的磁路

6.1.1　磁场的基本物理量

磁场特性可以用以下几个物理量来表示。

1. 磁感应强度

表示磁场内某点的磁场强弱和方向的物理量称为磁感应强度(B)，磁感应强度是矢量，它与电流之间的方向关系可用右手螺旋定则确定。磁感应强度的单位是特［斯拉］（T）。

磁场的基本物理量

如果磁场内各点的磁感应强度的大小相等、方向相同，这样的磁场则称为均匀磁场。

2. 磁通

设在磁感应强度为 B 的均匀磁场中，有一个面积为 S 且与磁场方向垂直的平面，磁感应强度 B 与面积 S 的乘积，称为穿过这个平面的磁通量，简称磁通，符号为 Φ。由定义可知 $\Phi=BS$，该式只适用于均匀磁场。由 $\Phi=BS$ 可得

$$B=\frac{\Phi}{S}$$

由上式可知，磁感应强度在数值上等于和磁场方向相垂直的单位面积上通过的磁通，所以磁感应强度又称磁通密度（简称磁密）。

在国际单位制中，磁通量的单位是韦［伯］，是以德国物理学家威廉·韦伯的名字命名的，符号为 Wb，$1\ \text{Wb}=1\ \text{T} \cdot \text{m}^2=1\ \text{V} \cdot \text{s}$，是标量。

3. 磁场强度

磁场强度(H) 是用来确定磁场和电流之间关系的量，如果磁路的结构及横截面均匀，则每米长度的磁通势（磁路中的一个物理量，相当于电路中的电动势）称为磁场强度。磁场强度的单位为安培每米（A/m）。

4. 磁导率

磁导率(μ)是磁学中代表磁材料导通磁通的能力。在给定磁感应强度的情况下，磁导率的大小是磁材料能够被磁化到这个磁感应强度难易程度的量度。它的定义是磁感应强度 B 对磁场强度 H 的比值，即

$$\mu = \frac{B}{H}$$

磁导率 μ 的单位是亨［利］每米（H/m）。通常使用的是磁材料的相对磁导率 μ_r，其定义为磁导率 μ 与真空磁导率 μ_0 之比，即

$$\mu_r = \frac{\mu}{\mu_0}$$

在真空中由实验测得 $\mu_0 = 4\pi \times 10^{-7}$，相对磁导率是一个无量纲的物理量。

6.1.2　磁性材料的磁性能

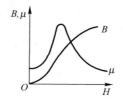

磁性材料的磁性能

常用电气设备和电磁元件的导磁系统都是由磁性材料制成的。磁性材料的磁性能直接关系到电气设备和电磁元件的工作质量，采用优良的磁性材料可使装置的尺寸减小、重量减轻、性能改善。

1. 高导磁性

物质从不表现磁性变为具有一定磁性的过程称为磁化。自然界的所有物质按磁导率 μ 的大小，或者说按磁化的特性，大体上可分为磁性材料和非磁性材料两大类。

非磁性材料（如金、银、铜、空气、木材等）分子电流的磁场方向杂乱无章，几乎不受外磁场的影响而互相抵消，不具有磁化特性。非磁性材料的磁导率 μ 近似等于 μ_0，为常数，磁感应强度 B 和磁场强度 H 之间呈直线关系，即 $B = \mu_0 H$。

磁性材料（如铁、镍、钴及其合金材料等）的磁导率很高，$\mu_r \gg 1$，可达数百、数千乃至数万。这就使它们具有被强烈磁化的特性。

2. 磁饱和性

磁饱和是磁性材料的一种物理特性，指的是导磁材料由于材料本身和物理结构的限制，所通过的磁通量无法无限增大，从而保持在一定数量的状态。将磁性材料放入由励磁线圈产生的磁场内，磁性材料会受到剧烈的磁化。由 $B = \mu H$ 可知，开始时随着磁场强度 H 的增大，磁感应强度 B 也跟着近似成比例增大，当 H 增大到一定值后，再增大 H，B 逐渐稳定在一定的值不再增加，这种现象称为磁饱和。$B-H$ 曲线（磁化曲线）如图6-2所示。由磁导率 $\mu = B/H$ 可知，当磁感应强度 B 与磁场强度 H 不成正比时，磁导率 μ 不再是常数，而是随着 H 的变化而改变，如图6-2所示。

图6-2　B、μ 与 H 的关系

3. 磁滞性

磁性材料的磁化存在着明显的不可逆性。当磁性材料被磁化到饱和状态后，若将磁场强

度 H 由最大值逐渐减小时，其磁感应强度 B 不是按原来的路径返回，而是沿着比原来的路径稍高的一段曲线而减小。当 $H=0$ 时，B 并不等于零，即磁性材料磁感应强度 B 的变化滞后于 H 磁场强度变化的性质称为磁滞性。如图 6-3 所示的曲线称为磁滞回线。

当磁性材料的磁场强度 H 减到零值（即 $H=0$）时，磁性材料被磁化时所获得的磁性没有完全消失。这时磁性材料所保留的磁感应强度称为剩磁感应强度 B_r（剩磁），如图 6-3 所示。要使磁性材料的剩磁消失，通常改变磁性材料的磁场强度 H 的方向来进行反向磁化。使 $B=0$ 的 H，称为矫顽磁力 H_c，如图 6-3 所示。

磁性物质不同，其磁化曲线和磁滞回线的形状也不同，通常由实验测得。图 6-4 中给出了几种磁性材料的磁化曲线，其中曲线 a 为铸铁，曲线 b 为铸钢，曲线 c 为硅钢片。

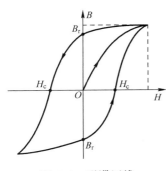

图 6-3　磁滞回线

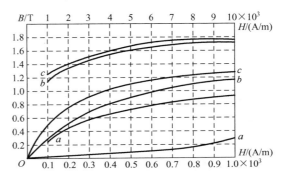

图 6-4　几种磁性材料的磁化曲线

根据磁性物质的磁性能，磁性材料可以分为以下三种类型：

1）软磁材料，磁滞回线比较窄，剩磁 B_r 和矫顽力 H_c 都比较小，磁导率又比较高，如铸铁、电工纯铁、钢和硅钢片等。

2）硬磁材料，又称永磁材料，磁滞回线比较宽，剩磁 B_r 和矫顽力 H_c 都比较大，如铝镍钴、钕铁硼、稀土钴等，常用来制造永久磁铁和永磁电机的磁极。

3）矩磁材料，磁滞回线接近矩形，具有较大的剩磁 B_r 和较小的矫顽力 H_c，如镁锰铁氧体、铁镍合金等，其稳定性很好，常用来制造计算机和控制系统中的记忆元件。

6.1.3　磁路的分析方法

与电路中的基尔霍夫电流定律、电压定律和欧姆定律类似，磁路中也有对应的定律来表征各物理量之间的关系。

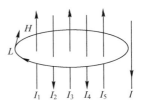

磁路的分析方法

1. 安培环路定律

沿着任何一条闭合路径 L，有

$$\oint_L H \cdot \mathrm{d}l = \sum I \tag{6-1}$$

式中，$\oint_L H \cdot \mathrm{d}l$ 为磁场强度 H 沿闭合路径的线积分；$\sum I$ 为穿过闭合路径所围区域的电流的代数和。式（6-1）称为安培环路定律。

例如，如图 6-5 所示磁场中，根据安培环路定律有

$$\oint_L H \cdot \mathrm{d}l = I_1 - I_2 + I_3 - I_4 + I_5$$

图 6-5　安培环路
定律举例

2. 磁路的欧姆定律

以图 6-1 所示的磁路为例，沿着磁路 L 磁场强度 H 处处相等，所包围的电流是由通有电流 I 的 N 匝线圈所提供，由安培环路定律有

$$HL = NI$$

式中，N 为线圈的匝数；L 为闭合磁路的平均长度；H 为铁心中的磁场强度。

如果铁心的磁导率为 μ，横截面积为 S，又 $H = \dfrac{B}{\mu} = \dfrac{\Phi}{\mu S}$，则

$$\Phi = \mu HS = \mu \frac{NIS}{L} = \mu \frac{NI}{\dfrac{L}{S}}$$

设 $F = HL = NI$，$R_{\rm m} = \dfrac{L}{\mu S}$，则

$$\Phi = \frac{F}{R_{\rm m}} \tag{6-2}$$

式中，F 称为磁通势，磁通由它产生，单位为 A；$R_{\rm m}$ 为磁路的磁阻，取决于磁路的尺寸和所用材料的磁导率，单位为 A/Wb。

式（6-2）与电路的欧姆定律在形式上相似，所以称为磁路的欧姆定律。

3. 磁路与电路的对照与区别

磁路和电路，作为公式及定理的对照，其间既有一些相似之处，也有本质的不同，两者对照见表 6-1。

表 6-1　磁路与电路的对照

物　理　量		基　本　定　律	
磁　路	电　路	磁　路	电　路
磁通势：F	电动势：E	欧姆定律：$\Phi = \dfrac{F}{R_{\rm m}}$	$I = \dfrac{E}{R}$
磁通量：Φ	电流：I	$\sum \Phi = 0$	$\sum i = 0$
磁阻：$R_{\rm m}$	电阻：R	$\sum Ni = \sum Hl = \sum \Phi R_{\rm m}$	$\sum e = \sum iR$
磁导：Λ	电导：G		

虽然磁路和电路具有相似的类比关系和定律，但其本质却是不同的，分析计算时要注意以下几点：

1）在电路中流过电流 i 时，就有功率损耗 $i^2 R$；而在直流磁路中，维持一定的磁通量 Φ，铁心中没有功率损耗；在交流磁路中，将有磁滞损耗和涡流损耗。

2）在电路中可以认为电流全部在导线中流过，导线外没有电流；在磁路中，由于铁磁材料的磁导率与空气中的磁导率相差并不是很大（与电路中导线的电导率相比），除了铁心中的磁通外，要考虑漏磁通的影响。

3）电路中的电阻率 ρ 在一定温度下是不变的；而磁路中铁磁材料的磁导率 μ 不是一个常数，它是磁通密度 B 的函数，磁化曲线（B-H 曲线）是非线性的。

4）对线性电路的计算，可以应用叠加定理；而对磁路的计算，考虑到 B-H 曲线的非线性，不能应用叠加定理。

4. 磁路的计算

磁路的计算有两种类型，一类是给定磁通量，计算所需的励磁磁通势，称为磁路计算的正问题；另一类是给定励磁磁通势，求磁路中各处的磁通量，称为磁路计算的逆问题。本书只介绍电机、变压器设计中要用到的磁路计算正问题，其计算步骤如下：

1）将磁路按材料性质和不同的截面积分成数段。

2）计算各段磁路的有效截面积 A_k 和平均长度 l_k。

3）根据通过各段磁路所需要的磁通量 Φ_k，计算各段磁路的平均磁通密度，$B_k = \dfrac{\Phi_k}{A_k}$。

4）根据 B_k 求出对应的 H_k，对于铁磁材料，H_k 可以通过磁化曲线查出；对于空气隙，可直接应用公式 $H_\delta = \dfrac{B_\delta}{\mu_0}$ 算出。

5）计算各段磁路的磁压降 $H_k l_k$，并最后求得产生给定的磁通量时所需的励磁磁通势，即

$$F = \sum H_k l_k = Ni$$

（1）简单串联磁路计算

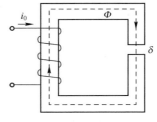

图 6-6　简单串联磁路

所谓的简单串联磁路，就是仅有一个磁路的无分支磁路，如图 6-6 所示。此时通过整个磁路的磁通 Φ 为同一个，但由于各段磁路的截面积不同，故各段的磁通密度不同。这种磁路比较简单，是磁路计算的基础，现举例加以说明。

【例 6-1】 如图 6-6 所示串联磁路中，总长度 $l = 300$ mm，铁心的截面积 $A_{Fe} = 30 \times 30$ mm^2，开有一个长度 $\delta = 0.5$ mm 的气隙，问欲使铁心中的磁密 $B_{Fe} = 1$ T，所需的励磁磁通势是多少？（注：$B_{Fe} = 1$ T 时，对应的磁导率为 $\mu_{Fe} = 5000\mu_0$；考虑到气隙磁场的边缘效应，计算气隙的有效面积时，通常在长、宽方向各增加一个 δ 值。）

解：根据 $\sum Hl = Ni$，先分别求出每段磁路的磁压降，再相加得到所需的总的励磁磁通势。

铁心内的磁场强度 $H_{Fe} = \dfrac{B_{Fe}}{\mu_{Fe}} = \dfrac{1}{5000 \times 4\pi \times 10^{-7}}$ A/m $= 159$ A/m

铁心段的磁压降 $H_{Fe} l_{Fe} = 159 \times (0.3 - 0.0005)$ A $= 47.6$ A

磁路的磁通量 $\Phi = B_{Fe} \times A_{Fe} = 1 \times 900 \times 10^{-6}$ Wb $= 9 \times 10^{-4}$ Wb

气隙中的磁密 $B_\delta = \dfrac{\Phi}{A_\delta} = \dfrac{9 \times 10^{-4}}{30.5^2 \times 10^{-6}}$ T $= 967.48 \times 10^{-3}$ T

气隙内的磁场强度 $H_\delta = \dfrac{B_\delta}{\mu_0} = \dfrac{967.48 \times 10^{-3}}{4\pi \times 10^{-7}}$ A/m $= 77 \times 10^{-4}$ A/m

气隙段的磁压降 $H_\delta l_\delta = 77 \times 10^{-4} \times 5 \times 10^{-4}$ A $= 385$ A

所需的励磁磁通势 $F = H_{Fe} l_{Fe} + H_\delta l_\delta = (47.6 + 385)$ A $= 432.6$ A

可见，气隙虽然很短，仅为 0.5 mm，但其磁压降却占整个磁路的 89% 左右。

另外，由于铁磁材料磁导率的非线性，μ_{Fe} 常常无法事先给定，需要先确定铁心内的磁密 B_{Fe}，再查磁化曲线图或磁化曲线表得到对应的磁场强度 H_{Fe}。

（2）简单并联磁路计算

简单并联磁路是指考虑漏磁的影响，或磁路中有两个以上的分支磁路，电机和变压器的磁路大多属于这一类，现举例加以说明。

【例 6-2】 如图 6-7 所示并联磁路，铁心所用的材料为 DR530 硅钢片，铁心柱和铁轭的截面积 $A = 2 \times 2 \times 10^{-4}\ m^2$，磁路段的平均长度 $l = 5 \times 10^{-2}\ m$，气隙长度 $\delta_1 = \delta_2 = 2.5 \times 10^{-3}\ m$，励磁线圈匝数 $N_1 = N_2 = 1000$ 匝。不计漏磁通，试求在气隙内产生 $B_\delta = 1.211\ T$ 的磁密时，所需的励磁电流 i。

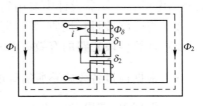

图 6-7　简单并联磁路

解： 根据磁路与电路的类比关系，可列出如下方程（由于两条并联磁路是对称的，只需计算一个磁电路即可）。

根据 $\sum \boldsymbol{\Phi} = 0$，有

$$\Phi_\delta = \Phi_1 + \Phi_2 = 2\Phi_1 = 2\Phi_2$$

根据 $\sum Hl = \sum Ni$，有

$$\sum H_k l_k = H_1 l_1 + H_3 l_3 + 2H_\delta \delta = N_1 i_1 + N_2 i_2 = 2N_1 i_1$$

中间铁心段的磁路长度为

$$l_3 = l - 2\delta = (5 - 0.5) \times 10^{-2}\ m = 4.5 \times 10^{-2}\ m$$

左、右两边铁心段的磁路长度均为 $l_1 = l_2 = 3l = 15 \times 10^{-2}\ m$。

1）气隙磁压降为

$$2H_\delta \delta = 2\frac{B_\delta}{\mu_0}\delta = 2 \times \frac{1.211}{4\pi \times 10^{-7}} \times 2.5 \times 10^{-3}\ A = 4818\ A$$

2）中间铁心段的磁密为

$$B_3 = \frac{\Phi_\delta}{A} = \frac{1.211 \times (2 + 0.25)^2 \times 10^{-4}}{4 \times 10^{-4}}\ T = 1.533\ T$$

与 $B_3 = 1.533\ T$ 对应的磁场强度为 $H_3 = 300\ A/m$，于是可得中间铁心段的磁压降为

$$H_3 l_3 = 300 \times 4.5 \times 10^{-2}\ A = 13.5\ A$$

3）左、右两边铁心的磁密为

$$B_1 = B_2 = \frac{\Phi_\delta / 2}{A} = \frac{0.613 \times 10^{-3}/2}{4 \times 10^{-4}}\ T = 0.766\ T$$

查 DR530 硅钢片的磁化曲线图或磁化曲线表，与 $B_1 = 0.766\ T$ 对应的磁场强度为 $H_1 = H_2 = 215\ A/m$，可得左、右两边铁心段的磁压降为

$$H_1 l_1 = H_2 l_2 = 215 \times 15 \times 10^{-2}\ A = 32.25\ A$$

4）总磁通势为

$$\sum Ni = 2H_\delta \delta + H_3 l_3 + H_1 l_1 = (4818 + 13.5 + 32.25)\ A = 4863.75\ A$$

励磁电流为

$$i = \frac{4863.75}{2000}\ A = 2.43\ A$$

【思考与练习】

6.1.1　磁路的结构一定，磁路的磁阻是否一定，即磁路的磁阻是否是线性的？

6.1.2　恒定（直流）电流通过电路时会在电阻中产生功率损耗，恒定磁通通过磁路时会不会产生功率损耗？

6.2　交流铁心线圈电路

铁心线圈依据励磁方式分为直流铁心线圈和交流铁心线圈。直流铁心线圈通过直流电流来励磁，产生的磁通也是恒定的，在线圈中不会感应出电动势，在一定电压下线圈中的电流只与线圈的电阻有关，功率损耗也只有 I^2R。直流铁心线圈的特点是：励磁电流 $I=U/R$，而与磁路无关；励磁电流 I 产生的磁通是恒定的，不会在线圈和铁心中产生感生电动势；磁通 Φ 的大小不仅与线圈电流 I 有关，还决定于铁心线圈磁通的磁阻；线圈的功率损耗为铜损。交流铁心线圈通过正弦交流电来励磁，产生的磁通是交变的，其电磁关系、电流、电压关系及功率损耗等方面都和直流铁心线圈不同。

6.2.1　电磁关系

若铁心线圈的匝数为 N，当线圈外加正弦交流电压 u 时，线圈中产生交流励磁电流 i，磁通势 $Ni=HL$ 在铁心线圈中产生交变的磁通。绝大部分通过铁心而闭合的磁通称为主磁通 Φ（也称为工作磁通）；另外还有很少的一部分经过空气或其他非导磁性材料而闭合的磁通称为漏磁通 Φ_σ，主磁通在线圈中产生感应电动势 e，漏磁通产生感应漏磁电动势 e_σ，如图 6-8 所示。其方向与外电压方向相同，以阻碍外电压的变化，其电磁关系为

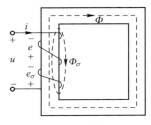

图 6-8　铁心线圈的
交流电路

$$u \rightarrow i\,(Ni=HL) \rightarrow B \xrightarrow{\dfrac{H}{\mu}} \begin{cases} \Phi \rightarrow e \\ \Phi_\sigma \rightarrow e_\sigma \end{cases}$$

显然，因为漏磁通不经过铁心，其磁导率 μ 可近似认为就是空气中的磁导率 μ_0，为常数，$e_\sigma = L_\sigma \dfrac{\mathrm{d}i}{\mathrm{d}t}$，$L_\sigma$ 为铁心线圈的漏磁电感。

但主磁通经过铁心，铁磁材料的磁导率 μ_{Fe} 为非线性，所以铁心线圈的主磁电感 L 不是一个常数，它随励磁电流（即磁场强度）的变化而变化。

6.2.2　电压与电流的关系

根据基尔霍夫电压定律，有

$$u = Ri - e_\sigma - e$$

或

$$u = Ri + L_\sigma \dfrac{\mathrm{d}i}{\mathrm{d}t} - e = u_R + u_\sigma + u' \tag{6-3}$$

当外加电压 u 为正弦电压时，感应电动势也都为正弦量，用相量表示为

$$\dot{U} = R\dot{I} - \dot{E}_\sigma - \dot{E} = R\dot{I} + \mathrm{j}X_\sigma\dot{I} - \dot{E} = \dot{U}_R + \dot{U}_\sigma + \dot{U}'$$

式中，R 为铁心线圈的电阻；$\dot{E}_\sigma = -\mathrm{j}X_\sigma\dot{I}$ 为漏磁感应电动势；$X_\sigma = \omega L_\sigma$ 为漏磁感抗。

由于铁磁材料磁化曲线的非线性，主磁电感和主磁感抗也不是常数，因此主磁感应电动势与电流之间的关系无法应用欧姆定律，需要寻求新的方法来计算。

设主磁通 $\varPhi = \varPhi_{\mathrm{m}} \sin\omega t$，则

$$e = -N\frac{\mathrm{d}\varPhi}{\mathrm{d}t} = -N\frac{\mathrm{d}(\varPhi_{\mathrm{m}}\sin\omega t)}{\mathrm{d}t} = -N\omega\varPhi_{\mathrm{m}}\cos\omega t$$

$$= 2\pi f N\varPhi_{\mathrm{m}}\sin(\omega t - 90°) = E_{\mathrm{m}}\sin(\omega t - 90°)$$

式中，$E_{\mathrm{m}} = 2\pi f N\varPhi_{\mathrm{m}}$ 为主磁通电动势 e 的幅值，而其有效值为

$$E = \frac{2\pi f N\varPhi_{\mathrm{m}}}{\sqrt{2}} \approx 4.44 f N\varPhi_{\mathrm{m}} \tag{6-4}$$

通常线圈的电阻 R 和 X_σ（或漏磁通 $\varPhi_\sigma$）都较小，漏阻抗 $Z = R + \mathrm{j}X_\sigma$ 可以忽略不计。于是

$$\dot{U} \approx -\dot{E}$$

$$U \approx E = 4.44 f N\varPhi_{\mathrm{m}} = 4.44 f N B_{\mathrm{m}} S \tag{6-5}$$

式中，B_{m} 为铁心中磁感应强度的最大值，单位为 T；S 为铁心截面积，单位为 m^2。若 B_{m} 的单位用高斯，S 的单位用 cm^2，则式（6-5）可表示为

$$U \approx E = 4.44 f N B_{\mathrm{m}} S \times 10^{-8} \tag{6-6}$$

6.2.3　功率损耗

在交流铁心线圈中，除线圈电阻 R 上的损耗 RI^2（也称为铜耗 ΔP_{Cu}）外，处于交变磁场中的铁心还要产生磁滞损耗 ΔP_{h} 和涡流损耗 ΔP_{e}，二者统称为铁耗 ΔP_{Fe}。

1. 磁滞损耗

铁磁材料在交变磁场的作用下，磁场的方向不断改变，磁畴也会不停地转动，相互之间不断摩擦，产生热量而消耗一定的能量，因此产生的功率损耗，称为磁滞损耗 ΔP_{h}。

实验证明，单位体积内的磁滞损耗正比于磁场交变频率 f 和磁滞回线的面积。工程上常用经验公式表示为

$$\Delta P_{\mathrm{h}} = k_{\mathrm{h}} f B_{\mathrm{m}}^n V \tag{6-7}$$

式中，k_{h} 及 n 为与材料性质有关的常数；f 为交流电源的频率；B_{m} 为磁感应强度的最大值，它代表磁滞回线的面积；V 为铁心的体积。

磁滞损耗要引起铁心发热。为了减小磁滞损耗，应选用磁滞回线狭小的磁性材料制造铁心。硅钢就是变压器和电机中常用的铁心材料，其磁滞损耗较小。

2. 涡流损耗

铁磁材料不仅具有导磁能力，而且具有一定的导电能力。在交变的磁场中，铁磁材料必将感应出围绕着磁通 B、呈涡旋状的感应电动势和感应电流，简称涡流。涡流电流在其流通路径上的等效电阻中产生的焦耳损耗（热损耗）为 I^2R，称为涡流损耗 ΔP_{e}。工程上常用的计算公式为

$$\Delta P_{\mathrm{e}} = k_{\mathrm{e}} f^2 B_{\mathrm{m}}^2 V \tag{6-8}$$

式中，k_{e} 为与材料性质有关的常数。

为了减少涡流损耗，首先应减小铁磁材料的厚度（目前在我国应用较多的是 0.5 mm 和 0.35 mm 的硅钢片），其次是增加铁磁材料的电阻率，加入适量的硅（0.8% ~ 4.8%），制成硅钢片，就是为了使材料改性，成为半导体类合金。

磁滞损耗 ΔP_{h} 和涡流损耗 ΔP_{e} 统称为铁损 ΔP_{Fe}，即 $\Delta P_{\mathrm{Fe}} = \Delta P_{\mathrm{h}} + \Delta P_{\mathrm{e}}$。磁滞损耗和涡流损

耗也都属于热损耗，将引起铁心的发热，加快绕组绝缘的老化，使绕组的电阻率变大，增大了绕组铜耗。因此电机、电器、变压器等设备都要采取一定的散热措施，控制设备的温升。

　　磁滞损耗和涡流损耗在电气上是有害的，应设法降低，并将其产生的热量及时散发出去，但对某些设备而言磁滞损耗和涡流损耗是有利的，应设法加以利用，最典型的例子就是冶金工业中应用的高频加热炉和家庭中应用的电磁炉。

　　由上可知，交流铁心线圈电路的有功功率为

$$P = UI\cos\varphi = P_{Cu} + P_{Fe} = I^2R + P_h + P_e \tag{6-9}$$

【思考与练习】

6.2.1　线圈的铁心是否可由彼此绝缘的钢片在垂直磁场方向叠成？

6.2.2　试分析交流铁心线圈的损耗情况，产生这些损耗的原因是什么？

6.2.3　将额定频率为 60 Hz 的交流铁心线圈接在 50 Hz 的交流电源上，交流铁心线圈能长期正常工作吗？

6.3　变压器

　　变压器是根据电磁感应原理制成的一种常见的电气设备，在电力系统和电子线路中应用广泛。可以将一种电压、电流的交流电能转换为同频率的另一种电压、电流的交流电。当输送功率 $P = UI\cos\varphi$ 及负载功率因数 $\cos\varphi$ 一定时，电压 U 越高，则线路电流越小。这不仅可以减小输电线的截面积，节省材料，还可以减小线路的功率损耗。一般来说，输电距离越远，输送功率越大时，要求的输出电压也越高。例如，当采用 110 kV 的电压时，可以将 5×10^4 kW 的电能输送到 150 km 的地方；当采用 500~700 kV 的电压时，就可以将 200×10^4 kW 的电能输送到 1000 km 的地方。从降压方面讲，大型动力用户需要 3 kV、6 kV 或 10 kV 的电压，而一般动力与照明用户只需要 380 V 或 220 V 的电压，这就必须使用降压变压器把高压输电线上的高电压，通过若干级的降压，降低到配电系统的电压，由配电变压器输出满足各用户需要的电压等级。如图 6-9 所示为变压器在电能的输送、分配中地位示意图。

图 6-9　变压器在电能传输、分配中的地位示意图

　　变压器的种类繁多，除用于输配电系统的升、降电压的电源变压器外，变压器还用来耦合电路，传递信号，并实现阻抗匹配。此外，还有自耦变压器、互感器及各种专用变压器等，但它们的基本构造和工作原理是相同的。

6.3.1　变压器的工作原理

　　变压器的一般结构如图 6-10 所示，它由闭合铁心和高压、低压绕组等几个主要部分组成，铁心的作用是加强高、低压绕组间的磁耦合，为了减少涡流损耗和磁滞损耗，铁心由硅钢片叠压而成，高、低压绕组由绝缘铜线（或铝线）绕成，绕组之间互不相连，能量的传递靠磁耦合。

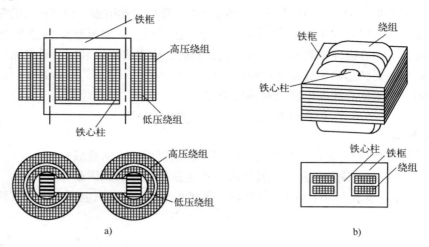

图 6-10　变压器的基本结构

a) 心式　b) 壳式

如图 6-11 所示为双绕组单相变压器的原理图，在闭合铁心上绕有两个线圈（对变压器和电机来说，线圈也可称为绕组），其中接收电能，即接到交流电源的一侧称为一次绕组，而输出电能的一侧称为二次绕组。一、二次绕组的匝数分别为 N_1 和 N_2。

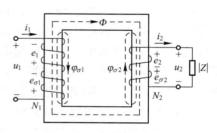

图 6-11　双绕组单相
变压器的原理图

变压器的工作原理是建立在电磁感应原理之上的，当变压器一次侧施加交流电压 u_1，流过一次绕组的电流为 i_1，则该电流在铁心中会产生交变磁通，使一次绕组和二次绕组发生电磁联系。根据电磁感应原理，交变磁通穿过这两个绕组就会感应出电动势，其大小与绕组匝数 N 以及主磁通 Φ 的最大值成正比，绕组匝数多的一侧电压高，绕组匝数少的一侧电压低。当变压器二次侧开路，即变压器空载时，一、二次端电压 U 与一、二次绕组匝数 N 成正比，即 $U_1/U_2 = N_1/N_2$，但一次侧与二次侧交流电的频率保持一致，从而实现电压等级的变换。下面分别讨论变压器的电压变换、电流变换及阻抗变换。

1. 电压变换

根据交流铁心线圈电路分析可列出变压器一次绕组电路的电压方程，即

$$u_1 = R_1 i_1 - e_{\sigma 1} - e_1$$

或

$$u_1 = R_1 i_1 + L_\sigma \frac{\mathrm{d}i_1}{\mathrm{d}t} - e_1 \qquad (6-10)$$

当外加电压 u_1 为正弦电压时，感应电动势也都为正弦量，用相量表示为

$$\dot{U}_1 = R_1 \dot{I}_1 - \dot{E}_{\sigma 1} - \dot{E}_1 = R_1 \dot{I}_1 + \mathrm{j}X_1 \dot{I}_1 - \dot{E}_1$$

式中，R_1 为一次绕组的电阻；$X_1 = \omega L_{\sigma 1}$ 为一次绕组的漏磁感抗。

由于一次绕组的电阻 R_1 和感抗 X_1 较小，因而它们两端的电压降也较小，与主磁电动势 E_1 相比可以忽略不计。即

$$\dot{U}_1 \approx -\dot{E}_1$$

根据式 (6-4)，e_1 的有效值为

$$E_1 = 4.44fN_1\Phi_m \approx U_1 \tag{6-11}$$

同理，可得二次绕组感应电动势 e_2 的有效值为

$$E_2 = 4.44fN_2\Phi_m$$

在变压器空载时，有

$$I_2 = 0, \quad E_2 = U_{20}$$

式中，U_{20} 为变压器空载时二次绕组的端电压。

一、二次绕组的电压之比为

$$\frac{U_1}{U_{20}} \approx \frac{E_1}{E_2} = \frac{N_1}{N_2} = k \tag{6-12}$$

式中，k 为变压器的电压比。可见，在一次绕组不变的情况下，改变二次绕组的匝数，就可以达到改变输出电压的目的。若将二次绕组与负载相连，二次绕组中就有电流流过，这样就把电能传输给了负载，从而实现了传输电能、改变电压的目的。

2. 电流变换

由式 (6-11) 可知，当电源电压 U_1 和频率 f 不变时，E_1 和 Φ_m 也近于常数。就是说，铁心中主磁通的最大值在变压器空载或有载时是差不多恒定的。因此，负载时产生主磁通的一、二次绕组的合成磁通势（$N_2i_1 + N_2i_2$）应该和空载时产生主磁通的一次绕组的磁通势 N_1i_0 差不多相等，即

$$N_1i_1 + N_2i_2 \approx N_1i_0$$

如用相量表示，则为

$$N_1\dot{I}_1 + N_2\dot{I}_2 \approx N_1\dot{I}_0 \tag{6-13}$$

变压器的空载电流 i_0 是励磁用的。由于铁心的磁导率高，空载电流很小，常可忽略，于是有

$$N_1\dot{I}_1 \approx -N_2\dot{I}_2$$

由上式可知，一、二次绕组的电流关系为

$$\frac{I_2}{I_1} \approx \frac{N_1}{N_2} = \frac{1}{k} \tag{6-14}$$

式 (6-14) 就是变压器的电流变换关系，高压输电也正是利用该原理，提高电压等级，减小电流等级，从而减小线路的损耗和输电线直径。

3. 阻抗变换

在实际应用中，变压器通常被视为一个电路元件，不仅需要关注其一次、二次侧的电压、电流关系，而且要关注其阻抗特性。事实上，变压器作为端口元件具有阻抗变换的功能。根据需要，通过改变匝数比可获得合适的等效阻抗，从而使负载获得最大功率，称为阻抗匹配。由于变压器具有阻抗变换的作用，因此获得了广泛应用。

图 6-12 为负载阻抗的等效变换。图 6-12a 中负载阻抗 $|Z|$ 接在变压器二次侧，点画线框部分可以用一个阻抗模 $|Z'|$ 来等效代替，如图 6-12b 所示。所谓等效，就是输入电路的电压、电流和功率不变。也就是说，直接接在电源上的阻抗模 $|Z'|$ 和接在变压器二次侧的负载阻抗模 $|Z|$ 是等效的。根据式 (6-12) 和式 (6-14) 可得

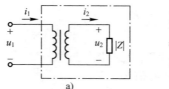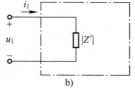

图 6-12 负载阻抗的等效变换

$$\frac{U_1}{I_1} = \frac{\frac{N_1}{N_2}U_2}{\frac{N_2}{N_1}I_2} = \left(\frac{N_1}{N_2}\right)^2 \frac{U_2}{I_2}$$

由图 6-12 可得

$$\frac{U_1}{I_1} = |Z'|, \quad \frac{U_2}{I_2} = |Z|$$

代入得

$$|Z'| = \left(\frac{N_1}{N_2}\right)^2 |Z| \tag{6-15}$$

变压器电压比（匝数比）不同，负载阻抗的模 $|Z|$ 折算到一次侧的等效阻抗的模 $|Z'|$ 也不同，可以采用不同的匝数比，把负载阻抗变换为所需要的、比较合适的数值，这种做法通常称为阻抗匹配。

【例 6-3】 如图 6-13 所示电路，交流信号源的电动势 $E = 120\,\text{V}$，内阻 $R_0 = 600\,\Omega$，负载电阻 $R_L = 6\,\Omega$。

1）当 R_L 折算到一次侧的等效电阻 $R_L' = R_0$ 时，求变压器的匝数比和信号源输出的功率。

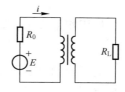

2）将负载直接与信号源连接时，信号源输出多大功率？

解：1）变压器的匝数比应为

图 6-13 例 6-3 电路

$$\frac{N_1}{N_2} = \sqrt{\frac{R_L'}{R_L}} = \sqrt{\frac{600}{6}} = 10$$

信号源的输出功率为

$$P = \left(\frac{E}{R_0+R_L'}\right)^2 R_L' = \left(\frac{120}{600+600}\right)^2 \times 600\,\text{W} = 6\,\text{W}$$

2）将负载直接接在信号源上时，有

$$P = \left(\frac{120}{600+6}\right)^2 \times 6\,\text{W} = 0.235\,\text{W}$$

【例 6-4】 有一台照明变压器，因绕组烧毁，需要拆除重绕。变压器容量为 $50\,\text{V}\cdot\text{A}$，输入电压 $380\,\text{V}$，输出电压 $36\,\text{V}$，铁心截面积 $22\,\text{mm} \times 41\,\text{mm}$，如图 6-14 所示。铁心材料是 $0.35\,\text{mm}$ 厚的硅钢片。试计算一、二次绕组匝数及导线线径。

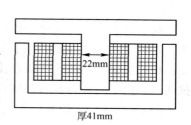

解：铁心的有效截面积为

图 6-14 例 6-4 图

$$S = 22 \times 41 \times 0.9\,\text{mm}^2 = 811.8\,\text{mm}^2$$

式中，0.9 是铁心叠片间隙系数。

对 0.35 mm 的硅钢片，可取 $B_m = 1.1$ T，一次绕组匝数为

$$N_1 = \frac{U_1}{4.44 f B_m S} = \frac{380}{4.44 \times 50 \times 1.1 \times 811.8 \times 10^{-6}} = 1920$$

二次绕组匝数为（设 $U_{20} = 1.05 U_2$）为

$$N_2 = N_1 \frac{U_{20}}{U_1} = 1920 \times \frac{1.05 \times 36}{380} = 190$$

二次电流为

$$I_2 = \frac{S_N}{U_2} = \frac{50}{36} \text{A} = 1.39 \text{ A}$$

一次电流为

$$I_1 = \frac{S_N}{U_1} = \frac{50}{380} \text{A} = 0.13 \text{ A}$$

导线直径 d 计算为

$$d_1 = \sqrt{\frac{4 I_1}{\pi J}} = \sqrt{\frac{4 \times 0.13}{3.14 \times 2.5}} \text{ mm} = 0.256 \text{ mm}, \text{ 取 } d_1 = 0.25 \text{ mm}$$

$$d_2 = \sqrt{\frac{4 I_2}{\pi J}} = \sqrt{\frac{4 \times 1.39}{3.14 \times 2.5}} \text{ mm} = 0.84 \text{ mm}, \text{ 取 } d_2 = 0.9 \text{ mm}$$

式中，J 为电流密度，一般取 $J = 2.5$ A/mm。

6.3.2　变压器的使用

变压器的使用

1. 变压器的额定值

变压器的额定值，又称铭牌值，是指变压器制造厂在设计、制造变压器时，给变压器正常运行所规定的数据，指明该台变压器在什么样的条件下工作、承受多大电流、外加多高的电压等。变压器的主要额定值有：

1）额定电压 U_{1N}/U_{2N}。U_{1N} 是指变压器正常运行时，加在一次绕组上的电压；U_{2N} 是指变压器一次绕组加上额定电压后，二次绕组处于空载状态时的输出电压，单位为 V 或 kV。在三相变压器中，额定电压均指线电压。

变压器的电压比在铭牌上的标注形式通常为一次/二次绕组的额定电压之比，如 6000/400 V（$k=15$），考虑到变压器内阻和线路上的电压降，二次绕组的额定电压（空载电压）一般要比满载时的电压高出 5%~10%。

2）额定电流 I_{1N}/I_{2N}。额定电流是指变压器额定运行时所能承担的电流，I_{1N}/I_{2N} 分别是一次侧、二次侧的额定电流，单位为 A 或 kA。在三相变压器中，额定电流均指线电流。

对单相变压器：$I_{1N} = \dfrac{S_N}{U_{1N}}$，$I_{2N} = \dfrac{S_N}{U_{2N}}$。

对三相变压器：$I_{1N} = \dfrac{S_N}{\sqrt{3} U_{1N}}$，$I_{2N} = \dfrac{S_N}{\sqrt{3} U_{2N}}$。

3）额定容量 S_N。额定容量是指变压器二次绕组的额定电压与额定电流的乘积，为视在功率，单位为 V·A 或 kV·A，容量更大时也用 MV·A。

变压器的额定电压是根据其绝缘能力确定的；额定电流是根据绝缘材料所能允许的工作温度和散热能力确定，因此变压器的额定功率定义为视在功率，而不是有功功率。

4）额定频率 f_N。额定频率是指额定运行时变压器一次侧外加交流电压的频率。我国以及世界上大多数国家的变压器都采用额定频率 $f_N = 50\ Hz$，也有些国家采用 $f_N = 60\ Hz$。频率的改变将影响变压器的工作参数，从而影响变压器的运行性能。

2. 变压器的外特性

由式（6-11）和式（6-14）可以看出，当一次电压 U_1 不变时，二次绕组接负载后，二次电流 I_2 随负载变化，一、二次绕组阻抗上的电压降也随着变化，使二次绕组的端电压 U_2 发生变动。一次绕组电压 U_1 和负载功率因数 $\cos\varphi_2$ 为常数时，U_2 和 I_2 的变化关系 $U_2 = f(I_2)$ 反映变压器的外特性，变压器外特性曲线如图 6-15 所示。对常见的电感性负载而言，负载的功率因数越低，二次电压 U_2 下降越多。通常希望二次电压 U_2 的变动越小越好。从空载到额定负载，二次电压的变化程度用电压变化率 ΔU 表示，即

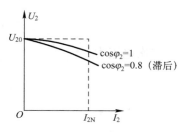

图 6-15　变压器的外特性曲线

$$\Delta U = \frac{U_{20} - U_2}{U_{20}} \times 100\% \tag{6-16}$$

在一般变压器中，由于其电阻和漏磁感抗均很小，电压变化率不大，约为 5%。

3. 变压器的损耗和效率

变压器在运行中存在两种损耗：铁耗 P_{Fe} 和铜耗 P_{Cu}，即

$$\Delta P = P_{Fe} + P_{Cu}$$

铁耗 P_{Fe} 是主磁通在铁心中交变时所产生的磁滞损耗 P_h 和涡流损耗 P_e 之和，即

$$P_{Fe} = P_h + P_e$$

变压器在运行时，虽然它的负载经常在变化。但由于一次电压 U_1 和频率 f 都不变，由式（6-11）可知，主磁通 Φ_m 基本不变，所以铁耗也基本上保持不变，因此铁耗又称为不变损耗。又因为变压器的空载电流很小，如忽略空载电流，则变压器空载时输入变压器的有功功率就是铁耗，故铁耗又称为空载损耗。

变压器的铜耗 P_{Cu} 是一次、二次绕组电阻 R_1 和 R_2 上所消耗的功率之和，即

$$P_{Cu} = I_1^2 R_1 + I_2^2 R_2$$

当负载变化时，铜耗将发生变化，故铜耗又称为可变损耗。

变压器的效率 η 是指输出功率 P_2 与对应输入功率 P_1 的比值，通常用百分数表示，即

$$\eta = \frac{P_2}{P_1} \times 100\% = \frac{P_2}{P_2 + P_{Fe} + P_{Cu}} \times 100\%$$

通常变压器的损耗很小，故效率很高。小型变压器的效率为 70%~80%，一般变压器的效率在 85% 左右，大型变压器的效率可达 98%~99%。

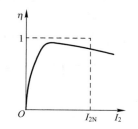

图 6-16　变压器的效率特性

变压器的效率与负载电流之间的关系 $\eta = f(I_2)$ 称为效率特性，如图 6-16 所示。由于一般变压器都不是长期在额定负载下工作，所以效率最大值并不发生在 $I_2 = I_{2N}$ 处，而是在 $I_2 = (0.5\sim$

0.7)I_{2N}变压器的效率较高，而且变化平缓。变压器效率特性的这种变化规律是各种电机的效率特性所共有的。

【例 6-5】单相变压器的额定值为 10 kV·A，6000 V/230 V，满载时铜耗 $P_{Cu} = 740$ W，铁耗 $P_{Fe} = 400$ W。负载为荧光灯，每盏灯的额定值为 220 V，48 W，$\cos\varphi_2 = 0.51$。变压器满载时二次电压 $U_2 = 210$ V。试求：

1）满载时灯的数目。

2）二次电流和功率。

3）一次电流、功率因数和功率。

4）变压器的效率。

5）变压器的电压调整率。

解：1）每盏灯的额定电流为

$$I_{dN} = \frac{P_N}{U_N \cos\varphi_2} = \frac{48}{220 \times 0.51} \text{A} = 0.428 \text{ A}$$

设灯的电流与所加的电压成正比，则每盏灯的实际电流为

$$I_d = \frac{U_2}{U_N} I_{dN} = \frac{210}{220} \times 0.428 \text{ A} = 0.409 \text{ A}$$

变压器二次电流的额定值为

$$I_{2N} = \frac{S_N}{U_{2N}} = \frac{10000}{230} \text{A} = 43.5 \text{ A}$$

满载时灯的数目为

$$x = \frac{I_{2N}}{I_d} = \frac{43.5}{0.409} = 106.4$$

取为 106 盏。

2）二次电流为

$$I_{2N} = 43.5 \text{ A}$$

二次功率为

$$P_2 = x U_2 I_2 \cos\varphi_2 = 106 \times 210 \times 0.409 \times 0.51 \text{ W} = 4643 \text{ W}$$

3）一次电流为

$$I_{1N} = \frac{I_{2N}}{k} = 43.5 \times \frac{230}{6000} \text{ A} \approx 1.67 \text{ A}$$

一次功率为

$$P_1 = P_2 + P_{Fe} + P_{Cu} = (4643 + 740 + 400) \text{ W} = 5783 \text{ W}$$

一次侧功率因数为

$$\cos\varphi_1 = \frac{P_1}{U_1 I_1} = \frac{5783}{6000 \times 1.67} = 0.577$$

4）变压器的效率为

$$\eta = \frac{P_2}{P_1} \times 100\% = \frac{4643}{5783} \times 100\% = 80.35\%$$

5）变压器的电压调整率为

$$\Delta U = \frac{U_{20}-U_0}{U_{20}}\times100\% = \frac{230-210}{230}\times100\% = 8.7\%$$

4. 变压器绕组的极性

变压器绕组的极性是指一、二次绕组的相对极性，也就是当一次绕组某一端的瞬时电位为正时，二次绕组也必然同时有一个电位为正的对应端。这两个对应端称为同极性端或同名端。变压器在使用中有时需要把绕组串联以提高电压，把绕组并联以增大电流，这时应首先确定变压器绕组间的相对极性，即所谓的同名端（或称同极性端）。

如图6-17a所示，变压器有一个一次绕组 N_1 和两个二次绕组 N_2 和 N_3，它们由主磁通 Φ 联系在一起。设某瞬间 N_1 线圈的①端的电位相对②端为正，则同瞬间 N_2 线圈的③端的电位相对④端为正，N_3 线圈⑤端的电位相对⑥端为正。称同位正的三端①、③、⑤（或同为负的三端②、④、⑥）为同名端，并在图中用"·"或"＊"符号表示。

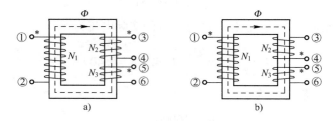

图6-17 变压器绕组极性

a）绕向相同　b）绕向相反

从磁通关系看，同名端可用如下的方法判定：当电流从几个线圈的同名端流入（或流出）时，在铁心中产生的磁通方向相同，或互相增助。如果将图6-17a的其中一个线圈（如 N_2）反绕，如图6-17b所示，根据这一判定方法，这时三个线圈的同名端将为①、④、⑤（或②、③、⑥）。可见，线圈的同名端与线圈的绕向有关。

6.3.3 特殊变压器

1. 自耦变压器

自耦变压器的一次绕组和二次绕组共用一部分绕组，其结构特点是使一、二次侧除了有磁的联系外，还有直接电的联系。如图6-18所示，如不考虑绕组的电阻和漏感电动势，一、二次电压之比和电流之比为

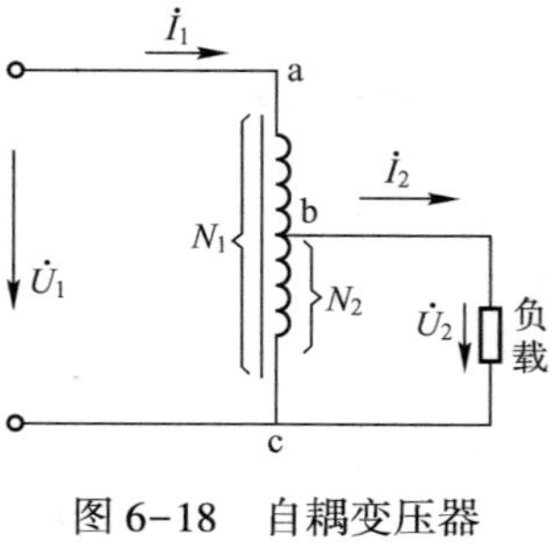

$$\frac{U_1}{U_2} = \frac{N_1}{N_2} = k, \quad \frac{I_1}{I_2} = \frac{N_2}{N_1} = \frac{1}{k}$$

图6-18 自耦变压器

实验室中常用的调压器就是一种可改变二次绕组匝数的自耦变压器，其外形和电路如图6-19所示。

2. 互感器

对于较大电流、较高电压的电路，无法直接用普通的电流表、电压表进行测量，必须借助互感器将原电路的电量按比例变换为某一较小的电量后，才能进行测量。同时需要把测量

仪表与高压电路隔离开来，以保证可能接触测量仪表的工作人员的安全。互感器分电流互感器和电压互感器，其工作原理与变压器相同。

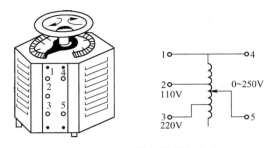

图 6-19　调压器的外形和电路

（1）电流互感器

电流互感器的接线和外形如图 6-20 所示，其一次绕组由一匝或几匝截面积较大的导线构成，串联接入待测电流的电路中；二次绕组的匝数较多，导线截面积较小，与阻抗很小的电流表或功率表的电流线圈构成电路。因此，电流互感器实际上就相当于一个二次绕组短路的变压器。$\dfrac{I_1}{I_2} = \dfrac{N_2}{N_1} = k$，称为电流互感器的电流比。

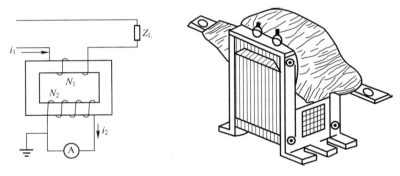

图 6-20　电流互感器的接线和外形

在实际运行中，电流互感器必须特别注意以下两点：

1）为了使用安全，电流互感器的二次绕组一端必须接地，以防止由于一、二次绕组绝缘击穿，使一次绕组的高电压窜入二次绕组，危及人身安全。

2）电流互感器工作时二次绕组不得开路。这是由于开路时，互感器成了空载运行的变压器，二次侧没有电流，也就没有了去磁磁通势，一次电流将全部用于励磁，过高的主磁通将在匝数很多的二次绕组中感应出很高的电动势，危及人身及设备安全。安装电流互感器时，二次侧一定要接线牢固和接触良好，不允许串联熔断器及开关。

（2）电压互感器

电压互感器的接线和外形如图 6-21 所示，实际上相当于一个二次绕组开路、处于空载运行的变压器，只是它的负载为阻抗很大的电压表或功率表的电压线圈。与电流互感器类似，电压互感器在使用中需要注意：

1）电压互感器工作时二次绕组的负载不能接得太多，更不能短路，以免产生过大的电路电流。

2）为了安全起见，二次绕组的一端必须接地，以防止一、二次绕组绝缘击穿时，一次绕组的高电压窜入二次绕组，危及人身及设备的安全。

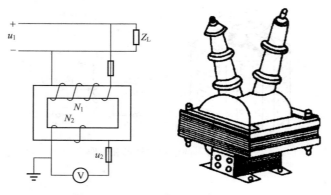

图 6-21 电压互感器的接线和外形

【思考与练习】

6.3.1 如果变压器一次绕组的匝数增加一倍，而所加电压不变，试问励磁电流将有何变化？

6.3.2 在求变压器的电压比时，为什么一般都用空载时一、二次电压之比来计算？

6.3.3 变压器的额定电压为 220 V/110 V，如果不慎将低压绕组接到 220 V 电源上，试问励磁电流有何变化？

6.4 电磁铁

电磁铁是利用内部带有铁心的通电线圈产生磁场吸引衔铁或保持某种机械零件、工件于固定位置的电磁装置，是将电能转换为机械能的一种常用的电磁设备。当线圈通电后，铁心和衔铁被磁化，成为极性相反的两块磁铁，它们之间产生电磁吸力。衔铁的动作可使其他机械装置发生联动。当电源断开时，电磁铁的磁性随即消失，衔铁或其他零件被释放。

电磁铁可分为线圈、铁心及衔铁三部分。常用的结构类型如图 6-22 所示。

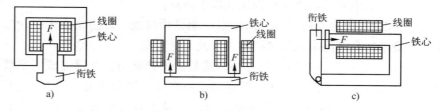

图 6-22 电磁铁的几种类型

电磁铁的吸力是它的主要参数之一。吸力的大小与气隙的截面积 S_0 及气隙中磁感应强度 B_0 的二次方成正比。计算吸力的基本公式为

$$F=\frac{10^7}{8\pi}B_0^2 S_0 \tag{6-17}$$

式中，B_0 的单位为 T；S_0 的单位为 m^2；F 的单位为 N。

交流电磁铁中磁场是交变的，设

$$B_0 = B_m \sin\omega t$$

则吸力为

$$f = \frac{10^7}{8\pi}B_m^2 S_0 \left(\sin\omega t\right)^2 = \frac{10^7}{8\pi}B_m^2 S_0 \left(\frac{1-\cos2\omega t}{2}\right)$$

$$= F_m \left(\frac{1-\cos2\omega t}{2}\right) = \frac{1}{2}F_m - \frac{1}{2}F_m\cos2\omega t \tag{6-18}$$

式中，F_m 为吸力的最大值，$F_m = \dfrac{10^7}{8\pi}B_m^2 S_0$。在计算时只考虑吸力的平均值，即

$$F = \frac{1}{T}\int_0^T f\mathrm{d}t = \frac{1}{2}F_m = \frac{10^7}{16\pi}B_m^2 S_0 \tag{6-19}$$

电磁铁的种类很多，按其线圈电流的性质可分为直流电磁铁和交流电磁铁。

直流电磁铁正常工作时，线圈中通过的是直流电，在稳定状态下铁心中的磁通是恒定的，铁心中没有磁滞和涡流损耗，铁心不发热。直流电磁铁的铁心由整块软钢或电工纯铁制成。交流电磁铁正常工作时，线圈中通过的是交流电，铁心中的磁通是交变的，交变的磁通在铁心中将会产生磁滞和涡流损耗，使铁心中产生热量。为了减少铁损，铁心采用硅钢片叠成。

使用交直流电磁铁时，它们在吸合过程中的电流和吸力的变化情况是不一样的。在直流电磁铁中，励磁电流仅与线圈电阻有关，不因气隙的大小而改变。但在交流电磁铁的吸合过程中，线圈中的电流（有效值）变化很大。因为其中电流不仅与线圈电阻有关，主要还与线圈感抗有关。在吸合过程中，随着气隙的减小，磁阻减小，线圈的电感和感抗增大，因而电流逐渐减小。因此，如果由于某种机械障碍，衔铁或机械可动部分被卡住，通电后衔铁吸合不上，线圈中就会流过较大电流而使线圈严重发热，甚至烧毁。

【思考与练习】

6.4.1　额定电压一定的交流电磁铁，如果加上大小相同的直流电压会有什么后果？

6.4.2　交流电磁铁通电后，若衔铁长期被卡住而不能吸合，会引起什么后果？

本章小结

1. 磁场的基本物理量有磁感应强度、磁通、磁场强度、磁导率等。在电气设备中，为了得到较强的磁场并有效地加以利用，常采用导磁性能良好的铁磁材料做成一定形状的铁心，使磁场集中分布于由铁心构成的闭合路径内，形成磁路。磁性材料的磁性能主要有高导磁性、磁饱和性和磁滞性。

磁路欧姆定律是磁路的基本定律，它描述了磁通、磁动势和磁阻之间的关系。磁性材料的磁导率不是常数，使得电磁设备的磁路是非线性的，即其 B–H 或 φ–I 关系为非线性特性。因此，电磁设备磁路的分析通常都要借助铁心磁性材料的磁化曲线。

2. 铁心线圈根据电源的不同分为直流铁心线圈和交流铁心线圈，它们具有不同的工作特性。稳态下交流铁心线圈的电源电压主要被主磁通在线圈中产生的主磁感应电动势所平衡。

3. 变压器是利用电磁感应原理传输电能或信号的静止设备，由闭合铁心、一次绕组和二次绕组构成。变压器具有变换电压、变换电流和变换阻抗的能力。

4. 电磁铁是利用通电的铁心线圈吸引衔铁或保持某种机械零件工作于固定位置的一种电器。直流电磁铁在吸合过程中随着空气隙由大变小而吸力由小变大。交流电磁铁在吸合过程中吸力基本不变。

自测题

一、填空题

1. 铁磁材料分为（　　　　）材料、（　　　　）材料和（　　　　）材料三种。

2. 变压器按铁心形式分为（　　　　）和（　　　　）。

3. 变压器是根据（　　　　）原理而工作的，由（　　　　）和（　　　　）构成。它可用来变换（　　　）、（　　　　）和（　　　　）。

4. 变压器一、二次电压与一、二次绕组的匝数成（　　　　）关系，一、二次电流与一、二次绕组的匝数成（　　　　）关系。

5. 在 3300 V 的交流电源中，接入降压变压器，二次绕组输出电压为 220 V，若一次绕组为 2100 匝，则变压器的电压比为（　　　　），二次绕组的匝数为（　　　　）。

6. 变压器运行中，绕组中电流的热效应所引起的损耗称为（　　　　）损耗；交变磁场在铁心中所引起的（　　　　）损耗和（　　　　）损耗合称为（　　　　）损耗。

7. 变压器带负载运行时，若负载增大，其铁耗将（　　　　），铜耗将（　　　　）。

8. 特殊的电源变压器有（　　　　）、（　　　　）和电压互感器。

9. 三相变压器的额定电压，无论一次绕组或二次绕组均指其（　　　　）；而一次绕组或二次绕组的额定电流均指其（　　　　）。

10. 直流铁心线圈通过（　　　　）励磁，产生的磁通也是（　　　　）。

二、判断题

1. 自耦变压器由于一、二次侧有电的联系，故不能作为安全变压器使用。（　　　）

2. 互感器既可用于交流电路又可用于直流电路。（　　　）

3. 变压器是依据电磁感应原理工作的。（　　　）

4. 电机、电器的铁心通常是用软磁性材料制成的。（　　　）

5. 感应电动势的极性始终保持一致的端子称为同名端。（　　　）

6. 变压器的一次绕组就是高压绕组。（　　　）

7. 变压器的损耗越大，其效率就越低。（　　　）

8. 变压器从空载到满载，铁心中的工作主磁通和铁损耗基本不变。（　　　）

9. 变压器无论带何种性质的负载，当负载电流增大时，输出电压必降低。（　　　）

10. 电流互感器运行中二次侧不允许开路，否则会感应出高电压而造成事故。（　　　）

11. 互感器既可用于交流电路又可用于直流电路。（　　　）

三、选择题

1. 磁感应强度的单位是（　　　）。

A. 韦［伯］（Wb）　　　　　B. 特［斯拉］（T）　　　　　C. 伏秒（V·s）

2. 与磁介质的磁导率无关的物流量是（　　　）。

A. 磁通　　　　　　　B. 磁感应强度　　　　　　C. 磁场强度

3. 磁动势的单位是（　　　）。

A. Wb　　　　　　　　B. A/m　　　　　　　　C. A　　　　　　　　D. A·m

4. B 与 H 的关系是（　　　）。

A. $H=\mu B$　　　　　B. $H=\mu_0 B$　　　　　C. $B=\mu H$　　　　　D. $B=\mu_0 H$

5. 磁性物质的磁导率 μ 不是常数，因此 （　　）。

　　A. B 与 H 不成正比　　　　B. Φ 与 B 不成正比　　　　C. Φ 与 I 不成正比

6. 铁磁材料在磁化过程中，当外加磁场 H 不断增加，而测得的磁感强度几乎不变的性质称为 （　　）。

　　A. 磁滞性　　　　　　　　B. 剩磁性　　　　　　　　C. 高导磁性　　　　　　　　D. 磁饱和性

7. 铁磁性物质在反复磁化过程中的 B-H 关系是 （　　）。

　　A. 起始磁化曲线　　　　　　　　　　　　　　B. 磁滞回线

　　C. 基本磁化曲线　　　　　　　　　　　　　　D. 局部磁滞回线

8. 为了减小涡流损耗，交流铁心线圈中的铁心由硅钢片 （　　） 叠加。

　　A. 垂直磁场方向　　　　B. 顺着磁场方向　　　　C. 任意

9. 变压器若带感性负载，从轻载到满载，其输出电压将会 （　　）。

　　A. 升高　　　　　　　　B. 降低　　　　　　　　C. 不变

10. 变压器从空载到满载，铁心中的工作主磁通将 （　　）。

　　A. 增大　　　　　　　　B. 减小　　　　　　　　C. 基本不变

11. 电压互感器实际上是降压变压器，其一、二次侧匝数及导线截面积情况是 （　　）。

　　A. 一次侧匝数多，导线截面积小　　　　　　　　B. 二次侧匝数多，导线截面积小

　　C. 一次侧匝数多，导线截面积大　　　　　　　　D. 二次侧匝数多，导线截面积大

12. 当变压器一次电压一定时，若二次电流增大，则一次电流将 （　　）。

　　A. 增大　　　　　　　　B. 减小　　　　　　　　C. 略有减小　　　　　　　　D. 不变

13. 制造普通变压器铁心的磁性材料是 （　　）。

　　A. 碳钢　　　　　　　　B. 硅钢片　　　　　　　　C. 铝镍钴合金　　　　　　　　D. 硬磁铁氧体

14. 自耦变压器的电压比为 k，其一、二次电压和电流之比分别为 （　　）。

　　A. k、k　　　　B. $1/k$、$1/k$　　　　C. $1/k$、k　　　　D. k、$1/k$

15. 一台变压器一、二次电压为 60 V/12 V，若二次绕组接一电阻 $R_t = 8\ \Omega$，则从一次绕组看进去的等效电阻是 （　　）。

　　A. 40 Ω　　　　　　　　B. 80 Ω　　　　　　　　C. 120 Ω　　　　　　　　D. 200 Ω

16. 自耦变压器不能作为安全电源变压器的原因是 （　　）。

　　A. 公共部分电流太小　　　B. 一、二次有电的联系　　　C. 一、二次有磁的联系

习题

6.1　变压器的一次绕组有 800 匝，一次电压为 200 V，二次侧接一电阻，其二次电压为 40 V，电流为 8 A，求一次电流及二次绕组匝数。

6.2　有一台降压变压器，一次绕组接到 6600 V 的交流电源上，二次电压为 220 V。

1）求其电压比。

2）如果一次绕组匝数 $N_1 = 3300$，求二次绕组匝数。

3）如果电源电压减小到 6000 V，为使二次电压保持不变，试问一次绕组匝数应调整到多少？

6.3　某变压器的一次电压为 220 V，二次电压为 36 V，已知一次绕组匝数为 1100 匝，试求：

1）二次绕组匝数。

2）若在二次侧接入一盏 36 V、100 W 的白炽灯，问一、二次电流各是多少？

6.4　有一交流铁心线圈，接在 $f = 50$ Hz 的正弦交流电源上，在铁心中得到磁通的最大值为 $\Phi_m = 2.25 \times 10^{-3}$ Wb。现在此铁心上再绕一个线圈，其匝数为 200，当此线圈开路时，求其两端电压。

6.5　有一单相照明变压器，容量为 10 kV·A，运行电压为 3300 V/220 V。欲在二次绕组接上 60 W、220 V 的白炽灯，如果要变压器在额定情况下工作，这种白炽灯可接多少盏？并求一、二次绕组的额定电流。

6.6 将 $R_L = 8\,\Omega$ 的扬声器接在输出变压器的二次绕组，已知 $N_1 = 300$，$N_2 = 100$，信号电动势 $E = 6\,V$，内阻 $R_0 = 100\,\Omega$，试求信号源输出的功率。

6.7 一台容量为 $20\,kV\cdot A$ 的照明变压器，电压为 $6600\,V/220\,V$，问它能够正常供应 $220\,V$、$40\,W$ 的白炽灯多少盏？能供给 $\cos\varphi = 0.6$、电压为 $220\,V$、功率 $40\,W$ 的日光灯多少盏？

6.8 将一铁心线圈接于电压 $U = 100\,V$、$f = 50\,Hz$ 的正弦电源上，电流 $I_1 = 5\,A$，$\cos\varphi_1 = 0.7$。若将此线圈中的铁心抽出，再接于上述电源上，则线圈中电流 $I_2 = 10\,A$，$\cos\varphi_2 = 0.05$，试求此线圈在具有铁心时的铜损和铁损。

6.9 有一台 D-50/10 单相变压器，$S_N = 50\,kV\cdot A$，$U_{1N}/U_{2N} = 10500\,V/230\,V$，试求变压器一、二次绕组的额定电流。

6.10 一台 $220\,V/110\,V$ 的变压器，电压比 $k = \dfrac{N_1}{N_2} = 2$，能否一次绕组用 2 匝，二次绕组用 1 匝，为什么？

6.11 有一台单相变压器，额定容量为 $5\,kV\cdot A$，高、低压侧均由两个绕组组成，一次侧每个绕组额定电压均为 $U_{1N} = 1100\,V$，二次侧每个绕组额定电压均为 $U_{2N} = 110\,V$，用这台变压器进行不同的连接，问可得到几种不同的变化？每种连接一、二次侧的额定电流为多少？

第 6 章答案

第7章 电 动 机

【内容提要】电动机的类型有交流电动机、直流电动机和控制电动机等。本章重点介绍三相异步电动机的结构、转动原理和使用方法（起动、反转、调速、制动以及铭牌数据等），简单介绍单相异步电动机、直流电动机、三相同步电动机和控制电动机的工作原理和使用方法。

【本章目标】了解三相异步电动机的基本构造、转动原理和机械特性，掌握起动和反转的方法，了解调速和制动的方法；理解三相异步电动机的铭牌数据的意义；掌握单相异步电动机、直流电动机、三相同步电动机和控制电动机的工作原理和使用方法。

7.1 电动机概述

实现电能与机械能相互转换的设备称为电机。发电机是机械能转换成电能的机械设备，由水轮机、汽轮机、柴油机或其他动力机械驱动，将水流、气流、燃料燃烧或原子核裂变产生的能量转化为电能。电动机是将电能转换为机械能。现代各种生产机械都广泛应用电动机来驱动。

电动机的种类繁多，分类方法也多种多样。按照所应用的电流种类，电动机可以分为直流电动机和交流电动机两大类。

直流电动机是将直流电能转换成机械能的旋转电机，按照励磁方式的不同分为他励、并励、串励和复励四种。其结构复杂、价格较贵、维护麻烦，但是由于调速性能较好和起动转矩较大，常常应用在调速要求较高和起动转矩较大的生产机械上。如轧钢机及某些重型机床的主传动机构，以及在某些电力牵引和起重设备中。

交流电动机按工作原理的不同分为同步电动机和异步电动机两种；按电源类型分为单相电动机和三相电动机。其中单相同步电动机容量很小，常用于要求恒速的自动和遥控装置以及钟表、仪表工业中。三相同步电动机常用于要求转速恒定和需要改善功率因数的、电动机容量在数百千瓦级以上的设备中。异步交流电动机因其具有结构简单、制造容易、价格低廉、维护方便及运行可靠等优点被广泛应用在工农业生产中。单相异步电动机常用于功率不大的电动工具和某些家用电器中。三相异步电动机是各种电动机中应用最广、需求量最大的一种电动机，它被广泛地用来驱动各种金属切削机床、起重机、锻压机、传送带、功率不大的通风机及水泵等。

除上述电力用电动机外，在自动控制系统和计算装置中还用到各种控制电动机。控制电动机的种类很多，常用的控制电动机包括伺服电动机、步进电动机、自整角机、旋转变压器和电机扩大机等。由于容量和体积都比较小，所以控制电动机常称为微特电机。

本章主要讨论三相交流异步电动机，对单相异步电动机、直流电动机、三相同步电动机和控制电动机仅做简单介绍。

7.2　三相异步电动机的结构和工作原理

电动机结构

7.2.1　三相异步电动机的结构

三相异步电动机的结构主要包括两个基本部分：固定部分称为定子；可旋转部分称为转子。三相异步电动机的结构如图7-1所示。

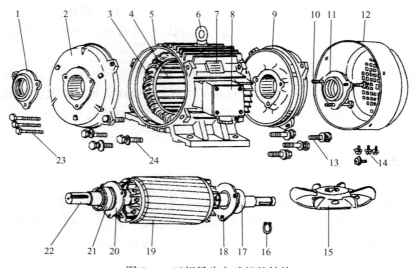

图7-1　三相异步电动机的结构

1、11—轴承外盖　2、9—端盖　3—定子绕组　4—定子铁心　5—机座　6—吊环　7—铭牌
8—接线盒　10、23—轴承盖螺栓　12—风扇罩　13、24—端盖螺栓　14—风扇罩螺钉
15—外风扇　16—外风扇卡圈　17、21—轴承　18、20—轴承内盖　19—转子　22—轴

1. 定子

三相电动机定子一般由外壳、定子铁心及定子绕组（线圈）等组成。外壳包括机座、端盖、轴承盖、接线盒等部件。机座用铸铁、铸钢、压铸铝、挤压铝、钢板焊接等制成。其作用是保护和固定定子铁心和绕组。为了减小铁心涡流损耗，定子铁心一般由相互绝缘的薄硅钢片（0.35～0.5mm）叠压而成，如图7-2所示，铁心内圆周表面冲有均匀分布的槽，用来放置对称三相绕组，三相绕组有星形和三角形联结两种方式。

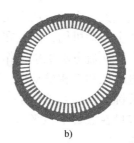

a)　　　　　　　b)

图7-2　定子铁心及冲片
a）定子铁心　b）定子铁心冲片

三相定子绕组由相互绝缘的多匝线圈绕制而成，按照一定规律放置在定子铁心槽内。定子三相绕组首端（U_1、V_1、W_1）和末端（U_2、V_2、W_2）共6个出线端都引至接线盒上。这6个出线端在接电源之前根据需要接成星形（Y）或三角形（△），如图7-3所示。

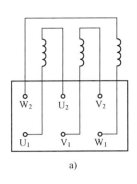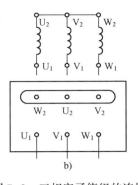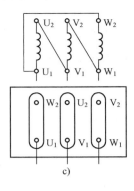

图 7-3　三相定子绕组的连接

a）三相定子绕组　b）星形联结　c）三角形联结

2. 转子

三相异步电动机的转子由转子铁心、转子绕组和转轴三部分组成。转子铁心是圆柱状的，套在转轴上。转子根据构造上的不同分为笼型转子和绕线转子两种形式。笼型转子铁心表面冲有槽，在槽中放入铜条，其两端用两个端环把所有导条两端分别连接起来，如图 7-4 所示；或者槽中浇铸铝液，铸成一个笼型，相当于闭合的绕组，如图 7-5 所示。

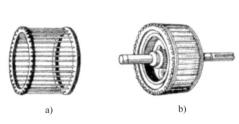

图 7-4　铜条笼型转子

a）笼型绕组　b）转子外形

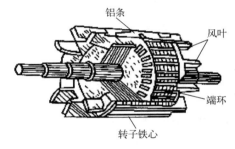

图 7-5　铸铝笼型转子

绕线转子的绕组与定子绕组基本相同，也在槽内放置三相对称绕组，绕组的末端做星形联结，始端连接在三个铜制的集电环上，集电环固定在转轴上，与转轴同轴旋转，如图 7-6 所示。环与环、环与转轴之间相互绝缘。在机座的端部安装有三组固定不动的电刷，转子绕组的三个首端通过集电环和电刷引到机座的接线盒里，以便在转子电路中串入外电阻，以改善电动机的起动和调速性能。

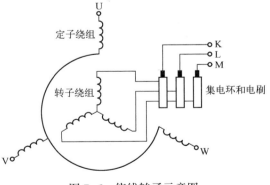

图 7-6　绕线转子示意图

笼型电动机与绕线转子电动机只是在转子的构造上不同，它们的工作原理是一样的。绕线转子电动机起动和调速性能好，但结构复杂、价格比较高；笼型电动机由于构造简单，价格低廉，工作可靠，使用方便，成为生产上应用得最广泛的一种电动机。

7.2.2 三相异步电动机的转动原理

1. 电动机的旋转磁场

三相异步电动机转子之所以会旋转、实现能量转换，是因为转子气隙内有一个旋转磁场（一种极性和大小不变，并且以一定转速旋转的磁场）。

（1）旋转磁场的产生

在三相交流异步电动机中，旋转磁场不是永久磁极产生的，而是利用在定子铁心中放置三相对称绕组 U_1U_2、V_1V_2、W_1W_2，绕组做星形或者三角形联结后，接入三相正弦交流电

旋转磁场的产生

流，从而在电动机的定子和转子空间里产生一个固定速度的旋转磁场。如图7-7所示，以绕组星形联结通入三相对称电流为例说明旋转磁场的产生。

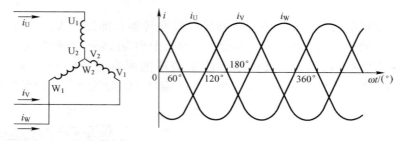

图7-7 定子绕组星形联结通入三相对称电流

为了简化起见，设每相绕组只有一个线匝，三个绕组分别嵌放在定子铁心圆周上在空间位置互差120°对称分布的6个凹槽之中。U相绕组的始端用 U_1 来表示，末端用 U_2 来表示；另两相绕组的始末端分别为 V_1、V_2 和 W_1、W_2。

根据各个不同瞬时每相绕组的电流及其方向，分析定子铁心的磁场分布情况。为了方便分析，规定电流为正值时，从绕组的始端流入（标"×"）、末端流出（标"·"）；电流为负值时，从绕组的末端流入（标"×"）、始端流出（标"·"）。

当 $\omega t = 0°$ 时，U相电流 $i_U = 0$。W相电流 i_W 为正值，即从 W_1 端流入，从 W_2 端流出。V相电流 i_V 为负值，即从 V_2 端流入，从 V_1 端流出。根据电流的流向，应用右手螺旋定则，由 i_W 和 i_V 产生的合成磁场如图7-8a所示。

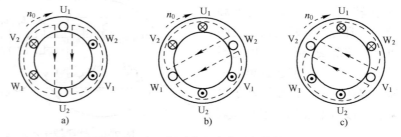

图7-8 由三相对称电流产生的旋转磁场

a）$\omega t = 0°$ 时，磁极对位置　b）$\omega t = 60°$ 时，磁极对位置　c）$\omega t = 120°$ 时，磁极对位置

当 $\omega t = 60°$ 时，W相电流 $i_W = 0$。U相电流 i_U 为正值，即从 U_1 端流入，从 U_2 端流出。V相电流 i_V 为负值，即从 V_2 端流入，从 V_1 端流出。由 i_U 和 i_V 产生的合成磁场如图7-8b所

示。可以看出，此时的合成磁场与 $\omega t = 0°$ 时相比，按顺时针方向旋转了 60°。

当 $\omega t = 120°$ 时，V 相电流 $i_V = 0$。U 相电流 i_U 为正值，即从 U_1 端流入，从 U_2 端流出。W 相电流 i_W 为负值，即从 W_2 端流入，从 W_1 端流出。由 i_U 和 i_W 产生的合成磁场如图 7-8c 所示。可以看出，此时的合成磁场与 $\omega t = 60°$ 时相比，又按顺时针方向旋转了 60°。不难理解，当 $\omega t = 180°$ 时，合成磁场和 $\omega t = 0°$ 时相比，按顺时针方向旋转了 180°。根据这样的规律，当 $\omega t = 360°$ 时，合成磁场正好转一周。

旋转磁场的转向和电动机定子绕组通入电流的顺序有关，电动机定子绕组 $U_1 - U_2$、$V_1 - V_2$、$W_1 - W_2$ 按 U、V、W 的顺序接到三相电源上。从前面的分析可知，此时旋转磁场也是按顺时针方向转动的。如果将定子绕组上的三根引线中的任意两根对调接到三相电源上，这时定子三相绕组中的电流相序就改变了，产生的旋转磁场也将按逆时针方向旋转。异步电动机的反转就是利用这一原理实现的。

由此可见，磁场的转向与通入绕组的三相电流相序有关。任意对调两根三相电源接到定子绕组上的导线，就可以改变异步电动机的旋转方向。

（2）旋转磁场的转速

从前面的示例分析可知，当电流变化一周时，磁场恰好在空间旋转了一圈。设电流的频率为 f_1，则每分钟变化 $60f_1$ 次，因此，旋转磁场的转速为

旋转磁场的转速

$$n_0 = 60f_1 \qquad (7-1)$$

式中，n_0 的单位为 r/min（转/分）。当 f_1 为 50 Hz 时，旋转磁场的转速为 3000 r/min。

上面所讨论的旋转磁场的转速对应于一对磁极的情况，也就是只有一对 N 极和 S 极，即每相绕组只有一个线圈，绕组的始端之间相差 120°空间角，则产生的旋转磁场具有一对磁极，即 $p = 1$（p 为磁极对数）。如果电动机绕组由原来的 3 个绕组增至为 6 个绕组，每个绕组的始端（或末端）之间在定子铁心的内圆周上按互差 60°的规律进行排列，则产生的旋转磁场具有两对磁极，即 $p = 2$，如图 7-9 所示。

如图 7-10 所示，当电流从 $\omega t = 0°$ 到 $\omega t = 60°$ 经历了 60°时，磁场在空间仅旋转了 30°。也就是说，当电流经历了一个周期（360°）时，磁场在空间则旋转半个周期（180°）。由此可知，电流频率相同时，两对磁极的旋转速度比一对磁极的旋转磁场的转速慢一半，即 $n_0 = 60f_1/2$。

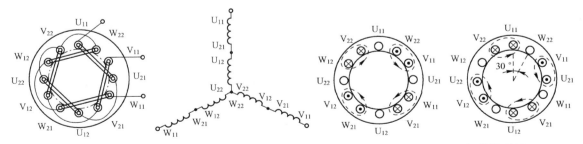

图 7-9 旋转磁场的定子绕组及分布图 　　　　图 7-10 两对磁极的旋转磁场

同理，对于一般情况，当旋转磁场具有 p 对磁极时，旋转磁场的速度为

$$n_0 = \frac{60f_1}{p} \qquad (7-2)$$

式中，n_0 为旋转磁场的旋转速度（又称同步转速）；f_1 为三相交流电流频率；p 为磁极对数。

由式（7-2）可知，旋转磁场的转速 n_0 的大小与电源频率 f_1 成正比，与磁极对数 p 成反比。其中 f_1 由异步电动机的供电电源频率决定，而 p 为三相绕组的每相串联的线圈个数。在我国，工频 $f_1 = 50\,\text{Hz}$，可得出对应于不同磁极对数 p 的旋转磁场转速 n_0，见表 7-1。

表 7-1　旋转磁场的转速 n_0 与磁极对数 p 的关系（$f_1 = 50\,\text{Hz}$）

p	1	2	3	4	5	6
$n_0/(\text{r/min})$	3000	1500	1000	750	600	500

2. 电动机的转动原理

三相异步电动机转子转动的原理图如图 7-11 所示。图中用 N、S 磁极来表示定子旋转磁场，用两根导条表示转子。当旋转磁场以 n_0 顺时针方向旋转时，转子导条则相对旋转磁场逆时针转动而切割磁力线，导条中就感应出电动势。由于导条是闭合的，则产生感应电流，其方向由右手定则确定。该电流与旋转磁场相互作用，从而使转子导条受到电磁力 F。根据左手定则来确定电磁力的方向，由电磁力产生顺时针方向的电磁转矩，于是转子就转动起来。

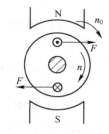

图 7-11　三相异步电动机
转子转动的原理图

3. 转差率

从三相异步电动机的工作原理可知，转子总是跟随定子旋转磁场而转动，二者转动的方向相同，电动机的转速 n（转子转速）略低于旋转磁场的转速 n_0（同步转速），二者异步，这就是异步电动机名称的由来。

旋转磁场的转速 n_0 与电动机的转速 n 之差（$n_0 - n$），用符号 Δn 表示，称为相对转速。相对转速与旋转磁场的转速 n_0 的比值称为转差率 s，即

$$s = \frac{n_0 - n}{n_0} \times 100\% = \frac{\Delta n}{n_0} \times 100\% \tag{7-3}$$

转差率是描绘异步电动机运行情况的一个重要的物理量，运行中的三相异步电动机的额定转速与同步转速相近，所以转差率很小。在电动机起动瞬间，$n = 0$，$s = 1$，转差率最大；空载运行时，转子转速最高，转差率最小；一般情况下，额定负载时的转差率为 $1\% \sim 5\%$。

式（7-3）也可写成

$$n = (1 - s)n_0 \tag{7-4}$$

【思考与练习】

7.2.1　若将三相异步电动机的三根电源线顺序对调（即由原先 L_1 接电动机的 U、L_2 接 V、L_3 接 W，现改为 L_1 接 V、L_2 接 W、L_3 接 U），是否可以改变旋转磁场的方向？

7.2.2　三相异步电动机的额定转速为 975 r/min，试求电动机的磁极对数和额定负载时的转差率。电源频率 $f_1 = 50\,\text{Hz}$。

7.2.3　三相异步电动机有 380 V/220 V 两种额定电压，定子绕组可以接成星形或者三角形，试问何时采用星形联结？何时采用三角形联结？

7.2.4　在电源电压不变的情况下，如果将三角形联结的电动机误接成星形，或者将星形联结的电动机误接成三角形，其后果如何？

7.3 三相异步电动机的电磁转矩与机械特性

三相异步电动机的作用是把电能转换为机械能，它输送给生产机械的是转矩和转速。在使用电动机时总是要求电动机的转矩与转速的关系满足机械负载的要求。电动机的机械特性是指在定子电压、频率和参数固定的条件下，电磁转矩 T 与转速 n（或转差率 s）之间的函数关系。

7.3.1 三相异步电动机的电磁转矩

电动机的电路分析

1. 电动机的电路分析

图 7-12 为三相异步电动机的一相电路。异步电动机的定子绕组相当于变压器的一次绕组，转子绕组则相当于变压器的二次绕组。u_1 为定子的相电压；i_1、i_2 分别为定子相电流和转子相电流；R_1、R_2 分别为定子和转子每相绕组的电阻；e_1、e_2 分别为旋转磁场主磁通在定子、转子每相绕组中的感应电动势；$e_{\sigma1}$、$e_{\sigma2}$ 分别为旋转磁场的漏磁通在定子、转子每相绕组中感应的漏磁电动势。三相异步电动机中的电磁关系同变压器相似。

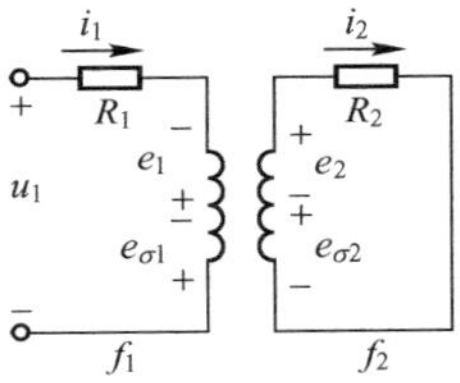

对于定子电路，每相电路电压方程为

$$u_1 = (-e_1) + (-e_{\sigma1}) + R_1 i_1 = (-e_1) + L_{\sigma1}\frac{di_1}{dt} + R_1 i_1$$

用相量表示为

$$\dot{U}_1 = -\dot{E}_1 + jX_1\dot{I}_1 + R_1\dot{I}_1 \tag{7-5}$$

式中，R_1 和 X_1 分别为定子每相绕组的电阻和感抗（漏磁感抗）。

图 7-12 三相异步电动机的一相电路

如果忽略 R_1 和 X_1，可得

$$\dot{U}_1 \approx -\dot{E}_1$$

或

$$U_1 \approx E_1 = 4.44 f_1 N_1 \Phi \tag{7-6}$$

式中，N_1 为定子绕组匝数；Φ 为每相绕组的磁通最大值；f_1 为电源频率。

因为旋转磁场和定子间的相对转速为 n_0，所以

$$f_1 = \frac{pn_0}{60} \tag{7-7}$$

即为电源或定子电流的频率。

对于转子电路，每相电路电压方程为

$$e_2 = R_2 i_2 + (-e_{s2}) = R_2 i_2 + L_{s2}\frac{di_2}{dt}$$

用相量表示为

$$\dot{E}_2 = R_2\dot{I}_2 + (-\dot{E}_2) = R_2\dot{I}_2 + jX_2\dot{I}_2 \tag{7-8}$$

式中，R_2 和 X_2 分别为转子每相绕组的电阻和感抗（漏磁感抗）。

异步电动机中转子与定子是相对运动的，所以转子电流频率 f_2 也随转子转速的不同而改变。旋转磁场与转子间的相对转速为 (n_0-n)，所以转子频率 f_2 为

$$f_2 = \frac{p(n_0-n)}{60} = \frac{n_0-n}{n_0}\cdot\frac{pn_0}{60} = sf_1 \tag{7-9}$$

可见转子频率 f_2 与转差率 s 有关，也就是与转速 n 有关。

由式（6-4）得转子电动势 e_2 的有效值为

$$E_2 = 4.44 N_2 f_2 \Phi = 4.44 s f_1 N_2 \Phi \tag{7-10}$$

当 $n=0$，$s=1$ 时，转子电动势为

$$E_{20} = 4.44 N_2 f_1 \Phi$$

即

$$E_2 = s E_{20}$$

式中，N_2 为转子绕组每相匝数。

转子感抗 X_2 与转子频率 f_2 有关，即

$$X_2 = 2\pi f_2 L_{\sigma2} = 2\pi s f_1 L_{\sigma2} \tag{7-11}$$

当 $n=0$，$s=1$ 时，转子感抗为

$$X_{20} = 2\pi f_1 L_{\sigma2}$$

即

$$X_2 = s X_{20}$$

由式（7-8）可得转子每相绕组中电流 I_2 和功率因数 $\cos\varphi_2$ 分别为

$$I_2 = \frac{E_2}{\sqrt{R_2^2 + X_2^2}} = \frac{s E_{20}}{\sqrt{R_2^2 + (s X_{20})^2}} \tag{7-12}$$

$$\cos\varphi_2 = \frac{R_2}{\sqrt{R_2^2 + X_2^2}} = \frac{R_2}{\sqrt{R_2^2 + (s X_{20})^2}} \tag{7-13}$$

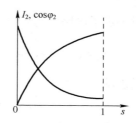

图 7-13　I_2、$\cos\varphi_2$ 和 s 关系

式（7-12）和式（7-13）说明：转子电流 I_2 和功率因数 $\cos\varphi_2$ 都是转差率的函数，如图 7-13 所示。当 s 很小，$\cos\varphi_2 \approx 1$ 时，变化也较缓慢，而 I_2 却由 0 迅速增大；当 s 较大时，I_2 增加缓慢，而 $\cos\varphi_2$ 却迅速减小，这是因为 s 的增大使 X_2 增大。

2. 三相异步电动机的电磁转矩

三相异步电动机的电磁转矩 T 是三相异步电动机的重要参数。三相异步电动机的输入功率 P_1 除去定子上的铜损和铁损，剩余功率经气隙传递到转子（忽略转子铁损），这部分由转子转轴上输出的机械功率 P_2 称为电磁功率（即旋转机械功率），由此可得电磁转矩为

$$T = \frac{P_2}{\Omega} = \frac{P_2}{\dfrac{2\pi n}{60}} \tag{7-14}$$

式中，P_2 为转子输出功率（W）；Ω 为转子角速度（rad/s）；n 为转子转速（r/min）；电磁转矩 T 的单位为 N·m。

由三相异步电动机的转动原理可知，电磁转矩 T 是由转子电流 I_2 与旋转磁场的每极磁通 Φ 相互作用而产生的，转子电路呈感性，所以转子电动势超前转子电流 φ_2，即转子电流有功分量为 $I_2 \cos\varphi_2$。于是可得

$$T = K_T \Phi I_2 \cos\varphi_2 \tag{7-15}$$

式中，K_T 为与电动机结构有关的常数。由以上各式可得

$$T = K_T \Phi \frac{s E_{20}}{\sqrt{R_2^2 + (s X_{20})^2}} \frac{R_2}{\sqrt{R_2^2 + (s X_{20})^2}} = K \Phi E_{20} \frac{s R_2}{R_2^2 + (s X_{20})^2}$$

又因为

$$\Phi = \frac{E_1}{4.44N_1f_1} \approx \frac{U_1}{4.44N_1f_1}$$

$$E_{20} = 4.44N_2f_1\Phi \approx \frac{N_2}{N_1}U_1$$

所以有

$$T = K_T \frac{U_1^2 sR_2}{R_2^2 + (sX_{20})^2} \tag{7-16}$$

式（7-16）中，当电源频率一定时，K_T 为一常数。可见，三相异步电动机的电磁转矩 T 不仅与电动机的转差率 s 及转子电路参数 R_2、X_2 有关，而且与电源电压 U_1 的二次方成正比。所以电源电压是影响转矩的重要参数。

7.3.2　三相异步电动机的机械特性

机械特性

在一定的电源电压 U_1、频率 f_1 和转子电阻 R_2 条件下，转矩 T 与转差率 s 的关系 $T=f(s)$ 或转速与转矩的关系 $n=f(T)$ 称为三相异步电动机的机械特性。由式（7-16）并参照图 7-13 可画出 $T=f(s)$ 曲线，如图 7-14 所示。将 $T=f(s)$ 曲线表示 T 的横轴下移，再顺时针方向转过 90°即可得到如图 7-15 所示的 $n=f(T)$ 曲线。

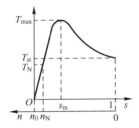

图 7-14　三相异步电动机的 $T=f(s)$ 曲线

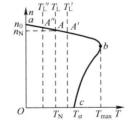

图 7-15　三相异步电动机的 $n=f(T)$ 曲线

在机械特性曲线上，为了分析电动机的运行性能，通常要注意以下三个转矩。

1. 额定转矩 T_N

电动机额定状态运行时的电磁转矩 T 与输出转矩（机械负载转矩）T_L、阻转矩 T_0 相平衡。由于 T_0 很小，可忽略不计，则电磁转矩为

$$T = T_L + T_0 \approx T_L$$

则有

$$T \approx T_L = \frac{P_2}{\frac{2\pi n}{60}}$$

当功率单位为 kW 时，电磁转矩为

$$T = \frac{P_2 \times 10^3}{\frac{2\pi n}{60}} \approx 9550 \times \frac{P_2}{n} \tag{7-17}$$

当电动机额定运行时，则 $P_2 = P_{2N}$（电动机轴上输出的额定机械功率），$n=n_N$（额定转

速），故电动机的额定转矩为

$$T_{N} = 9550 \frac{P_{2N}}{n_{N}} \qquad (7-18)$$

式中，P_{2N} 为电动机额定输出功率（kW）；n_N 为转子额定转速（r/min）；额定转矩 T_N 的单位为 N·m。

三相异步电动机一般都工作在机械特性曲线的 ab 段（见图 7-15）。当负载转矩增大时，电动机的转矩小于负载转矩，即 $T_N < T_L'$，于是电动机的转速 n 开始下降。随着转速 n 的下降，由图 7-15 可见，电动机的转矩却在增大，因为这时 I_2 增加的影响超过 $\cos\varphi_2$ 减小的影响。当增大到与负载转矩相等时，即 $T = T_L'$ 时，电动机就在新的稳定状态点 A' 下运行，这时转速比 A 点时低。当负载转矩减小时，负载转矩 T_L 变为 T_L''，电动机的转矩大于负载转矩，即有 $T_N > T_L''$。于是电动机的转速上升，随着转速的上升，电动机的转矩却在减小，当减小到与负载转矩相等时，即 $T = T_L''$ 时，电动机就在新的稳定状态点 A'' 下运行，这时的转速比 A 点时高。

2. 最大转矩 T_{max}

最大转矩（临界转矩）是电动机转矩的最大值，如图 7-15 所示。对应于最大转矩的转差率为临界转差率 s_m，它由 $\frac{dT}{ds}$ 求得[⊖]，即

$$s_{m} = \frac{R_{2}}{X_{20}} \qquad (7-19)$$

再将式（7-19）代入式（7-16），即得最大转矩为

$$T_{max} = K \frac{U_{1}^{2}}{2X_{20}} \qquad (7-20)$$

由式（7-20）可见，电动机最大转矩 T_{max} 与电源 U_1 的二次方成正比，而与转子电阻 R_2 无关；s_m 与 R_2 有关，R_2 越大，s_m 也越大。

对应于不同电源电压 U_1 的 $n = f(T)$ 曲线（$R_2 = $ 常数）及对应于不同转子电阻 R_2 的 $n = f(T)$ 曲线（$U_1 = $ 常数）如图 7-16 和图 7-17 所示。

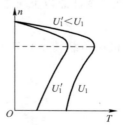

图 7-16 对应于不同电源电压 U_1 的 $n = f(T)$ 曲线（$R_2 = $ 常数）

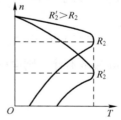

图 7-17 对应于不同转子电阻 R_2 的 $n = f(T)$ 曲线（$U_1 = $ 常数）

当负载转矩超过最大转矩 T_{max} 时，电动机就带不动负载了，将发生所谓的堵转现象。此

⊖ $\frac{dT}{ds} = \frac{d}{ds}\left[K\frac{sR_2U_1^2}{R_2^2 + (sX_{20})^2}\right] = K\frac{[R_2^2 + (sX_{20})^2]R_2U_1^2 - sR_2U_1^2(2sX_{20}^2)}{[R_2^2 + (sX_{20})^2]^2} = 0$，得 $s = s_m = \pm\frac{R_2}{X_{20}}$（取正值）。

时电动机的电流相当于起动时的电流，即为额定电流的 4~7 倍，电动机绕组会因严重过热而烧坏。

一般情况下，电动机的最大过载可以接近最大转矩。如果过载时间较短，电动机不至于立刻过热，这是允许的。因此，最大转矩也表示电动机的短时容许过载能力。电动机的最大转矩 T_{max} 与额定转矩 T_N 之比称为电动机的过载系数 λ，即

$$\lambda = \frac{T_{max}}{T_N} \tag{7-21}$$

一般三相异步电动机的过载系数为 1.8~2.3。

在选用电动机时，必须考虑可能出现的最大负载转矩，应使负载转矩小于最大转矩，给电动机留有余地；否则，就要重选电动机。

3. 起动转矩 T_{st}

电动机刚与电源接通、转子还未转动时的状态，对应曲线上 $n=0$、$T=T_{st}$ 点，转矩 T_{st} 称为起动转矩。将 $s=1$ 代入式（7-16）可得

$$T_{st} = K\frac{R_2 U_1^2}{R_2^2 + X_{20}^2} \tag{7-22}$$

由此可见，起动转矩 T_{st} 与电源 U_1 的二次方成正比。当电源电压 U_1 降低时，起动转矩 T_{st} 会显著减小（见图 7-16）。当转子电阻适当增大时，起动转矩会增大（见图 7-17）。由式（7-19）、式（7-20）及式（7-22）可推出：当 $R_2 = X_{20}$ 时，$T_{st} = T_{max}$，$s_m = 1$。但继续增大 R_2 时，T_{st} 就会减小，这时 $s_m < 1$。

【思考与练习】

7.3.1 三相异步电动机的电磁转矩是如何产生的？与哪些因素有关？

7.3.2 三相异步电动机在一定的负载转矩下运行时，如电源电压降低，电动机的转矩、电流及转速有无变化？

7.3.3 为什么三相异步电动机不在最大转矩 T_{max} 处或接近最大转矩处运行？

7.3.4 频率为 60 Hz 的三相异步电动机，若接在 50 Hz 的电源上使用，将会发生何种现象？

7.4 三相异步电动机的起动

三相异步电动机的起动

7.4.1 起动性能

起动瞬间，由于 $n=0$、$s=1$，定子绕组会产生很大的起动电流 I_{st}，一般中小型笼型电动机定子起动电流（线电流）约为额定电流的 5~7 倍。通常，电动机的起动时间很短，一般为几秒到十几秒，只要不是频繁起动，不会使电动机产生过热。但是很大的起动电流会使交流供电线路上的端电压下降，从而影响其他负载的正常工作。由异步电动机的机械特性曲线可知，在起动的初始瞬间，起动转矩 T_{st} 并不大，一般只有额定转矩的 1.0~2.5 倍。如果起动转矩过小，电动机则将堵转；如果起动转矩过大，会使机械传动机构受到冲击而损坏。因此，电动机起动时既要把起动电流限制在一定数值之内，又要有合适的起动转矩，则必须采取适当的起动方法。

7.4.2　起动方法

1. 直接起动

一般规定三相异步电动机的额定功率小于 7.5 kW 时允许直接起动，当电源容量较大且电动机起动不频繁时，也可以允许 20~30 kW 的电动机直接起动。直接起动可以利用刀开关（额定电流在 100~1500 A）或交流接触器控制，直接给电动机加上额定电压使之起动，这种方法简单经济，不需要专门设备，但因为起动电流较大，要评估对电网或其他用电器影响的程度后再决定是否采用直接起动。

能否直接起动，一般可按经验公式 $\dfrac{I_{st}}{I_N} \leqslant \dfrac{3}{4} + \dfrac{电源总容量(kV \cdot A)}{4 \times 起动电动机功率(kW)}$ 判定。

2. 减压起动

若三相交流异步电动机的功率较大，或者起动频繁，为了减小它的起动电流，一般采用减压起动的方法。减压起动的方法是指在电动机起动时先降低加在定子绕组上的电压，以减小起动时的电流。通常采用的减压起动方法有以下几种。

（1）星形-三角形（Y-△）换接起动

对正常运行采用△联结的笼型异步电动机，在起动时先换接成Y联结，待起动完毕电动机转速接近额定值时再换接成△联结，这种起动方法称为Y-△换接起动。如图 7-18 所示为定子绕组的两种接法，三相电源的线电压为 U_L，每一相定子绕组的等效阻抗为 $|Z|$，绕组Y联结的相电流和线电流分别用 I_{PY} 和 I_{LY} 表示，△联结的相电流与线电流分别用 $I_{P\triangle}$ 与 $I_{L\triangle}$ 表示；定子绕组星形联结时，一相绕组上的电压为 $\dfrac{U_L}{\sqrt{3}}$，流过绕组的电流 $I_{LY} = I_{PY} = \dfrac{U_L}{\sqrt{3}\,|Z|}$；定子绕组△联结时，一相绕组上的电压为 U_L，流过绕组的电流为 $I_{P\triangle} = \dfrac{U_L}{|Z|}$，$I_{L\triangle} = \dfrac{\sqrt{3}\,U_L}{|Z|}$，因此，Y联结的起动电流只有△联结的起动电流的 1/3，但由于起动转矩与定子绕组上所加电压的二次方成正比，所以绕组Y联结的起动转矩也减小到△联结起动转矩的 1/3。

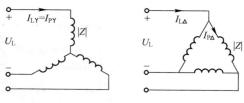

图 7-18　三相定子绕组的两种接法

三相交流电动机的Y-△换接减压起动可用三刀双掷开关 Q_2 来实现，如图 7-19 所示。起动时先将 Q_2 扳下投入起动位置，接着合上电源开关 Q_1，于是电动机在Y联结下起动，待转速上升到额定值时，再将 Q_2 从起动位置扳向运行位置，电动机在△联结下正常运行。

Y-△换接减压起动的优点是体积小，寿命长，动作可靠，起动过程没有电能损耗，适用于轻载或空载起动。

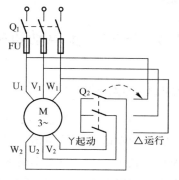

图 7-19　Y-△换接减压起动

（2）自耦变压器减压起动

利用三相自耦变压器减压起动，可以实现功率较大且电动机正常运行时定子绕组不能采用△联结的减压起动。接线图如图 7-20a 所示，起动时将 S 置于起动位置，此时异步电动机的定子绕组接到自耦变压器的二次绕组上，根据负载对起动转矩的要求，让自耦变压器的二次绕组输出电压降低到某一合适电压，电动机起动后当转速接近额定值时，再将 S 扳向运行位置，这时异步电动机便脱离自耦变压器，直接与电网相接。

自耦变压器备用抽头（QJ2 系列抽头有 73%、64%、55%；QJ3 系列抽头有 80%、60%、40%），以便得到不同的电压，根据对起动转矩的要求而选用。

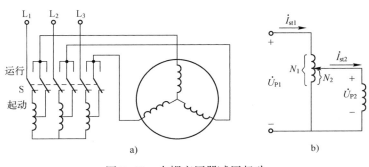

图 7-20　自耦变压器减压起动
a）接线图　b）一相等效电路

自耦变压器减压起动一相等效电路如图 7-20b 所示，U_{P1} 为电源的相电压，即为直接起动时加在电动机定子绕组上的相电压，U_{P2} 为减压起动时加在电动机定子绕组上的相电压，两者关系为 $\dfrac{U_{P1}}{U_{P2}}=\dfrac{N_1}{N_2}=K$；$I'_{st2}$ 为减压起动时电动机的起动电流，即自耦变压器二次电流，它与直接起动（即全压起动）时的起动电流 I_{st1} 的关系为 $\dfrac{I'_{st2}}{I_{st1}}=\dfrac{U_{P2}}{U_{P1}}=\dfrac{1}{K}$；$I'_{st}$ 为减压起动时线路的起动电流，即自耦变压器一次电流，它与 I'_{st2} 的关系为 $\dfrac{I'_{st}}{I'_{st2}}=\dfrac{1}{K}$。于是可得线路起动电流 $I'_{st}=\dfrac{I_{st}}{K^2}$，因转矩与电压二次方成正比，故减压起动时的起动转矩 $T'_{st}=\dfrac{T_{st}}{K^2}$，其中，$T_{st}$ 为直接起动时的起动转矩。可见，采用自耦变压器减压起动，同时也减小了起动电流和起动转矩（$K>1$）。

自耦变压器减压起动适用于功率较大或正常运行时为Y联结、不能采用Y-△换接减压起动的笼型异步电动机。但自耦变压器体积大，价格高，维修不便，不允许频繁起动。

（3）绕线转子串电阻起动

绕线转子异步电动机可以通过集电环与电刷在转子电路串入起动电阻来减压起动，如图 7-21 所示。起动时，首先将起动电阻调节到最大电阻值，合上电源开关 Q，电动机开始转动。因转子电路串入电阻，转子电流减小，从而达到减小起动电流的目的。随着电动机转速的升高，使起动电阻逐步减小，当转速达到额定值后，将起动电阻短接，电动机投入正常运行。绕线转子异步电动机在转子电路串入适当电阻，可以提高起动转矩，因此，这种起动方法不仅可以减小起动电流，还可使起动转矩增大，常用于要求起动转矩较大的生产机械上，例如卷扬机、锻压机、起重机等。

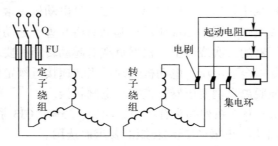

图 7-21　绕线转子串电阻起动

【例 7-1】 有一 Y225M-4 型三相异步电动机，其额定数据见表 7-2。试求：

1）额定电流。

2）额定转差率 s_N。

3）额定转矩 T_N、最大转矩 T_{max}、起动转矩 T_{st}。

表 7-2　Y225M-4 型三相异步电动机的额定数据

功率	转速	电压	频率	效率	功率因数	I_{st}/I_N	T_{st}/T_N	T_{max}/T_N
45 kW	1480 r/min	380 V	50 Hz	92.3%	0.88	7.0	1.9	2.2

解： 1）4~100 kW 的电动机通常都是 380 V、△联结，即

$$I_N = \frac{P_2 \times 10^3}{\sqrt{3}\, U\cos\varphi\eta} = \frac{45 \times 10^3}{\sqrt{3} \times 380 \times 0.88 \times 0.923}\,\text{A} = 84.2\,\text{A}$$

2）已知 $n = 1480$ r/min，电动机是四极的，即 $p=2$，$n_0 = 1500$ r/min。所以有

$$s_N = \frac{n_0 - n}{n_0} \times 100\% = \frac{1500 - 1480}{1500} \times 100\% = 1.3\%$$

3）

$$T_N = 9.55 \times \frac{45 \times 10^3}{1480}\,\text{N} \cdot \text{m} = 290.4\,\text{N} \cdot \text{m}$$

$$T_{max} = \left(\frac{T_{max}}{T_N}\right) T_N = 2.2 \times 290.4\,\text{N} \cdot \text{m} = 638.9\,\text{N} \cdot \text{m}$$

$$T_{st} = \left(\frac{T_{st}}{T_N}\right) T_N = 1.9 \times 290.4\,\text{N} \cdot \text{m} = 551.8\,\text{N} \cdot \text{m}$$

【例 7-2】 对例 7-1 中的电动机采用自耦变压器减压起动，设起动时电动机的端电压降到电源电压的 72%，求线路起动电流和电动机的起动转矩。

解： 直接起动时的起动电流

$$I_{st} = 7I_N = 7 \times 84.2\,\text{A} = 589.4\,\text{A}$$

由

$$\frac{U_{P2}}{U_{P1}} = \frac{1}{K} = 0.72$$

得自耦变压器减压起动时的线路起动电流

$$I'_{st} = 0.72^2 I_{st} = 0.72^2 \times 589.4\,\text{A} = 305.5\,\text{A}$$

起动转矩

$$T'_{st} = 0.72^2 T_{st} = 0.72^2 \times 551.8\ \text{N} \cdot \text{m} = 286.1\ \text{N} \cdot \text{m}$$

【思考与练习】

7.4.1 三相异步电动机在满载和空载下起动时,起动电流和起动转矩是否一样?

7.4.2 绕线转子电动机采用转子串电阻起动时,所串电阻越大,起动转矩是否也越大?

7.5 三相异步电动机的调速

调速就是在同一负载下能得到不同的转速,以满足生产过程的要求。根据三相异步电动机的转速公式

$$n = (1-s)n_0 = (1-s)\frac{60f_1}{p}$$

可知,三相异步电动机调速的方法有三种,即改变电源频率 f_1、磁极对数 p 及转差率 s。前两者是笼型电动机的调速方法,后者是绕线转子电动机的调速方法。

7.5.1 变频调速

变频调速是通过改变笼型异步电动机定子绕组的供电频率 f 实现调速的。如图 7-22 所示为变频调速装置,它主要由整流器和逆变器组成。整流器先将频率 f 为 50 Hz 的三相交流电变换为直流电,再由

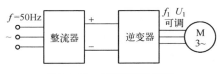

图 7-22 变频调速装置

逆变器变换为频率 f_1 可调、电压有效值 U_1 也可调的三相交流电,供给三相电动机,由此可实现电动机的无级调速,并具有较好的机械特性。

变频调速方式通常有以下两种:

1)当 $f_1 < f_{1N}$,即低于额定转速调速时,应保持 $\dfrac{U_1}{f_1}$ 的比值近于不变,也就是两者要成比例地同时调节。由 $U_1 \approx 4.44 f_1 N_1 \Phi$ 和 $T = K_T \Phi I_2 \cos\varphi_2$ 可知,磁通 Φ 和转矩 T 也都近似不变。这是恒转矩调速。

如果把转速调低时 $U_1 = U_{1N}$ 保持不变,在减小 f_1 时磁通 Φ 则将增加。这就会使磁路饱和,从而增加励磁电流和铁损耗,导致电动机过热,这是不允许的。

2)当 $f_1 > f_{1N}$,即高于额定转速调速时,应保持 $U_1 \approx U_{1N}$。这时磁通 Φ 和转矩 T 都将减小,转速增大,转矩减小,将使功率近似不变。这是恒功率调速。

如果把转速调高时 $\dfrac{U_1}{f_1}$ 的比值不变,在增加 f_1 的同时 U_1 也要增加。U_1 超过额定电压也是不允许的。

目前随着功率电子技术的迅速发展,三相异步电动机的变频调速技术越来越成熟。由于变频调速具有调速范围大、稳定性好、运行效率高等优点,因而得到了广泛应用。

7.5.2 变极调速

由式 $n_0 = \dfrac{60f_1}{p}$ 可知,转速 n_0 与电动机磁极对数 p 成反比。如果磁极对数减小一半,则旋转磁场的转速 n_0 便提高一倍,转子转速 n 差不多也提高一倍。磁极对数 p 的改变是通过改变

绕组的接线方式得到的。

如图7-23所示为改变磁极对数 p 的调速方法。把定子绕组 U 相分成两部分：线圈
U11U21 和 U12U22。图7-23a 为两个线圈正向串联，产生的磁极对数 $p=2$，转速 n_0 为 1500 r/min。图7-23b 为两个线圈反向并联（头尾相连），产生的磁极对数 $p=1$，转速 n_0 为 3000 r/min。这种调速方法中，因为磁极对数只能整数倍改变，所以电动机转速也只能整数倍变化，属于有级调速。

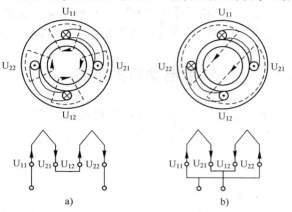

图7-23 改变磁极对数 p 的调速方法

7.5.3 变转差率调速

变转差率调速方法只适用于绕线转子电动机，只要在绕线转子电动机的转子电路中和起动电阻一样接入一个调速电阻（见图7-21），改变电阻的大小，就可以得到平滑调速。当增大调速电阻时，转差率 s 上升，而转速 n 下降。这种调速方法的优点是设备简单、投资少，但能量损耗较大，系统的效率降低。这种调速方法广泛应用于提升、起重设备中。

7.6 三相异步电动机的制动

当电源切断后，电动机由于惯性的作用还会继续转动一段时间。为了缩短时间，提高劳动生产率，要求电动机能够迅速停车和反转，这就要对电动机进行制动。所谓制动就是要使旋转磁场产生的转矩与转子的转向相反。电动机的制动常有以下几种方法。

7.6.1 能耗制动

能耗制动就是在电动机切断三相电源的同时，电动机定子绕组的任意两相绕组接入直流电源 U，产生恒定磁场，如图7-24所示。电动机由于惯性旋转，转子线圈因切割恒定磁场而产生电磁阻转矩，对转子起到迅速制动作用。这种制动方法实质是把转子转动的惯性转换成电能被转子电阻所消耗，因此称为能耗制动。

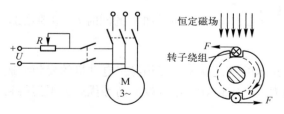

图7-24 能耗制动

能耗制动的优点是电源能量消耗少、制动平稳、安全可靠、对电网影响小；缺点是需要加直流电源，制动转矩因转速减小而减小，制动时间相对较长。能耗制动可用于某些机床电动机中。

7.6.2 反接制动

若将正在运行的三相异步电动机定子绕组的电源线任意两根对调，使相序改变，定子绕组产生的旋转磁场将反向旋转，使转子产生制动转矩，称为反接制动，如图 7-25 所示。由于反接制动磁场和转子相对速度（$n+n_0$）很大，会产生很大的制动转矩，因此制动速度快。但当转速接近零时，必须切断电源，否则电动机将反转。反接制动具有方法简单、对电网冲击大、能量消耗大的特点，可在某些中型车床和镗床主轴电动机上使用。

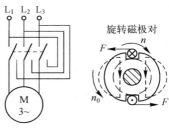

图 7-25 反接制动

7.6.3 发电反馈制动

若由于外力的作用，使电动机转子的转速 n 超过旋转磁场的转速 n_0，这时异步电动机处于发电状态，在定子绕组中产生感应电流，在转子上产生制动转矩，称为发电反馈制动。如起重机在提起重物后再高速下放重物时，电动机将在负载转矩的作用下减速到零，并开始倒拉加速运转，直到转子所受的电磁转矩等于重物的负载转矩时，重物才会以一恒定转速下放，实际上这时电动机已转入发电机运行，将重物的位能转换为电能而反馈到电网中去。

7.7 三相异步电动机的铭牌数据

异步电动机在出厂前，制造厂家为了方便用户使用，在机座壳上钉上一块铭牌，上面标示的铭牌数据就是这台电动机的额定值。要正确合理地使用三相异步电动机必须要看懂铭牌，从铭牌数据上大体可以看出电动机的性能。下面以 Y132S2-2 型三相异步电动机为例说明铭牌数据的意义，见表 7-3。

表 7-3 Y132S2-2 型三相异步电动机的铭牌

三相异步电动机					
型号	Y132S2-2			出厂编号	××××
功率	7.5 kW	频率	50 Hz	相数	3
电压	380 V	电流	15.0 A	转数	2900 r/min
接法	△	工作方式	S1	防护等级	IP44
绝缘等级	B 级	噪声	LW82dB	重量	71 kg
制造厂商			年 月		

1. 型号

为了适应不同的工作环境需要，电动机需要制成不同的类型，每个类型中又有多种规格。电动机的型号由汉语拼音、英文字母和阿拉伯数字组成，是电动机类型和规格的代码。例如，电机型号 Y132S2-2 的意义如下：

Y—三相异步电动机　　　　132—机座号或机座的中心高（单位为 mm）

S—短机座（M—中机座，L—长机座）

2—铁心序号　　　　　　　2—磁极数

2. 额定功率 P_N 与额定效率 η_N

额定功率 P_N（或 P_2）是指电动机在额定运行时电动机轴上所输出的额定功率。输入功率 P_1 是电动机从电源获得的电功率。额定效率 η_N 是指电动机在额定运行情况下，输出功率 P_2 与输入功率 P_1 之比，即

$$\eta_N = \frac{P_2}{P_1} \times 100\% = \frac{P_N}{\sqrt{3}\,U_N I_N \cos\varphi_N} \times 100\% \qquad (7\text{-}23)$$

小型电动机的 η_N 为 72%～93%。η_N 的大小可以从产品目录中查得。

3. 额定电压 U_N

电动机在额定运行时定子绕组上应加的线电压值为电动机的额定电压 U_N，单位为 V。

4. 额定电流 I_N

额定电流 I_N 是指电动机在额定运行时定子绕组上应通过的线电流值，也称满载电流，单位为 A。如果三相定子绕组有两种接法，就标有两种相应的额定电流值。若电流长时间超过额定电流，会引起电动机过热乃至烧毁。

5. 额定功率因数 $\cos\varphi_N$

额定功率因数 $\cos\varphi_N$ 是指电动机在额定运行情况下定子电路的功率因数。其中，φ_N 为定子相电流与定子相电压之间的相位差。额定功率因数 $\cos\varphi_N$ 一般为 0.7～0.9，空载时 $\cos\varphi_N$ 为 0.1～0.3，因此在选择电动机时应避免出现"大马拉小车"。

6. 额定频率 f_N

额定频率 f_N（或 f_1）是指电动机在额定运行时，定子绕组所加交流电源的频率。我国工业交流电的额定频率 $f_N = 50\,\text{Hz}$。

7. 额定转速 n_N

额定转速 n_N 是指电动机在额定运行时的转速，也称满载转速，单位为 r/min。空载运行的转速稍高于额定转速，过载运行时的转速稍低于额定转速。

8. 绝缘等级

绝缘等级是按电动机绕组所用的绝缘材料在使用时所容许的极限温度来分级的。国际电工委员会规定，绝缘等级可分为 7 个等级。所谓极限温度，是指电动机绝缘结构最热点的最高容许温度。绝缘等级用来表示三相电动机所采用的绝缘材料的最高允许温度。

9. 接法

接法是指电动机定子三相绕组的连接方式。定子绕组的连接只能按规定方式连接，不能任意改变接法，否则会损坏电动机。绕组的连接方式有星形（Y）和三角形（△）两种。究竟是接成 Y 或 △ 联结，要看电源电压的大小。如果电源电压为 380 V，则接成 Y 联结；如果电源电压为 220 V，则接成 △ 联结。

10. 防护等级

防护等级表示三相电动机外壳防护形式的分级，Y160M-4 型电动机铭牌中的 IP44 中的 IP 是防护等级标志符号，其后面的两位数字分别表示电动机防固体和防水的能力。数字越大，防护能力越强。

【思考与练习】

7.7.1 电动机的额定功率是指输出机械功率还是输入电功率？额定电压是指线电压还是相电压？额定电流是指线电流还是相电流？

7.7.2 在电源电压不变的情况下，如果电动机的三角形联结误接成星形联结，其后果将如何？

7.8 三相异步电动机的选择

在生产上，三相异步电动机用得最为广泛，正确地选择它的功率、种类、形式，以及正确地选择它的保护电器和控制电器，是非常重要的。本节简单讨论电动机的选择问题。

1. 功率的选择

合理选择三相交流异步电动机的功率具有重大的经济意义，如果功率选择过大，虽然能保证电动机正常运行，但会使设备投资增大、生产效率降低和运行费用提高；如果功率选择过小，则不能保证电动机和生产机械的正常运行，甚至使电动机过早受到损坏。因此，电动机功率选得过大或过小，都是不经济的。

（1）连续运行电动机功率的选择

电动机功率的选择，取决于所带负载的大小。一般先计算生产机械的功率，所选电动机的额定功率等于或稍大于生产机械的功率即可。

如车床主轴电动机的选择，计算公式为

$$P_N \geq \frac{P_L}{\eta} \tag{7-24}$$

式中，P_N 为被选择电动机的额定功率；P_L 为生产机械需要的功率；η 为传动机构的效率。

（2）短时运行电动机功率的选择

短时运行电动机功率通常是以过载系数 λ 来选择的。

如机床刀架移动电动机的选择，计算公式为

$$P_N \geq \frac{P_L}{\eta\lambda} \tag{7-25}$$

式中，P_N 为被选择电动机的额定功率；P_L 为生产机械需要的功率；η 为传动机构的效率。

2. 转速和电压的选择

异步电动机的额定转速是根据所驱动负载需要而选定的，但通常转速不低于 500 r/min。因为当功率一定时，转速越低，电动机的几何尺寸越大，价格越高。因此，对于转速较低的生产机械，就不如购买一台高速电动机另配减速器合算。

电动机电压等级的选择需要根据使用地点的电源电压、功率和类型来决定，一般采用 380 V 等级，只有大功率的电动机采用 3 kV、6 kV、10 kV 的电压。

3. 异步电动机种类及结构形式的选择

（1）异步电动机种类的选择

三相笼型异步电动机具有结构简单、工作可靠、坚固耐用、价格低廉和维护方便等优点；但是调速需要变频器，功率因数低，起动性能差。因此，很多无特殊起动要求和调速要求的生产机械都采用此类电动机。当要求起动性能较好时，多选用绕线转子异步电动机。

（2）异步电动机结构形式的选择

生产机械种类繁多，工作环境各不相同。所以，应该根据使用环境情况选择电动机的结构形式。异步电动机主要有以下几种形式。

1）开启式：在结构上无特殊防护装置，通风散热非常好，只能用于干燥、无灰尘场合。

2）防护式：在机壳上安装通风罩以防止一般杂物掉入。此类电动机通风没有开启式的好，但有一定的防尘和防水能力。

3）封闭式：电动机外壳严密封闭，靠自身风扇或外部风扇冷却，机壳带有散热片，用于灰尘多、潮湿等场合。

4）防爆式：电动机不仅有密闭的结构，其外壳还具有足够的机械强度，不会产生火花引爆外界易燃易爆气体，专门用于矿井等有可爆炸气体和粉尘的场合。

*7.9　三相同步电动机

同步电动机的定子和三相异步电动机的定子一样；而它的转子是由直流电励磁的磁极，直流电经电刷和集电环流入励磁绕组，如图7-26所示。在磁极的极掌上装有和笼型绕组相似的起动绕组，当将定子绕组接到三相电源产生旋转磁场后，同步电动机就像异步电动机那样起动起来（此时转子尚未励磁）。当电动机的转速接近同步转速 n_0 时，才对转子励磁。这时，旋转磁场就能紧紧地牵引着转子一起转动，如图7-27所示。以后，两者转速便保持相等（同步），即

$$n = n_0 = \frac{60f}{p}$$

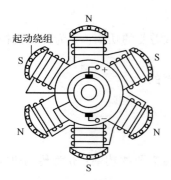

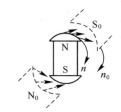

图7-26　同步电动机的转子　　　　图7-27　同步电动机的工作原理

当电源频率 f 一定时，同步电动机的转速 n 是恒定的，不随负载而变，所以它的机械特性曲线 $n=f(T)$ 是一条与横轴平行的直线，如图7-28所示。改变励磁电流，可以改变定子相电压 $\dot{U}$ 和相电流 $\dot{I}$ 之间的相位差 $\varphi(\cos\varphi)$，可以使同步电动机运行于电感性、电阻性和电容性三种状态。这不仅可以提高同步电动机本身的功率因数，而且利用运行于电容性状态可以提高电网的功率因数。

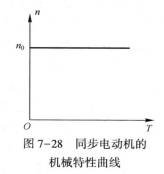

图7-28　同步电动机的
机械特性曲线

【例7-3】某车间原有功率60 kW，平均功率因数为0.6。现新添设备一台，需要40 kW的电动机，车间采用了三相同步电动机，并且将全车间的功率因数提高到0.96，试问这时同步电动机运行于电容性还是电感性状态？无功功率多大？

　　解：因将车间功率因数提高，所以该同步电动机运行于电容性状态。车间原有无功功率为

$$Q = \sqrt{3}\,UI\sin\varphi = \frac{P}{\cos\varphi}\sin\varphi = \frac{60}{0.6} \times \sqrt{1-0.6^2}\ \text{kvar} = 80\ \text{kvar}$$

同步电动机投入运行后，车间的无功功率为

$$Q' = \sqrt{3}\,UI'\sin\varphi' = \frac{P'}{\cos\varphi'}\sin\varphi' = \frac{60+40}{0.96} \times \sqrt{1-0.96^2}\ \text{kvar} = 29.5\ \text{kvar}$$

同步电动机提供的无功功率为

$$Q'' = Q-Q' = (80-29.5)\ \text{kvar} = 50.5\ \text{kvar}$$

*7.10　单相异步电动机

单相异步电动机

单相异步电动机是由单相交流电源供电的电动机。由于只需单相电源供电，使用方便，因此被广泛用于家用电器（如电扇、电冰箱、洗衣机、排油烟机）、搅拌机、电动工具、医疗器械等。

单相异步电动机的定子为单相绕组，转子大多是笼型。当单相绕组通入单相交流电后，将在定子轴心处产生磁场，位置如图 7-29a 中的虚线所示。该磁场的位置不变，大小随时间按正弦规律变化，称为脉动磁场，如图 7-29b 所示。

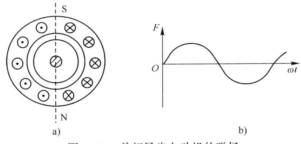

图 7-29　单相异步电动机的磁场

由于脉动磁场不是旋转的磁场，电磁转矩为零，因此单相电动机没有起动转矩。为了使单相异步电动机产生起动转矩，需要使用起动装置。按起动方法的不同，常用的有电容分相和罩极两种。

7.10.1　电容分相式单相异步电动机

电容分相式单相异步电动机是在定子上加装一个串有电容 C 的起动绕组 Z_1Z_2，它与工作绕组 U_1U_2 在空间相隔 90°，如图 7-30a 所示。

工作绕组 U_1U_2 直接接到单相电源，起动绕组 Z_1Z_2 串联电容 C 与离心开关 S 后接到单相电源上，如图 7-30b 所示。工作绕组 U_1U_2 为感性电路，其电源电压 u 超前电流 i_U 一个角度。起动绕组 Z_1Z_2 串联电容 C 后，可使其为容性电路，电源电压 u 滞后电流 i_Z 一个角度。可见，选择合适的电容 C 可使两相绕组中的电流 i_U、i_Z 在相位上近似相差 90°，即把单相交流电分相为相位差为 90° 的两相交流电，如图 7-30c 所示。

平时离心开关 S 处于闭合状态，当电动机接上单相电源时，两相交流电流 i_U 和 i_Z 便通过在空间相隔 90° 的绕组 U_1U_2 与 Z_1Z_2。参照三相异步电动机旋转磁场形成的分析方法，可以证明这两相电流产生了一个旋转磁场，其原理如图 7-31 所示，通入绕组电流的电角度变化了90°，旋转磁场在空间上也转过90°。

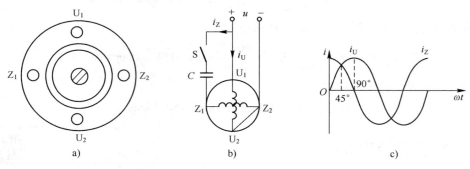

图7-30　电容分相式单相异步电动机的工作原理

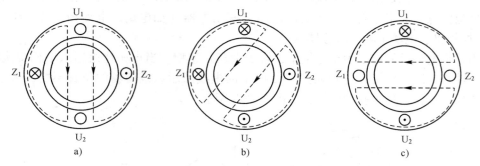

图7-31　电容分相式单相异步电动机旋转磁场的形成

a）$\omega t = 0°$　b）$\omega t = 45°$　c）$\omega t = 90°$

　　单相异步电动机起动后，转速达到一定值时，离心开关S自动断开，把绕组Z_1Z_2从电源切断。转子一旦转起来，转子导条与磁场间就有了相对运动，转子导条中的感应电流和电动机的电磁转矩就能持续存在，所以起动绕组切断后，电动机仍能继续运转。

　　如果要改变电动机的转向，只要把电容C改接到绕组U_1U_2电路中，则电流i_U就超前电流i_Z，于是旋转磁场将逆时针旋转，从而实现电动机的反转。

7.10.2　罩极式单相异步电动机

　　罩极式单相异步电动机的结构有凸极式和隐极式两种，原理完全一样，只是凸极式结构更为简单一些，也最为常见，如图7-32所示。转子仍是普通的笼型转子，但定子做成凸极铁心，在凸极铁心上安装集中绕组，组成磁极，在每个磁极的1/4~1/3处开一个小槽。槽中放置一个短路的铜环，把磁极的一小部分罩起来，故称为罩极式异步电动机。

　　罩极式异步电动机定子绕组通电后，将产生交变磁通Φ，其中一部分磁通Φ_1不穿过短路环，而另一部分磁通Φ_2穿过短路环，在短路环内产生感应电动势和电流。此感应电流对Φ_2变化起阻碍作用，因此Φ_2在相位上滞后于不穿过短路环的磁通Φ_1。同时磁通Φ_1与Φ_2的中心位置也相隔一定角度。

　　这样的两个空间相隔一定角度、在相位上存在一定相位

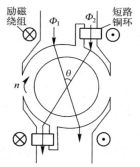

图7-32　罩极式单相异步
电动机示意图
（凸极式）

差的交变磁通便可以合成一个旋转磁场，使转子旋转起来。转子转动的方向是由磁极的未罩短路环部分向着罩短路环部分的方向转动。图 7-32 中，转子转向为顺时针方向。罩极式单相异步电动机结构简单、工作可靠，但起动转矩较小，常用于起动转矩要求不高的小型家用电器中，如风扇、吹风机等。

【思考与练习】

7.10.1 为什么三相异步电动机断了一根电源线即成为单相状态而不是两相状态？

7.10.2 罩极式电动机的转子转向能否改变？

*7.11 直流电动机

直流电机是实现机械能和直流电能互相转换的装置。将机械能转换为直流电能的称为直流发电机；将直流电能转换为机械能的称为直流电动机。下面主要讨论直流电动机的结构、工作原理及工作特性。

直流电动机的调速性能好、起动转矩大，因此，对调速性能要求较高的生产机械或者需要较大起动转矩的生产机械大多采用直流电动机驱动。但与三相异步电动机相比，直流电动机结构复杂、生产成本较高、维护不便、可靠性差，所以在生产中多采用交流电动机拖动，以减少投资和日常维护工作。

7.11.1 直流电动机的基本结构和工作原理

1. 直流电动机的基本结构

直流电动机由磁极（定子）、电枢（转子）和换向器三部分组成。

（1）磁极

定子是直流电动机的静止部分，包括主磁极、换向磁极、机座、端盖和电刷装置等部件。主磁极的作用是产生主磁场，主磁极分为极心和极掌两部分，如图 7-33 所示。极心上放置励磁绕组，通直流电励磁；极掌的作用是使电动机空气隙中的磁感应强度分布最为合适，并用来挡住励磁绕组。磁极用铁板叠成，固定在机座上。机座通常用铸钢做成，也是磁路的一部分。换向磁极的作用是改善换向条件，使电动机运行时电刷下不产生有害的火花。

图 7-33 直流电动机的磁极及磁路示意图

（2）电枢

直流电动机的电枢又称为转子，是电动机的旋转部分，由铁心、绕组、换向器和转轴等部件组成。铁心是主磁路的一部分，由硅钢片叠成圆柱状。外表面均匀分布着齿槽，槽中放置电枢绕组，绕组中通入交流电。绕组与换向器相连，作用是产生感应电动势和电磁转矩。电动机的转轴固定在电枢轴心。

（3）换向器

换向器是一种机械整流部件，在直流电动机中，其作用是将外电路中的直流电转换成电枢绕组的交流电，以保证电磁转矩方向不变并能使电动机连续运转。

2. 直流电动机的工作原理

如图 7-34 所示为直流电动机的工作原理。假设电动机只有一对主磁极 N、S，它是固定不动的，电枢只有一个绕组，绕组的两端分别焊在换向片上，换向片上面压着电刷 A 和 B。

将直流电源接在电刷 A 和 B 之间。直流电流由电刷 A 流入，经过线圈 abcd，从电刷 B 流出，载流导体 ab 和 cd 受到电磁力的作用，两段导体受到的力形成一个转矩，使得线圈逆时针转动。当线圈转过 180°时，线圈的 cd 段位于 N 极下、ab 段位于 S 极下，直流电流由电刷 A 流入，在线圈中流动的方向为 dcba，从电刷 B 流出，载流导体 cd 和 ab 受到的电磁力形成的转矩仍然使得线圈逆时针方向旋转。

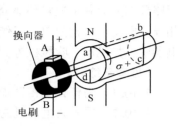

图 7-34　直流电动机的
工作原理

由电枢绕组中的电流 I_a 与磁通 Φ 相互作用产生电磁力和电磁转矩，电磁转矩是直流电机的驱动转矩。电磁转矩常表示为

$$T = K_T \Phi I_a \tag{7-26}$$

式中，T 为电磁转矩，单位为 N·m；K_T 是与电动机结构有关的常数；Φ 为电动机一个磁极的磁通，单位为 Wb；I_a 为电枢电流，单位为 A。由式（7-26）可知，当磁通 Φ 一定时，电磁转矩 T 与电枢电流 I_a 成正比，方向由磁通方向与电流方向决定，改变其中任何一个的方向，电磁转矩的方向都随之改变。

若电动机输出机械功率为 P_2（kW），电枢转速为 n（r/min），则电磁转矩 T 与 P_2、n 的关系为

$$T = 9550 \frac{P_2}{n}$$

式中，取电动机的额定功率为 P_{2N}、额定转速为 n_N 时，计算所得即为额定转矩 T_N。

由于电枢在磁场中转动时，其绕组中必然产生感应电动势 E_a，而 E_a 总是与电流或外加电压的方向相反，所以称为反电动势。反电动势 E_a 的大小可表示为

$$E_a = K_E \Phi n \tag{7-27}$$

式中，K_E 为与电动机结构有关的常数；Φ 为电动机一个磁极的磁通，单位为 Wb；n 为电动机的转速，单位为 r/min；E_a 为反电动势，单位为 V。

由式（7-27）可知，当磁通 Φ 一定时，反电动势 E 与电动机的转速 n 成正比。

7.11.2　直流电动机的工作特性

1. 直流电动机的励磁方式

励磁绕组与电枢绕组的连接方式称为励磁方式。直流电动机按励磁方式可分为他励电动机（励磁绕组和电枢绕组各有独立电源）、并励电动机（励磁绕组和电枢绕组并联）、串励电动机（励磁绕组和电枢绕组串联）和复励电动机（励磁绕组一部分和电枢绕组并联、一部分串联）四种，如图 7-35 所示。本书主要讨论并励电动机的起动和调速。

2. 并励电动机的机械特性

并励电动机的励磁绕组与电枢并联，如图 7-35b 所示，若 E_a 为电枢反电动势，电枢回路总电阻为 R_a，励磁支路电阻为 R_f，则由基尔霍夫定律可得电动机的电压与电流间的关系为

$$U = E_a + I_a R_a, \qquad I_a = \frac{U - E_a}{R_a} \tag{7-28}$$

$$I_f = \frac{U}{R_f} \tag{7-29}$$

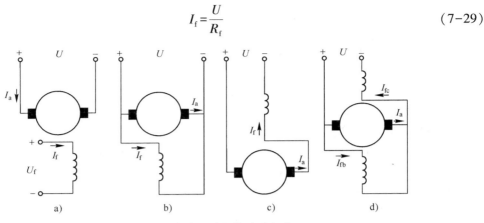

图 7-35 直流电动机的励磁方式

a) 他励 b) 并励 c) 串励 d) 复励

由式（7-29）可知，并励电动机的励磁电流不受负载影响，当电源电压和励磁支路的电阻 R_f 一定时，励磁电流 I_f 及由它产生的磁通 $\varPhi$ 为常数。因此，并励直流电动机的转矩和电枢电流成正比。

由式（7-27）和式（7-28）可得

$$n = \frac{E_a}{K_E \varPhi} = \frac{U - I_a R_a}{K_E \varPhi} \tag{7-30}$$

根据式（7-26），用 T 替代 I_a，则式（7-30）可写成

$$n = \frac{U}{K_E \varPhi} - \frac{R_a}{K_E K_T \varPhi^2} T = n_0 - \Delta n \tag{7-31}$$

式中，n_0 为理想空载转速，即 $T=0$ 时的转速（实际上是不存在），$n_0 = \dfrac{U}{K_E \varPhi}$；$\Delta n$ 为转速降，即电动机负载增大时产生的转速降落。由于 R_a 很小，所以转速降 Δn 也很小，故并励电动机的机械特性曲线是一条稍微向下倾斜的直线，如图 7-36 所示。这种机械特性称为硬特性，适合那些要求转矩变化而电动机转速基本不变的生产机械，如大型机床、龙门刨床。

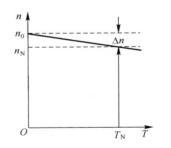

图 7-36 并励电动机的机械特性

7.11.3 直流电动机的起动和调速

1. 直流电动机的起动

直流电动机的起动是指电动机从静止状态到稳定运行状态的运行过程。在电动机起动瞬间，$n=0$，所以 $E = K_E \varPhi n = 0$，故电枢电流 $I_a = U/R_a$，由于 R_a 很小，所以起动电流将达到额定电流的 10~20 倍，这是不允许的。由于电磁转矩正比于电枢电流，故此时会产生非常大的起动转矩，过大的起动转矩会对传动机构造成强烈的机械冲击，使传动机构遭受损害。因此直流电动机不容许直接起动，必须采取措施限制起动电流不超过额定电流的 1.5~2.5 倍。

限制起动电流的方法，一是减压起动，二是在电枢回路串联起动电阻。起动时将电阻调到最大，待起动后，随着电动机转速的上升，逐步分段切除起动电阻，当转速达到稳定值时，全部切除。

2. 直流电动机的调速

直流电动机的调速就是在同一负载下获得不同的转速，以满足生产要求。

由式（7-31）可知，并励电动机的转速公式为

$$n = \frac{E_a}{K_E \Phi} = \frac{U - I_a R_a}{K_E \Phi}$$

可知，改变电枢电路的电阻 R_a、改变磁极磁通 Φ 或改变电枢电压 U 都可以改变直流电动机的机械特性，从而改变其转速。

如图 7-37a 所示为电枢电路内串接可变电阻调速的机械特性，当 R_a 增大时，在负载一定的情况下，转速下降，但在轻载时得不到低速。因此这种调速方法只适用于调速范围不大、调速时间不长的小功率电动机。

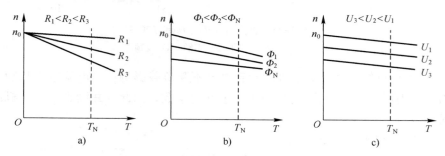

图 7-37　直流电动机调速的机械特性
a) 电枢电路内串接可变电阻　b) 改变励磁磁通　c) 改变电枢电压

如图 7-37b 所示为改变励磁磁通调速的机械特性，在励磁支路中串联可变电阻，使得电动机的磁通 Φ 小于原来的额定值，因而使得电动机的转速升高。

如图 7-37c 所示为改变电枢电压调速的机械特性。当电动机的电压减小时，机械特性下移，硬度不变。这种方法调速范围大。

【思考与练习】

7.11.1　为什么直流电动机直接起动时起动电流很大？

7.11.2　他励直流电动机直接起动过程中有哪些要求？如何实现？

*7.12　控制电动机

控制电动机是一种具有特殊功能和特殊用途的小功率电动机，广泛应用各种类型的自动控制系统和计算装置中。其主要任务是转换和传递控制信号。控制电动机的种类很多，主要有步进电动机、伺服电动机、测速电动机、力矩电动机、直线电动机等，在本章中只讨论常用的两种：交流伺服电动机和步进电动机。各种控制电动机有各自的控制任务，控制电动机具有动作灵敏、可靠性高、重量轻、体积小、功耗小及响应快等特点。

7.12.1　交流伺服电动机

伺服电动机在自动控制系统和计算装置中作为执行元件，故又称为执行电动机，其作用是把信号（控制电压或电流）变换成机械位移，即把所接收的电信号转换为电动机轴上的角位移或角速度输出。伺服电动机按其使用的电源性质可分为交流伺服电动机和直流伺服电

动机，下面主要介绍交流伺服电动机的结构及工作原理。

交流伺服电动机实质上就是两相异步电动机。它的定子铁心上装有两个位置相差 90°的绕组，一个是励磁绕组，另一个是控制绕组。

交流伺服电动机的转子结构常用的有笼型转子和杯形转子。笼型转子和三相异步电动机的转子无太大区别，只是为了减小转动惯量，转子做得细长些。杯形转子伺服电动机为了减小转动惯量，转子通常用铝合金制成空心杯形，杯壁很薄（0.2~0.3 mm）。为了减小磁路的磁阻，在空心杯形转子内放置固定的内定子。当前主要应用的是笼型转子的交流伺服电动机。

交流伺服电动机的接线图如图 7-38a 所示。励磁绕组 1 与电容 C 串联后接到交流励磁电源 $\dot{U}$ 上。控制绕组 2 常接在电子放大器的输出端，其上电压为放大器的输出电压 $\dot{U}_2$。

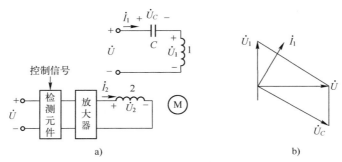

图 7-38　交流伺服电动机的接线图和相量图
a）接线图　b）相量图

励磁绕组 1 串联励磁电容器 C 是为了产生两相旋转磁场。适当选择电容 C 的数值，可使电源电压 $\dot{U}$ 滞后励磁电流 $\dot{I}_1$，并使电源电压 $\dot{U}$ 与励磁电压 $\dot{U}_1$ 之间有 90°或近似 90°的相位差。而电源电压 $\dot{U}$ 与控制电压 $\dot{U}_2$ 相位相同或相反，且两者频率相等。因此，$\dot{U}_2$ 和 $\dot{U}_1$ 相位差基本上也是 90°，且频率相等。两个绕组中流过的电流 $\dot{I}_1$ 和 $\dot{I}_2$ 的相位差也近似 90°，相位之间的关系如图 7-38b 所示。在空间相隔 90°的两个绕组，分别通入在相位上相差 90°的两个电流，便在电动机定子内部空间产生一个两相旋转磁场。两相旋转磁场的产生和三相旋转磁场类似。在旋转磁场作用之下，转子便转动起来。

杯形转子和笼型转子虽然形状不一样，但转动的原理是一样的。杯形转子可看作是笼型导条数目非常多的、条与条紧靠在一起的笼型转子。

当电源电压 U 为一常数而信号控制电压 U_2 高低变化时，转子的转速相应变化。控制电压高，电动机转得快；控制电压低，电动机转得慢。当控制电压反向时，旋转磁场和转子也都反转，由此控制电动机的转速和转向。运行时如果控制电压变为零，电动机将立即停转。

7.12.2　步进电动机

步进电动机也称脉冲电动机，是将输入电脉冲信号转换成相应的角位移或线位移的执行元件。这种电动机每输入一个脉冲，其转子就转动一定的角度或前进一步，因此，输出轴转动的角度与输入电脉冲的个数成正比，而输出轴的转速与输入电脉冲的频率成正比。

步进电动机的种类繁多，按转子构造的不同可分为反应式、永磁式和感应式三种。其中反应式步进电动机具有结构简单、反应快、惯性小等优点，得到了普遍应用。下面以三相反应式步进电动机为例介绍其结构及工作原理。

如图 7-39 所示为三相反应式步进电动机的结构。定子和转子由硅钢片叠成。定子上有均匀分布的 6 个磁极，每个磁极上绕有励磁绕组，两个相对的磁极串联起来组成一相，6 个磁极共有三相绕组。转子上均匀分布有很多齿（图中只画了 4 个），其上无绕组。步进电动机还可以分为三相、四相、五相和六相等几种。

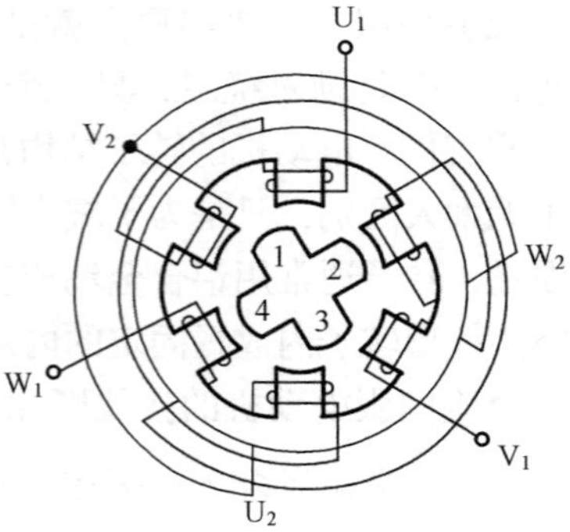

工作时，定子各相绕组轮流通电（即轮流输入脉冲电压）。按其通电顺序的不同，反应式步进电动机可以分为单三拍、双三拍和六拍工作方式。从一次通电到另一次通电称为一拍，每一拍转子转过的角度称为步距角。下面以三相步进电动机为例说明其工作原理。

图 7-39　三相反应式步进
电动机的结构

1. 三相单三拍

如图 7-40 所示为步进电动机三相单三拍通电方式。将三相绕组轮流单独通电，通电顺序为 U→V→W→U→⋯ 或反之。每次通电时，该相定子磁极吸引转子相应的齿，使转子按顺时针方向一步一步转动，每步转过 30°（步距角为 30°）。如果改变通电顺序，即按 U→W→V→U→⋯ 顺序通电，则转子反向转动。通电 3 次完成一个通电循环。脉冲频率越高，则转速越高。

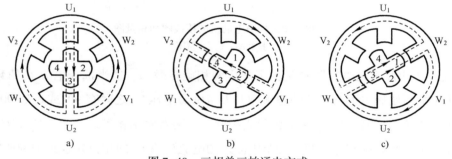

图 7-40　三相单三拍通电方式
a) U 相通电　b) V 相通电　c) W 相通电

2. 三相双三拍

双三拍控制方式是每次给两相绕组同时通电，通电 m 次完成一个通电循环。即按 UV→VW→WU→UV→⋯ 顺序通电或反之。每次通电时的转子位置如图 7-41 所示。步距角仍为 30°。若通电顺序相反，则电动机反转。

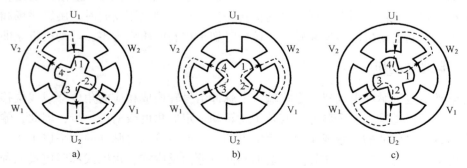

图 7-41　三相双三拍通电方式
a) U、V 相通电　b) V、W 相通电　c) W、U 相通电

3. 三相六拍

三相六拍通电顺序为 U→UV→V→VW→W→WU→U→…或反之，通电 6 次完成一个通电循环。当 U 相单独通电时，转子位置如图 7-40 所示，当 U、V 两相同时通电时，转子的位置如图 7-41 所示。依次类推，每转换一次，步进电动机顺时针旋转 15°（步距角为 15°）。若通电顺序反过来，电动机反转。

通过以上讨论可以看出，无论采用何种方式控制，步距角 θ 与转子齿数 Z 和拍数 M 之间的关系为

$$\theta = \frac{360°}{ZM} \tag{7-32}$$

如三相步进电动机，当转子齿数 $Z=80$ 时，若采用单三拍或双三拍，步距角为

$$\theta = \frac{360°}{ZM} = \frac{360°}{80 \times 3} = 1.5°$$

若采用三相六拍，则步距角为

$$\theta = \frac{360°}{ZM} = \frac{360°}{80 \times 6} = 0.75°$$

转子每经过一个步距角，相当于转了 $1/ZM$ 圈，若脉冲频率为 f，则转子每秒转了 f/ZM 圈，故转子每分钟转速为

$$n = \frac{60f}{ZM} \tag{7-33}$$

由此可见，步进电动机的转速与脉冲成正比。

本章小结

1. 三相异步电动机的原理。三相异步电动机的基本结构主要由两大部分组成，即定子和转子。根据转子绕组结构的不同，三相异步电动机可分为笼型和绕线转子两种类型。三相异步电动机的工作原理是基于电磁感应原理的，物理过程描述为：三相异步电动机定子上嵌放的、在空间间隔 120° 电角度的三相对称绕组通以三相对称电流，产生旋转磁场，旋转磁场与转子导条存在相对运动，产生转子感应电动势和电流，转子电流与旋转磁场相互作用产生电磁转矩，电磁转矩驱动转子转动。

旋转磁场的转向取决于三相绕组中电流的相序，旋转磁场的转速（同步转速）为 $n_1 = \frac{60f_1}{p}$；异步电动机转子的转速 n 必小于同步转速 n_1，其差别用转差率 s 衡量，即 $s = \frac{n_1-n}{n_1} \times 100\%$。

2. 三相异步电动机的转矩。三相异步电动机的定子绕组在旋转磁场的作用下感应出电动势，即

$$E_1 = U_1 = 4.44f_1N_1\Phi$$

由于转子电路是旋转的，所以转子电路中的有关量都与转差率 s 有关。

三相异步电动机的电磁转矩计算公式为

$$T = K\Phi I_2\cos\varphi_2$$

当 U_1 和 R_2 一定时，T 和 s 的关系曲线 $T=f(s)$，或速度 n 和转矩 T 的关系曲线 $n=f(T)$ 称

为三相异步电动机的机械特性，该特性是分析异步电动机的运行性能的基础。

3. 三相异步电动机的使用。笼型异步电动机的起动分直接起动和减压起动两种。直接起动是最简单易行的起动方式，但起动电流大，起动转矩并不大。为了减小对供电线路的影响，功率较大或频繁起动的笼型异步电动机应采用减压起动，如丫－△换接减压起动、自耦变压器减压起动等。绕线转子异步电动机则在转子绕组中串接起动电阻，这样既可以限制起动电流，又可以增大起动转矩，适用于满载起动。

改变三相异步电动机的转向时，只要将电动机接到电源的三根线中的任意两根对调，就可以使电动机反向旋转。

电动机的常用的制动方法有反接制动、能耗制动和发电反馈制动。

笼型异步电动机的调速方法有改变电源频率和改变电动机磁极对数两种；绕线转子异步电动机可采用改变转差率的方法调速。

4. 同步电动机。同步电动机与异步电动机相比，最大的特点是 $n = n_1$，最大的优点是功率因数可调，但无起动转矩，不能自行起动。

5. 单相异步电动机。单相异步电动机与三相异步电动机的主要区别在于定子绕组，单相异步电动机定子上只有一个工作绕组，转子采用笼型结构。由于单相绕组产生的是正弦脉动磁场，而脉动磁场可以分解为两个大小相等、方向相反的旋转磁场，它们在转子上产生的电磁转矩大小相等、方向相反，故起动转矩为零。

6. 直流电动机。直流电动机是将直流电能转换成机械能的旋转电机。直流电动机由磁极（定子）、电枢（转子）和换向器三部分组成，常应用在调速范围较高和起动转矩较大的生产机械上。

7. 控制电动机。控制电动机是被用于自动系统和计算机装置中实现信号的检测、执行、转换或放大等功能的电动机。

测速发电机是一种检测旋转机械转速的电磁装置，能把机械转速变换成电压信号，其输出电压与输入的转速成正比，是一种速度传感器。

步进电动机是将脉冲信号变换为相应的角位移的电动机，它的角位移与脉冲数成正比，转速与脉冲频率成正比。

自测题

一、填空题

1. 三相异步电动机是把电能转变为（　　　　）能的动力机械。它主要由（　　　　）和（　　　　）两大部分组成。转子由（　　　）、（　　　）和（　　　）组成。转子根据构造上的不同分为（　　　）和（　　　）两种形式。定子绕组可以连接成（　　　）或（　　　）两种方式。

2. 三相异步电动机的（　　　）从电网取用电能，（　　　）向负载输出机械能。

3. 异步电动机的转动方向与旋转磁场的方向（　　　）。旋转磁场的转速取决于旋转磁场的（　　　）和（　　　）。

4. 笼型异步电动机常用的两种减压起动方法是（　　　）起动和（　　　）起动。

5. 减压起动是指利用起动设备将电压适当（　　　）后加到电动机的定子绕组上进行起动，待电动机达到一定的转速后，再使其恢复到（　　　）下正常运行。

6. 某三相异步电动机的额定转速为 980 r/min，则此电动机的磁极对数为（　　　），同步转速为（　　　）r/min。

7. 转差率是分析异步电动机运行情况的一个重要参数。转子转速越接近磁场转速，则转差率越（　　　　）。对应于最大转矩处的转差率称为（　　　　　）转差率。

8. Y-△减压启动是指电动机起动时，把定子绕组接成（　　　　　　），以降低起动电压，限制起动电流，待电动机起动后，再把定子绕组改接成（　　　　　　），使电动机全压运行。这种起动方法适用于在正常运行时定子绕组（　　　　　）联结的电动机。

9. 对于连续运转的电动机，其额定功率应（　　　　　）生产机械的功率。

10. 三相异步电动机型号为 Y132M-6，其中 Y 表示（　　　　　　），6 表示（　　　　　）。

11. 三相异步电动机制动的方法有（　　　　　）、（　　　　　）和（　　　　　）。

12. 三相异步电动机调速的方法有（　　　　　）、（　　　　　）和（　　　　　）。

13. 单相异步电动机产生（　　　　　）磁场，电磁转矩为（　　　　　）。

14. 单相异步电动机按起动方法不同，分为（　　　　　）和（　　　　　）两种。

15. 直流电动机由（　　　　　）、（　　　　　）和（　　　　　）三部分组成。

16. 在直流电动机中，换向器的作用是将外电路中的（　　　　　）转换成电枢绕组的（　　　　　）。

17. 直流电动机按励磁方式分为（　　　　）、（　　　　）、（　　　　）和（　　　　）。

18. 交流伺服电动机的转子分为（　　　　　）转子和（　　　　　）转子。

19. 步进电动机按转子构造的不同分为（　　　　　）、（　　　　　）和（　　　　　）三种。

二、判断题

1. 电动机的额定功率是指电动机轴上输出的机械功率。（　　　）

2. 电动机的电磁转矩与电源电压的二次方成正比。（　　　）

3. 起动电流会随着转速的升高而逐渐减小，最后达到稳定值。（　　　）

4. 电动机正常运行时，负载的转矩不得超过最大转矩，否则将出现堵转现象。（　　　）

5. 电动机的转速与磁极对数有关，磁极对数越多，转速越高。（　　　）

6. 三相异步电动机在满载和空载下起动时，起动电流是一样的。（　　　）

7. Y-△换接减压起动对任何电路都适用。（　　　）

8. 变频调速是无级调速，变极调速是有级调速。（　　　）

9. 三相异步电动机转子转速略高于旋转磁场转速。（　　　）

10. 三相异步电动机空载运行时，转子转速最高，转差率最小。（　　　）

11. 电动机起动时功率因数是比较低的。（　　　）

12. 三相异步电动机起动电流比额定电流大，电动机的磁极对数越多，起动电流越大。（　　　）

13. 三相异步电动机起动电流大，所以起动转矩也最大。（　　　）

14. 起动电流会随着转速的升高而逐渐减小，最后达到稳定值。（　　　）

三、选择题

1. 三相异步电动机之所以能转动起来，是由于（　　　）和（　　　）作用产生电磁转矩。

A. 转子旋转磁场与定子电流　　　　　B. 定子旋转磁场与定子电流

C. 转子旋转磁场与转子电流　　　　　D. 定子旋转磁场与转子电流

2. 三相异步电动机的转差率计算公式是（　　　）。（n_0 为旋转磁场的转速，n 为转子转速）

A. $s=(n_0-n)/n_0$　　　B. $s=(n_0+n)/n$　　　C. $s=n_0/(n_0-n)$　　　D. $s=n/(n_0+n)$

3. 三相异步电动机的同步转速与电源频率 f、磁极对数 p 的关系是（　　　）。

A. $n_0=60f/p$　　　B. $n_0=60p/f$　　　C. $n_0=pf/60$　　　D. $n_0=p/60f$

4. 三相异步电动机处于电动机工作状态时，其转差率一定为（　　　）。

A. $s>1$　　　　　B. $s=0$　　　　　C. $0<s<1$　　　　　D. $s<0$

5. 三相对称电流加在三相异步电动机的定子端，将会产生（　　　）。

A. 静止磁场　　　B. 脉动磁场　　　C. 旋转圆形磁场　　　D. 旋转椭圆形磁场

6. 异步电动机在起动瞬间的转差率 $s=$（　　　），空载运行时转差率 s 接近（　　　）。

A. 1，0　　　　　B. 0，1　　　　　C. 1，1　　　　　D. 0，0

7. 计算异步电动机转差率 s 的公式是 $s=(n_0-n)/n_0$，其中，n_0 表示（　　），n 表示（　　）。

A. 同步转速，旋转磁场的转速　　　　　B. 转子空载转速，转子额定转速

C. 旋转磁场的转速，转子转速　　　　　D. 旋转磁场的转速，同步转速

8. 一台 8 极三相异步电动机，其同步转速为 6000 r/min，则需接入频率为（　　）三相交流电源。

A. 50 Hz　　　　　B. 60 Hz　　　　　C. 100 Hz　　　　　D. 400 Hz

9. 三相异步电动机的旋转方向与（　　）有关。

A. 三相电源的频率大小　　　　　B. 三相电源的电流大小

C. 三相电源的相序　　　　　D. 三相电源的电压大小

10. 三相异步电动机的最大转矩为 900 N·m，额定转矩为 450 N·m，则电动机的过载倍数 λ 是（　　）。

A. 0.5　　　　　B. 1　　　　　C. 1.5　　　　　D. 2

11. 随着三相异步电动机负载转矩的增大，转差率将（　　），定子电流将（　　）。

A. 减小，增加　　　B. 增加，减小　　　C. 减小，减小　　　D. 增加，增加

12. 一台三相异步电动机的额定数据为 $P_N = 10\,kW$，$n_N = 970\,r/min$，其额定转差率 s_N 和额定转矩 T_N 分别为（　　）N·m。

A. 0.03，98.5　　　B. 0.04，58　　　C. 0.03，58　　　D. 0.04，98.5

13. 普通型号的三相异步电动机直接起动的电流比额定电流（　　），转矩（　　）。

A. 增加不多，增加很多　　　　　B. 增加很多，增加不多

C. 增加不多，减少不多　　　　　D. 增加很多，减少很多

14. 一台三相异步电动机工作在额定状态时，其电压为 U_N，最大电磁转矩为 T_{max}，当电源电压降到 $0.8U_N$，而其他条件不变时，此时电动机的最大电磁转矩是原 T_{max} 的（　　）。

A. 0.64 倍　　　　B. 0.8 倍　　　　C. 1.0 倍　　　　D. 1.2 倍

15. 三相异步电动机能耗制动的方法就是在切断三相电源的同时（　　）。

A. 给转子绕组中通入交流电　　　　　B. 给转子绕组中通入直流电

C. 给定子绕组中通入交流电　　　　　D. 给定子绕组中通入直流电

16. 三相异步电动机的转速 n 越高，则转子电流 I_2（　　）。

A. 越小　　　　　B. 越大　　　　　C. 不变　　　　　D. 不能确定

17. 一台三相异步电动机的磁极对数 $p=2$，电源频率为 50 Hz，电动机转速 $n=1440\,r/min$，其转差率 s 为（　　）。

A. 1%　　　　　B. 2%　　　　　C. 3%　　　　　D. 4%

18. 三相异步电动机在施加相同的电源线电压时，采用星形联结起动和三角形联结起动，其起动电流之比为（　　）。

A. $I_{st(Y)} = \frac{1}{\sqrt{3}}I_{st(\triangle)}$　　　B. $I_{st(\triangle)} = \frac{1}{\sqrt{3}}I_{st(Y)}$　　　C. $I_{st(Y)} = \frac{1}{3}I_{st(\triangle)}$　　　D. $I_{st(\triangle)} = \frac{1}{3}I_{st(Y)}$

19. 笼型三相异步电动机采用 Y–△ 换接起动时的起动转矩为直接起动时起动转矩的（　　）。

A. 3 倍　　　　　B. $\sqrt{3}$ 倍　　　　　C. 1/3 倍　　　　　D. $1/\sqrt{3}$ 倍

20. 一台三相异步电动机，定子旋转磁场磁极对数为 2，若定子电流频率为 100 Hz，其同步转速为（　　）。

A. 1200 r/min　　　B. 1500 r/min　　　C. 2000 r/min　　　D. 3000 r/min

21. 绕线转子异步电动机转子串电阻起动是为了（　　）。

A. 空载起动　　　B. 增加电动机转速　　C. 轻载起动　　　D. 增大起动转矩

22. 一般来说，三相异步电动机直接起动的电流是额定电流的（　　）。

A. 10 倍　　　　　B. 1~3 倍　　　　　C. 5~7 倍　　　　　D. 1/3 倍

23. 向电网反馈电能的三相异步电动机制动方式称为（　　）。

A. 能耗制动　　　B. 电控制动　　　C. 发电反馈制动　　　D. 反接制动

24. 关于电动机的工作原理，下列说法正确的是（　　）。
A. 电动机是根据电磁感应原理工作的
B. 电动机是根据通电线圈在磁场中受力而转动的工作原理工作的
C. 电动机是根据电流的磁效应工作的
D. 电动机是根据电流的热效应工作的

25. 有关直流电动机的换向器的作用，以下说法正确的是（　　）。
A. 当线圈平面与磁感线平行时，自动改变电流的方向
B. 当线圈平面与磁感线垂直时，自动改变电流的方向
C. 当线圈平面与磁感线平行时，自动改变磁感线的方向
D. 当线圈平面与磁感线平行时，自动改变线圈的转动方向

26. 为了改变有刷直流电动机的转动方向，下述可采取的措施正确的是（　　）。
A. 改变电源电压的大小
B. 改变通过线圈的电流的大小
C. 改变通过线圈的电流的方向
D. 对调 N、S 两磁极的位置，同时对调电源的正、负极

27. 某三相反应式步进电动机的转子齿数为 50，其步距角为（　　）。
A. 7.2°　　　　B. 120°　　　　C. 360°　　　　D. 120°

习题

7.1 在额定工作情况下的 Y180L-6 型三相异步电动机，其转速为 960 r/min，频率为 50 Hz，试问电动机的同步转速是多少？有几对磁极？转差率是多少？

7.2 一台两极三相异步电动机，额定功率为 10 kW，额定转速为 $n_N = 2940$ r/min，额定频率 $f_1 = 50$ Hz，试求额定转差率 s_N、轴上的额定转矩 T_N。

7.3 有一台三相异步电动机，其铭牌数据如下：型号 Y180L-6，50 Hz，15 kW，380 V，31.4 A，970 r/min，$\cos\varphi = 0.88$，当电源线电压为 380 V 时，试求：
1）电动机满载运行的转差率。
2）电动机的额定转矩。
3）电动机满载运行时的输入电功率。
4）电动机满载运行时的效率。

7.4 一台异步电动机的技术数据为 $P_N = 2.2$ kW，$n_N = 1430$ r/min，$\eta_N = 82\%$，$\cos\varphi = 0.83$，U_N 为 220 V/380 V。试求丫联结和△联结时的额定电流 I_N。

7.5 某异步电动机，其额定功率为 55 kW，额定电压为 380 V，额定电流为 101 A，功率因数为 0.9，试求该电动机的效率。

7.6 有一台四极三相异步电动机，电源电压的频率为 50 Hz，满载时电动机的转差率为 0.02，求电动机的同步转速、转子转速和转子电流频率。

7.7 有一台三相异步电动机，$n_N = 1470$ r/min，电源频率为 50 Hz。设在额定负载下运行，试求：
1）定子旋转磁场对定子的转速。
2）定子旋转磁场对转子的转速。
3）转子旋转磁场对转子的转速。
4）转子旋转磁场对定子的转速。
5）转子旋转磁场对定子旋转磁场的转速。

7.8 已知一台三相异步电动机的技术数据如下：额定功率 4.5 kW，转速 950 r/min，效率 84.5%，$\cos\varphi = 0.8$，起动转矩与额定转矩之比 $T_{st}/T_N = 1.4$，$U_N = 220$ V/380 V，$f_1 = 50$ Hz，试求：三角形联结时的额

定电流 I_N、起动转矩 T_{st}。

7.9 三相异步电动机的技术数据如下：电压 220 V/380 V，接法 △/Y，功率 0.6 kW，电流 2.0 A/1.4 A，功率因数 0.86，转速 2870 r/min，电源频率 50 Hz，求：

1）电源输入功率。

2）额定转矩。

3）转差率。

4）额定效率。

7.10 Y180L-4 型电动机的额定功率为 22 kW，额定转速为 1470 r/min，频率为 50 Hz，最大转矩为 314.6 N·m，试求电动机的过载系数 λ。

7.11 电动机的单相绕组通入直流电流、单相绕组通入交流电流及两相绕组通入两相交流电流各产生什么磁场？

7.12 交流伺服电动机（一对磁极）的两相绕组通入 400 Hz 的两相对称交流电流时产生旋转磁场。

1）试求旋转磁场的转速 n_0。

2）若转子转速 $n = 18000$ r/min，试问转子导条切割磁场的速度是多少？转差率 s 和转子电流的频率 f_2 各为多少？若由于负载加大，转子转速下降为 $n = 12000$ r/min，试求这时的转差率和转子电流的频率。

7.13 什么是步进电动机的步距角？一台步进电动机可以有两个步距角，如 3° 和 5°，这是什么意思？什么是单三拍、六拍和双三拍？

第 7 章答案

第8章　继电接触器控制

【内容提要】 本章主要介绍一些常用控制电器的功能和原理、常用控制电路以及常用保护方法。

【本章目标】 了解常用控制电器的基本结构、工作原理、控制作用以及电器符号；掌握三相异步电动机的直接起动控制、正反转控制、时间控制、行程控制等基本控制电路，并能分析它们的工作过程；能够分析和读懂简单继电接触器控制电路，并能根据功能要求设计和绘制简单的控制电路。

现代生产机械绝大多数部件是由电动机拖动，为了满足生产工艺和生产过程自动化的要求，就要在生产过程中对电动机进行起动、停止、正反转、调速、制动及顺序控制，使生产机械各部件的动作按着预定的要求进行。采用继电器、接触器及按钮等控制电器对电动机或其他电气设备的接通或断开来实现自动控制，这种控制系统一般称为继电接触器控制系统。

用继电接触器组成的控制系统，线路简单，成本低廉，工作稳定，便于维护，但是这种控制系统在改变控制程序时必须重新接线；另外，这种控制电路依靠触点的接触和断开进行通、断电完成控制要求，当触点在接通和断开电路时，触点间会产生电弧，影响触点的使用寿命，严重时会烧坏触点，造成线路故障，影响控制系统工作的可靠性。

把继电接触器控制系统中的电气元件及它们之间的连接关系用规定的电气符号和文字符号表达出来的图称为电气控制系统的电气原理图。根据通过电流的大小，可将电气原理电路分为主电路和控制电路两部分，主电路允许流过的电流较大，控制电路允许流过的电流较小，主电路与控制电路分开画，主电路画在左边或上边，控制电路画在右边或下边；同一电器的不同部件可以分散画在主电路和控制电路中，但要标注同一文字符号；图中各个电器的触点均按未受外力或线圈未通电情况下状态画出。

8.1　常用控制电器

8.1.1　组合开关

组合开关又称转换开关，由数层动、静触片组装在绝缘盒内组成。动触片装在转轴上，用手柄转动转轴使动触片与静触片接通与断开，可实现多条线路和不同连接方式的转换。组合开关一般在机床电气控制系统中，作为电源引入开关使用，也可以用来直接起动或停止小功率电动机，作为局部照明电路开关使用。组合开关种类也很多，有单级、双级、三级、四级等。三级组合开关的实物外形、结构及符号如图 8-1 所示。图 8-2 是用组合开关控制三相异步电动机起动和停止的接线图。

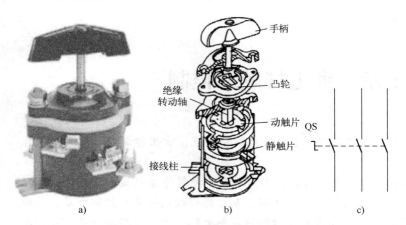

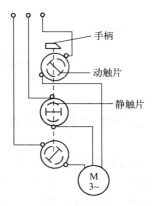

图 8-1　三级组合开关的实物外形、结构及符号

a）实物外形　b）结构示意图　c）符号

图 8-2　用组合开关控制三相异步电动机起动和停止的接线图

8.1.2　按钮与行程开关

1. 按钮

按钮是一种结构简单、应用十分广泛的手动电器。通常用来接通或断开控制电路，从而控制电动机或其他电气设备的运行。图 8-3 所示是一种按钮的剖面图，将按钮帽按下时，下面一对原来断开的静触点被动触点接通，以接通某一控制电路；而上面一对原来接通的静触点则被断开，以断开另一控制电路。原来就接通的触点，称为动断触点或常闭触点；原来就断开的触点，称为动合触点或常开触点。

为了标明各个按钮的作用，避免误操作，通常将按钮帽做成不同的颜色，以示区别，如红色表示停止按钮，绿色表示起动按钮等。图 8-4a 所示为常用几种按钮的实物外形，其结构及符号如图 8-4b 所示。

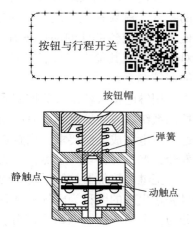

图 8-3　一种按钮的剖面图

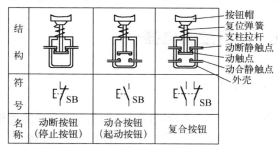

结构			
符号	E-\ SB	E-\ SB	E-\ \ SB
名称	动断按钮（停止按钮）	动合按钮（起动按钮）	复合按钮

a）　　　　　　　　b）

图 8-4　按钮的实物外形、结构及符号

a）实物外形　b）结构及符号

2. 行程开关

行程开关又称为限位开关，它是利用机械部件的位移来自动切换电路，其结构和工作原理都与按钮类似，只不过按钮要手动操作，而行程开关是靠运动部件上的撞块来撞压。当撞

块压着行程开关时，就像按钮被按下一样，其动合触点闭合，动断触点断开；而当撞块离开时，就和按钮被松开一样，在复位弹簧的作用下触点复位。行程开关广泛地用于各类机床、起重机、生产线等设备的行程控制、限位控制和程序控制中的位置检测。行程开关的种类很多，主要有直动式、单滚轮式和滚轮式。直动式行程开关实物外形、结构及符号如图 8-5 所示。

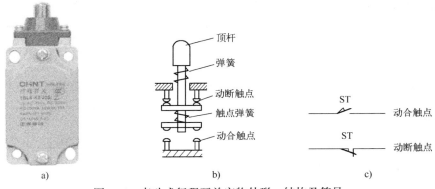

图 8-5　直动式行程开关实物外形、结构及符号

a）实物外形　b）结构示意图　c）符号

8.1.3　交流接触器

交流接触器是一种适用于远距离操作，频繁地接通、断开交、直流主电路的自动控制电器，其主要控制对象是电动机，也可以控制其他电力负载，如电热器、电焊机、电容器和照明设备等，每小时可开闭千余次。

图 8-6 所示为交流接触器的实物外形、结构和符号。

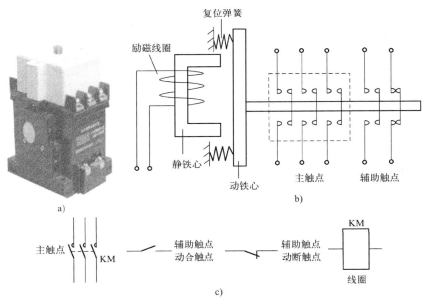

图 8-6　交流接触器实物外形、结构及符号

a）实物外形　b）结构示意图　c）符号

交流接触器主要由电磁部件、传动连杆和触点系统组成，电磁部件包括静铁心、动铁心（衔铁）和励磁线圈。励磁线圈通电前，动铁心未被吸合时的触点状态称为常态。常态时处

于闭合状态的触点称为动断触点，而处于断开状态的触点成为动合触点。励磁线圈通电后动铁心被吸合，动铁心带动动触点一起向左运动，使所有的动合触点闭合、动断触点断开。当励磁线圈断电时，电磁力消失，动铁心在复位弹簧的作用下向右复位，使触点恢复原状。

交流接触器的触点按其功能的不同分为主触点和辅助触点。主触点的电流容量较大，常接于主电路，用来控制电动机或其他三相大功率负载。辅助触点的电流容量较小，常接在控制电路中。主触点在接通或断开大电流时，会形成电弧使触点损伤，并使通、断时间延长，因此必须采取灭弧措施。选用接触器时应注意其额定电流、吸引线圈电压和触点的数目等。CJ10 系列交流接触器的主触点额定电流有 5 A、10 A、20 A、40 A、60 A、100 A 和 150 A 等；吸引线圈额定电压有 36 V、127 V、220 V 和 380 V 等，应根据控制电路的电压进行选择。

8.1.4 继电器

1. 中间继电器

中间继电器通常用于控制电路中信号的传递和控制，也可以用来接通、分断小容量的电动机或电气负载。中间继电器的触点数量很多，触点较小，触点动作迅速，能够很好地满足控制电路的需要。中间继电器的结构和交流接触器基本相同，只是电磁系统小些、触点多些。如图 8-7 所示为一种小型中间继电器的实物外形，其符号如图 8-8 所示。常用的中间继电器有 JZ7、JZ8 和 JTX 系列，其中 JZ8 是交流、直流两用系列；JTX 系列常用于自动控制装置之中。在选用中间继电器时，主要考虑线圈的额定电压、触点的额定电流及触点（动合和动断）的数量。

图 8-7　一种小型中间继电器的实物外形

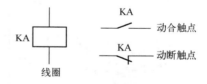

图 8-8　中间继电器的符号

2. 热继电器

热继电器是利用电流的热效应而做出反应的一种保护电器，其实物外形和结构示意图如图 8-9 所示。发热元件是一小段电阻丝，串联在电动机的供电回路中，同时电阻丝绕制在双金属片上，双金属片是两种不同膨胀系数的金属片压合在一起，电流能使电阻丝发热，发热会使双金属片弯曲，当电路过载，热效应较大时，双金属片脱离扣板，扣板在弹簧的拉力下将动断触点断开，由于动断触点串联在控制电路中，使主电路交流接触器分断电源，实现电动机过载保护。动作后的热继电器再使用时，需要重新按下复位按钮即可。热继电器的符号如图 8-10 所示。

热继电器主要有 JR20 和 JR15 系列，主要技术数据是整定电流。所谓的整定电流是指长期通过发热元件而热继电器不动作时最大电流。当电流超过整定电流 20% 时，热继电器应当在 20 min 内动作。超过的数值越多，则发生动作的时间越短，整定电流可在一定范围内进行调节，通常选择整定电流等于电动机的额定电流。

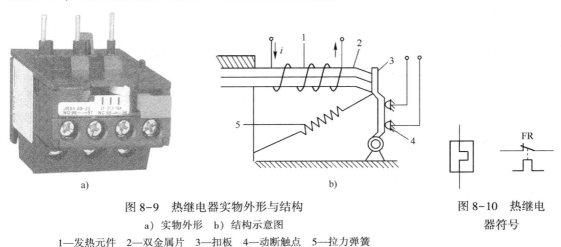

a)

图 8-9　热继电器实物外形与结构

a) 实物外形　b) 结构示意图

1—发热元件　2—双金属片　3—扣板　4—动断触点　5—拉力弹簧

b)

图 8-10　热继电
器符号

3. 时间继电器

时间继电器是按照一定的时间间隔长短来切换电路的自动电器。它的种类很多，常用的有空气式、电动式和电子式。其中空气式结构简单，成本低，应用较广泛，但精度低、稳定性较差。下面以空气式时间继电器为例说明时间继电器的工作原理。

空气式时间继电器是利用空气阻尼作用使继电器的触点延时动作的。一般分为通电延时（线圈通电后触点延时动作）和断电延时（线圈断电后触点延时动作）两类。如图 8-11 所示为空气式时间继电器的实物外形、结构及符号。它主要由电磁机构、触点系统和空气室等

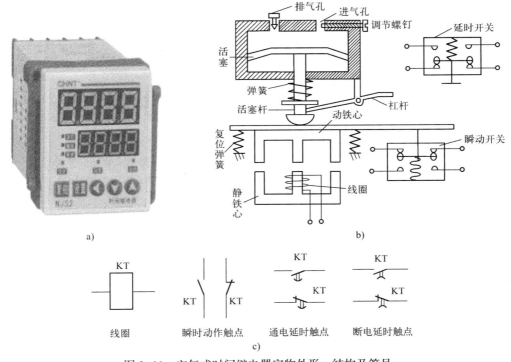

a)　　　　　　　　　　　　　　　b)

线圈　　瞬时动作触点　通电延时触点　断电延时触点

c)

图 8-11　空气式时间继电器实物外形、结构及符号

a) 实物外形　b) 结构示意图　c) 符号

部分组成。当线圈通电时，动铁心被吸下，使之与活塞杆之间拉开一段距离，在释放弹簧的作用下，活塞杆向下移动。但由于活塞上固定有一层橡皮膜，因此当活塞向下移动时，橡皮膜上方空气变得稀薄、气压变小。这样橡皮膜上、下方存在着气压差，限制了活塞杆下降的速度，活塞杆只能缓慢下降。经过一段时间后，活塞杆下降到一定位置，通过杠杆推动延时触点动作，动合触点闭合，动断触点断开。从线圈通电开始到触点完成动作为止，这段时间间隔就是继电器的延时时间。延时时间的长短可通过调节进气孔的大小来改变。该时间继电器只要把铁心倒装一下，可构成断电延时式时间继电器，即通电时触点瞬时动作，而断电后要经过一段时间触点才能动作。即延时闭合的动断触点和延时断开的动合触点（见图8-11）。

空气式延时时间继电器的延时范围大［有（0.4~60）s和（0.4~180）s两种］，目前生产的有JS7-A型及JJSK2型等。延时继电器的触点系统有通电延时、断电延时、瞬时闭合和瞬时断开四种触点类型。

8.1.5 熔断器

熔断器是一种短路保护电器，广泛用于配电系统和控制系统中。熔断器中的熔片或熔丝用电阻率较高的易熔合金（如铝锡合金）或其他金属（如铜、银）制成。线路在正常工作时，熔断器的熔丝或熔片不应熔断。当线路发生短路或严重过载时，熔断器的熔丝或熔片立即熔断。熔断器的型号较多，常见的有插拔式、螺旋式、填料管式和自复式熔断器。熔断器的实物外形及符号如图8-12所示。

选择熔丝的方法如下：

1）电灯支线的熔丝，规定

熔丝额定电流≥支线上所有电灯的工作电流

2）单台电动机的熔丝。为了防止电动机起动时电流较大而将熔丝烧断，熔丝不能按电动机的额定电流来选择，计算方法为

$$熔丝额定电流 \geq \frac{电动机的起动电流}{2.5}$$

如果电动机起动频繁，则为

$$熔丝额定电流 \geq \frac{电动机的起动电流}{1.6~2}$$

图8-12 熔断器实物外形及符号
a）实物外形 b）符号

3）几台电动机合用的总熔丝一般可粗略地计算为

熔丝额定电流=(1.5~2.5)×容量最大的电动机的额定电流+其余电动机的额定电流之和

8.1.6 断路器

断路器是一种能够按照规定条件，对低压配电电路、电动机或其他用电设备实现欠电压、过载和短路保护的控制电器。当电路发生过载、短路或失电压故障时，其保护装置立即动作切断电路。故障排除后无须更换零件，可迅速恢复供电，因而，使用起来非常方便。如图8-13所示为断路器的实物外形、符号及结构。主触点通常是手动闭合，脱扣机构是一套机械连杆装置，主触点闭合后脱扣机构被锁钩锁住。如果电路发生某种故障，相应的脱扣点会将锁钩脱开，于是主触点在弹簧的作用下迅速断开。

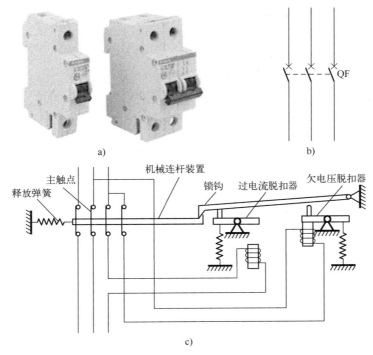

图 8-13　断路器实物外形、符号及结构

a）实物外形　b）符号　c）结构示意图

当发生严重过载和短路故障时，与主电路串联的过电流脱扣器线圈就会产生较强的电磁吸力，衔铁被往下吸引而顶开锁扣，主触点在释放弹簧的作用下断开，从而切断电源，达到了短路或过载保护的目的。欠电压脱扣器的工作与过电流脱扣器相反，正常电压时衔铁吸合，当电压过低或失电压时，衔铁释放使主触点断开。当电源电压恢复正常时，必须重新合闸才能工作，从而实现了欠电压（失电压）保护。

【思考与练习】

8.1.1　电路中 FU、KM、KA、FR 和 SB 分别是什么电气元件的符号？

8.1.2　交流接触器主要由哪几部分组成？简述其工作原理。

8.1.3　热继电器的用途是什么？它的发热元件和触点接在什么电路中？热继电器能否作为短路保护？说明原因。

8.1.4　行程开关与按钮有何相同之处与不同之处？

8.2　三相异步电动机的直接起动控制

电动机直接起动

8.2.1　点动控制

点动控制就是按下按钮时电动机转动、松开按钮时电动机停止。生产机械在试车或调整时常用点动控制方法。

如图 8-14 所示为三相异步电动机的点动控制电路，由组合开关 QS、交流接触器 KM、按钮 SB、热继电器 FR 及熔断器 FU 等组成。其中，组合开关 QS、熔断器 FU、交流接触器 KM 主触点、热继电器 FR 热元件及电动机 M 构成主电路；按钮 SB、交流接触器 KM 线圈、热继电器 FR 动断触点构成控制电路；当电动机需要点动时，先合上 QS，再按下 SB，接触器 KM 的线圈通电，铁心吸合，主电路中的接触器的动合主触点闭合，电动机与电源接通而运转；松开 SB 后，接触器 KM 的线圈失电，动铁心在弹簧作用下复位，接触器主触点断开，电动机因断电而停止。

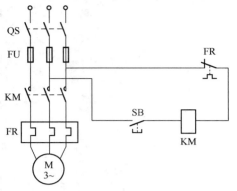

图 8-14　电动机点动控制电路

8.2.2　连续控制

如图 8-15 所示为电动机连续控制电路，也是最基本、应用最广泛的控制电路之一。该控制电路能实现对电动机连续自动控制，具有远距离控制、频繁操作功能，并具有必要的保护，如短路、过载、欠电压保护等。电动机连续控制电路的控制功能可以分为以下几个方面：

1）起动功能。合上组合开关 QS，主电路和控制电路上电，为电动机的起动做好准备。按下起动按钮 SB$_2$，接触器 KM 的线圈通电，使其主触点 KM 吸合，电动机起动；辅助触点 KM 也同时闭合，由于辅助触点 KM 与起动按钮 SB$_2$ 是并联，此时即使松开起动按钮 SB$_2$，线圈 KM 通过其辅助触点也可以继续保持通电状态，维持主触点和辅助触点的吸合，这种锁定关系称为自锁。

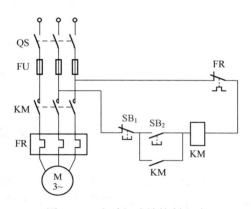

图 8-15　电动机连续控制电路

2）停止功能。按下停止按钮 SB$_1$，接触器 KM 的线圈断电，其主触点和辅助触点在反力弹簧的作用下被断开，电动机将断电停止转动。

3）保护功能。当系统发生短路故障时，熔断器 FU 能够迅速熔断，切断主电路，起到短路保护的作用；当电动机严重过载时，热继电器 FR 动作，其动断触点将控制电路切断，使交流接触器 KM 线圈断电，切断主电路，起到过载保护的作用；当电动机在运转过程中突然断电，控制电路接触器能够切断电源与主电路中电动机的连接。即使恢复供电，若不按起动按钮 SB$_2$，电动机也不会运转。这样就避免了恢复供电时电动机的自行起动，造成人员伤亡和设备事故。

【思考与练习】

8.2.1　在继电接触器控制电路中，什么是主电路？什么是控制电路？

8.2.2　什么是自锁？在控制电路中如何实现自锁？

8.2.3　继电接触器控制电路对电动机都有哪些保护作用？这些保护是如何实现的？

8.3　三相异步电动机的正反转控制

电动机正反转控制

在生产实际中，许多设备需要进行正、反两个方向的运动，如机床工作台的前进与后退、主轴的正转与反转、起重机吊钩的上升与下降等。这就要求电动机能够正转和反转。根据三相异步电动机的工作原理可知，要改变三相异步电动机的旋转方向，只需将接至电源的三根定子端线中的任意两端对调即可。因此，需要两个接触器来完成上述控制任务，一个控制电动机正转，另一个控制电动机反转，如图 8-16a 所示。

图 8-16a 中，KM_F 为正转接触器，KM_R 为反转接触器，SB_F 为正转按钮，SB_R 为反转按钮。当按下正转按钮 SB_F 时，KM_F 接通并自锁，电动机正转；如果按下反转按钮 SB_R，则 KM_R 接通并自锁，由于调换了两根电源线，所以电动机反转。按下停止按钮 SB_1，接触器 KM_F 或 KM_R 释放，电动机停转。

从电动机主电路来看，KM_F 和 KM_R 的主触点不能同时闭合，否则会发生相间短路。因此要求在正反转接触器的线圈回路中串入对方的辅助动断触点。当正转接触器线圈 KM_F 通电时，其串接在反转接触器 KM_R 线圈回路中的动断触点断开，这时即使按下反转按钮 SB_R，也不能使反转接触器 KM_R 的线圈通电；同理，当反转接触器线圈 KM_R 通电时，其串联在正转接触器 KM_F 回路中的动断触

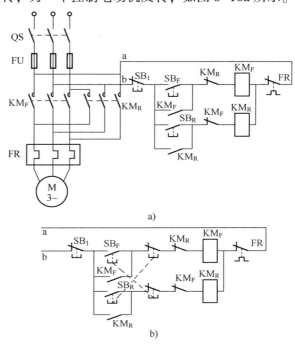

图 8-16 三相电动机正反转控制电路

点断开，这时即使按下正转按钮 SB_F，也不能使正转接触器 KM_F 的线圈通电。这种利用两个接触点的动断触点相互封锁对方线圈回路的方法称为互锁或联锁，起互锁作用的一对触点称为互锁触点，利用接触器的动断辅助触点实现的互锁控制称为电气互锁。在控制电路中加入互锁环节后就能避免两个接触器同时通电，从而防止了短路事故的发生。

但是这种控制电路有个缺点，就是在正转过程中要求反转，必须先按停止按钮 SB_1，让联锁触点 KM_F 闭合后，才能按反转起动按钮使电动机反转，操作不便。为了解决这个问题，在生产上常采用复式按钮和触点联锁的控制电路，如图 8-16b 所示。当电动机正转时，按下反转起动按钮 SB_R，它的动断触点断开，而使正转接触器的线圈 KM_F 断电，主触点 KM_F 断开。与此同时，串接在反转控制电路中的动断触点 KM_F 恢复闭合，反转接触器的线圈通电，电动机反转。同时串接在正转控制电路中的动断触点 KM_R 断开，起着联锁保护的作用。

【思考与练习】

8.3.1　什么是互锁？它与自锁有什么区别？

8.3.2　图 8-16 所示控制电路中，接触器构成的电气互锁和按钮构成的机械互锁各起什么作用？

8.4　三相异步电动机的顺序控制

许多生产机械往往需要多台电动机在起动和停车时按一定顺序工作。如某些大型机床，必须油泵电动机先起动，提供足够的润滑油后才能起动主轴电动机。停车时，则应先停主轴

电动机，再停油泵电动机。多台电动机之间的这种制约关系，称为顺序控制。

　　如图 8-17 所示主电路中，M_1 是需要先起动的电动机，M_2 是需要后起动的电动机，它们分别由接触器 KM_1 和 KM_2 控制，由于 KM_1 的辅助动合触点串联在 KM_2 线圈的控制电路中，所以只有 M_1 起动后，M_2 才能起动。KM_2 的辅助动合触点并联在 KM_1 的停止按钮 SB_1 两端，所以只有 M_2 停车后才能停止 M_1。

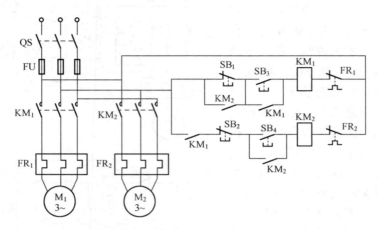

图 8-17　两台电动机的顺序控制电路

8.5　行程控制

行程控制

　　前面介绍的异步电动机的起动、停止和正反转控制都是由人通过按钮发出命令，而在实际生产中，还常用一些能根据某一物理量自动开关的电器来实现各种自动控制。开关自动控制的种类很多，根据自动开关所反映的物理量的不同，有行程控制、时间控制、速度控制和压力控制等。

　　根据生产机械某一运动部件的行程或位置的变化来对生产机械进行的控制称为行程（限位）控制，如刨床工作台的自动往复运动、提升机的上下自动运动等。行程控制是由行程开关来实现的。

　　图 8-18 是用行程开关来控制工作台前进与后退的示意图和控制电路。行程开关 ST_1 与 ST_2 分别装在机床床身的左右两侧，撞块安装在工作台上。工作台由电动机拖动做往复运动。ST_2 控制工作台前进，ST_1 控制工作台后退。

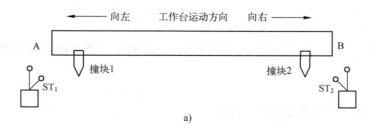

图 8-18　工作台自动往复行程控制
a）示意图

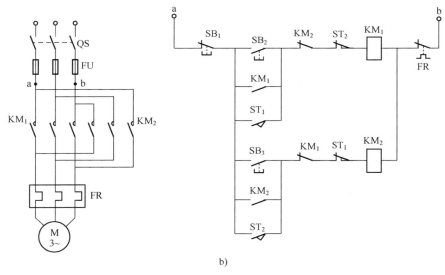

b)

图 8-18　工作台自动往复行程控制（续）

b）控制电路

按下正转起动按钮 SB_2，接触器 KM_1 线圈通电，电动机正转，带动工作台前进。当工作台前进至右端位置 B 时，撞块 2 压下 ST_2，使串接在正转接触器 KM_1 线圈回路中的 ST_2 动断触点断开，KM_1 线圈失电，电动机正转停止。与此同时，ST_2 的动合触点闭合使 KM_2 的线圈通电，电动机反转带动工作台后退，退至位置 A 时撞块 1 又压下 ST_1，使线圈 KM_2 断电、KM_1 通电，电动机又一次正转，带动工作台前进。如此往复循环运动，直至按下停止按钮 SB_1 为止。

8.6　时间控制

时间控制

在生产中，经常需要按一定的时间间隔来对生产机械进行控制，如三相异步电动机的星形-三角形（Y-△）减压起动需要电动机先按Y联结运行一段时间后再换接为△联结运行。这种按时间先后顺序所进行的控制称为时间控制，实现时间控制的自动电器是时间继电器。

1．Y-△减压起动控制

Y-△减压起动是把正常运行时应为△联结的三相异步电动机在起动时换接为Y联结以减小起动电流，待电动机转速上升到接近额定值时再换接为△联结运行。如图 8-19 所示是利用通电延时时间继电器实现的三相异步电动机Y-△减压起动控制电路。

起动时，按起动按钮 SB_2，接触器 KM 通电并自锁，同时 KM_Y 和 KT 通电，电动机定子绕组Y联结，电动机减压起动。经过一段时间后，时间继电器的动断触点断开、动合触点闭合，使接触器 KM_Y 断电，$KM_△$ 接通，于是电动机定子绕组换接为△联结，同时 $KM_△$ 辅助动断触点断开，使时间继电器 KT 的线圈断电。

在电动机Y-△减压起动控制电路中，接触器 KM_Y 和 $KM_△$ 的辅助动断触点还起到互锁作用，以防止接触器 KM_Y 和 $KM_△$ 同时接通而造成主电路短路。$KM_△$ 的辅助动合触点在电路中起自锁作用。

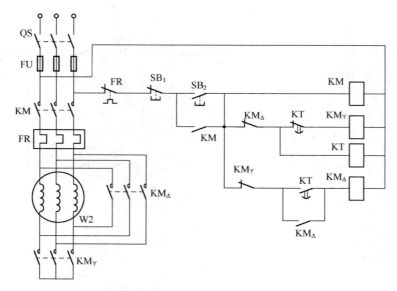

图 8-19　三相异步电动机丫-△减压起动控制电路

停车时，只要按下按钮 SB_1，就会使 KM 和 $KM_△$ 的线圈断电，其主触点断开，电动机停止运行。

2. 能耗制动控制

图 8-20 是利用断电延时时间继电器实现的三相异步电动机正反转运行能耗制动控制电路。直流电源由变压器 T_r 把交流电源降压后经桥式整流获得。图中 KM_F、KM_R 是控制电动机正、反转运行的接触器，KM 为制动控制器，KT 为控制制动时间的时间继电器。假设电动机正在正转运行，此时线圈 KM_F 通电并自锁，其动断触点断开，对反转接触器 KM_R 和制动接触器 KM 互锁；时间继电器线圈 KT 通电，其断电延时触点闭合。

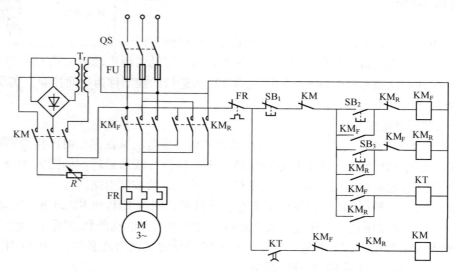

图 8-20　三相异步电动机正反转运行能耗制动控制电路

当按下停止按钮 SB_1 时，KM_F 线圈断电，其主触点断开使电动机与交流电源脱离；串接在时间继电器 KT 线圈回路的辅助动合触点也断开，时间继电器因其线圈断电而进入延时状态；同时串接在制动接触器 KM 线圈回路的 KM$_F$辅助动断触点闭合，因而制动接触器 KM 线圈通电，其主触点接通，将直流电源接入电动机定子回路，能耗制动开始。经过一段时间的延时后，串接在制动接触器 KM 线圈回路的时间继电器的断电延时触点断开，制动接触器 KM 断电，能耗制动结束。

本章小结

1. 常用低压电器分为手动电器和自动电器两大类。手动电器是由工作人员手动操作的，如按钮、组合开关等；自动电器是按照信号或某个物理量的变化而自动动作的，如各种继电器、接触器、行程开关等。

2. 本章的电气自动控制系统主要由主电路、控制电路两部分组成。主电路是作用于被控对象的电路，将电源、接触器主触点、电动机直接连接，通过的电流较大。控制电路是实现对被控对象的控制，具有逻辑、记忆、顺序动作等作用，控制电路的端电压始终作用于继电器或接触器的线圈两端。

3. 异步电动机的继电接触器控制电路通常具有短路保护、过载保护和欠电压（或失电压）保护等功能，熔断器用来实现短路保护。热继电器用来实现电动机过载保护，接触器还有失（欠）电压保护功能。

自测题

一、填空题

1. 接触器的电磁机构由（　　　　）、（　　　　）和（　　　　）三部分组成。

2. 熔断器在电路中起（　　　　）保护作用；热继电器在电路中起（　　　　）保护作用。

3. 断路器是一种能够按照规定条件，对低压配电电路、电动机或其他用电设备实现（　　　　）、（　　　　）和（　　　　）保护的控制电器。

4. 接触器除具有接通和断开电动机主电路的功能外，还具有（　　　　）和（　　　　）保护功能。

5. 在起始的情况下，如果触点是断开的，则称为（　　　　）；如果触点是闭合的，则称为（　　　　）。

6. 热继电器实现机电设备的过载保护，必须在主电路中接入其（　　　　），在控制线路中接入其常闭触点。

7. 熔断器熔断体（　　　　）电流的选择是熔断器选择的核心。

二、判断题

1. 采用多地控制时，起动按钮应串联在一起，停止按钮应并联在一起。（　　　　）

2. 接触器的动合触点在电路中起自锁作用，动断触点起互锁作用。（　　　　）

3. 组合开关、熔断器、接触器、继电器及电动机等是常用的低压控制电器。（　　　　）

4. 热继电器的线圈接在控制电路中，触点接在主电路中。（　　　　）

5. 失电压（或零电压）保护就是当电源暂时断电或电压严重下降时，电动机即自动从电源切除。（　　　　）

6. 电气控制接线图中的电气元件触点按常态（未受力、未通电）画。（　　　　）

7. 电气控制接线图中的同一电气元件线圈与触点可以分开画。（　　　　）

8. 热继电器是利用双金属片受热弯曲而推动触点动作的一种保护电器，它主要用于线路的速断保护。（　　　　）

9. 交流接触器的额定工作电压是指在规定条件下，能保证电器正常工作的最高电压。（　　　　）

10. 交流接触器的额定电流是在额定工作条件下所决定的电流值。（　　　　）

三、选择题

1. 在电动机的连续运转控制中，其控制关键是（　　　）。

A. 自锁触点　　　B. 互锁触点　　　C. 复合按钮　　　D. 机械联锁

2. 下列不属于低压配电电器的是（　　　）。

A. 接触器　　　　B. 继电器　　　　C. 熔断器　　　　D. 电动机

3. 在电动机的继电接触器控制电路中，熔断器的功能是实现（　　　）。

A. 短路保护　　　B. 零电压保护　　　C. 过载保护

4. 交流接触器线圈电压过低将导致（　　　）。

A. 线圈电流显著增大　　　B. 线圈电流显著减小　　　C. 线圈电流不变

5. 热继电器作为电动机保护时，适用于（　　　）。

A. 重载起动间断工作时的过载保护

B. 频繁起动时的过载保护

C. 任何负载、任何工作的过载保护

6. 如图 8-21 所示电路，（　　　）能实现点动控制。

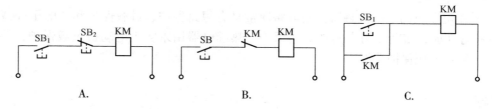

图 8-21　选择题 6 电路

7. 如图 8-22 所示电路，（　　　）能实现连续、停止工作。

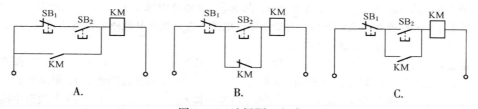

图 8-22　选择题 7 电路

8. 图 8-23 所示控制电路中，正确的是（　　　）。

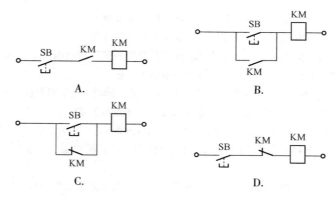

图 8-23　选择题 8 电路

9. 在电动机的继电接触器控电线路中，零电压保护是（　　）。

A. 防止电源电压降低后电流增大，烧坏电动机

B. 防止停电后再恢复供电时，电动机自行起动

C. 防止电源断电后电动机立即停车，影响正常工作

10. 图 8-16 中联锁动断触点 KM_F 和 KM_R 的作用是（　　）。

A. 起自锁作用

B. 保证两个接触器不能同时动作

C. 使两个接触器依次进行正、反转运行

11. 如图 8-24 所示控制电路中，KM_1 控制辅电动机 M_1，KM_2 控制主电动机 M_2，两个电动机已起动运行，停车操作顺序必须是（　　）。

A. 先按 SB_3 停 M_1，再按 SB_4 停 M_2

B. 先按 SB_4 停 M_2，再按 SB_3 停 M_1

C. 操作顺序无限制

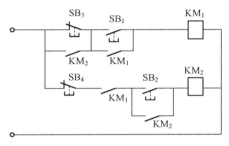

图 8-24　选择题 11 电路

12. 在图 8-24 电路中，起动电动机 M_2 的操作是（　　）。

A. 按 SB_2 　　　　B. 按 SB_1 　　　　C. 先按 SB_1，再按 SB_2

13. 在电动机的继电接触器控制电路中，热继电器的正确连接方法应当是（　　）。

A. 热继电器的发热元件串联在主电路内，而把它的动合触点与接触器的线圈串联在控制电路内

B. 热继电器的发热元件串联在主电路内，而把它的动断触点与接触器的线圈串联在控制电路内

C. 热继电器的发热元件并联在主电路内，而把它的动断触点与接触器的线圈并联在控制电路内

14. 为使某工作台在固定的区间做往复运动，并能防止其冲出滑道，应当采用（　　）。

A. 时间控制　　　　B. 速度控制　　　　C. 行程控制

15. 在继电接触器控制电路中，自锁环节触点的正确的连接方法是（　　）。

A. 接触器的动合辅助触点与起动按钮并联

B. 接触器的动合辅助触点与起动按钮串联

C. 接触器的动断辅助触点与起动按钮并联

16. 有关中间继电器功能的论述，错误的是（　　）。

A. 信号传递　　　　　　　　　B. 多路控制

C. 动作延时　　　　　　　　　D. 只用在控制电路中

习题

8.1　试分析判断如图 8-25 所示的各控制电路能否实现自锁控制。若不能，会出现什么情况？

8.2　试指出如图 8-26 所示电路中的错误并加以改正。

8.3　试画出三相笼型电动机既能连续工作，又能点动工作的继电接触器控制电路。

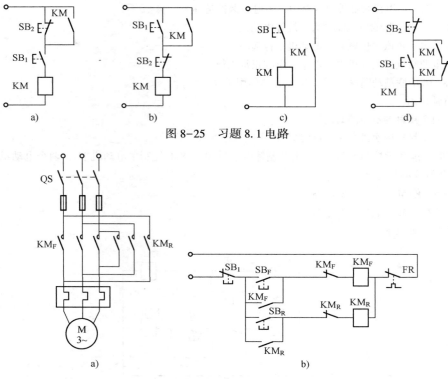

图 8-25　习题 8.1 电路

图 8-26　习题 8.2 电路

a) 主电路　b) 控制电路

8.4　某机床主轴由一台笼型电动机（M_2）带动，润滑油泵由另一台笼型电动机（M_1）带动。要求：

1）主轴必须在油泵开动后才能开动。

2）主轴要求能用电器实现正反转，并能单独停车。

3）有短路、零电压或失电压及过载保护。

试画出控制电路。

8.5　如图 8-27 所示是 Y-△减压起动控制电路，判断图中哪些地方画错了，将错处改正。

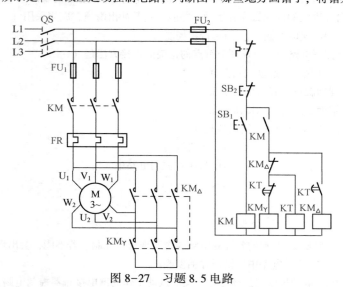

图 8-27　习题 8.5 电路

8.6　如图 8-28 所示继电接触器控制电路，试分析该控制电路并回答以下问题：

1）M_1 与 M_2 的起动顺序是怎样的？

2）如何使 M_1 和 M_2 停转？

3）指出 FU、FR_1、FR_2 和 KT 所表示的电器的名称，它们在电路中各起什么作用？

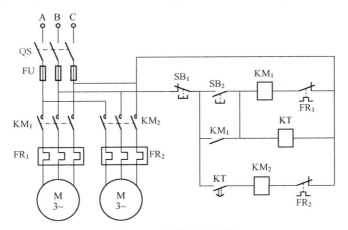

图 8-28　习题 8.6 电路

8.7　图 8-29 中，要求按下起动按钮后能顺序完成以下动作：

1）运动部件 A 从 1 到 2。

2）接着 B 从 3 到 4。

3）接着 A 从 2 回到 1。

4）接着 B 从 4 回到 3。

试画出控制电路（提示：用四个行程开关，装在原位和终点，每个有一动合触点和一动断触点）。

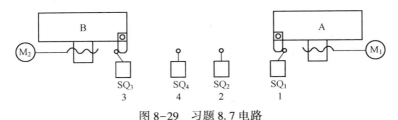

图 8-29　习题 8.7 电路

8.8　画出笼型异步电动机的能耗制动控制电路，要求如下：

1）用按钮 SB_2 和 SB_1 控制电动机 M 的起停。

2）按下停止按钮 SB_1 时，应使接触器 KM_1 断电释放，接触器 KM_2 通电运行，进行能耗制动。

3）制动一段时间后，应使接触器 KM_2 自动断电释放，试用通电延时型和断电延时型继电器画出一种控制电路。

8.9　一台三相异步电动机，其起动和停止的要求为：当起动按钮按下后，电动机立即得电直接起动，并持续运行工作；当按下停止按钮后，需要等待 20s 电动机才会停止运行。请设计满足上述要求的主电路与控制电路图（电路需具有必要的保护措施）。

第 8 章答案

第9章 可编程序控制器

【内容提要】可编程序控制器是以计算机（微处理器）为核心，集通信技术、自动化技术等于一体的通用工业控制器。本章介绍可编程序控制器的基本组成、作用、分类、工作原理和程序执行过程，以及可编程序控制器常用的编程指令及编程原则。

【本章目标】通过本章的学习，了解 PLC 的硬件结构、工作原理、主要功能与分类；熟悉 PLC 内存分配情况及系统指令的构成；掌握 PLC 常用的基本指令、顺控指令、功能指令等；并根据简单的控制要求，能编制梯形图应用程序。

9.1 PLC 概述

PLC 概述

继电接触器控制系统结构简单、容易掌握、价格低廉，在一定的范围内能够满足控制要求。但在复杂控制系统中，电气装置体积大、接线复杂且故障率高，需要经常地、定时地进行检修维护，而且当生产工艺或对象需要改变时，就需重新进行硬件组合、增减元器件、改变接线，灵活性差。

1968 年，美国通用汽车（GM）公司提出一种设想：把计算机的功能完善、通用、灵活等优点和继电接触器控制系统的简单易懂、操作方便、价格低廉等优点结合起来，制成一种通用工业控制装置。1969 年，世界上第一台可编程序控制器（Programmable Logic Controller，PLC）诞生了。

国际电工委员会（IEC）于 1987 年对可编程序控制器做了如下定义："可编程序控制器是一种数字运算操作的电子系统，专为工业环境下的应用而设计。它采用可编程序的存储器，用来在其内部存储执行逻辑运算、顺序控制、定时、计数和算术运算等操作的指令，并通过数字式、模拟式的输入和输出控制各种机械或生产过程。可编程序控制器及其有关外部设备，都按易于与工业控制系统联成一个整体、易于扩充其功能的原则设计。"

上述定义强调了可编程序控制器是"数字运算操作的电子系统"，具有"存储器"以及运算"指令"，可见它是一种计算机，而且是"专为工业环境下的应用而设计"的工业计算机。因此，可编程序控制器能直接应用于工业环境，必须具有很强的抗干扰能力、广泛的适应能力和应用范围。这也是可编程序控制器区别于一般微机控制系统的一个重要特性。同时它还具有"数字式、模拟式的输入和输出"的能力，"易于与工业控制系统联成一个整体"，易于"扩充"。

本书以西门子 S7-200 系列 PLC 为例，简单介绍 PLC 的基本概念和编程指令。

9.1.1 PLC 的硬件组成和工作原理

1. PLC 的硬件组成

PLC 实质上是一种工业控制计算机，所以 PLC 与计算机的组成十分相似。从硬件结构上看，它有中央处理器（CPU）、存储器、输入/输出（I/O）接口等，如图 9-1 所示。

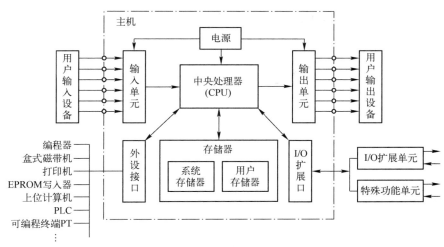

图 9-1　整体式 PLC 的硬件组成

（1）中央处理器（CPU）

中央处理器是 PLC 的主要组成部分，由微处理器芯片构成，是系统的控制中枢。它按 PLC 系统程序赋予的功能指挥 PLC 完成各种预定的功能，其主要功能如下：

1）接收并存储从编程器输入的用户程序和数据，以扫描方式通过 I/O 部件接收现场信号的状态或数据，并分别存入输入映像寄存器或数据存储器中。

2）检查电源、存储器、I/O 以及警戒定时器的状态，并诊断用户程序的语法错误。

3）当 PLC 投入运行时，从用户程序存储器中逐条读取指令，经过命令解释并按指令规定的任务进行数据传送、逻辑或算术运算等；并根据运算结果更新有关标志位的状态和输出映像寄存器的内容；等所有用户程序扫描执行完毕后，再经输出部件实现输出控制、制表打印或数据通信等功能。

（2）存储器单元

PLC 的存储器包括系统存储器和用户存储器两部分。

系统存储器用来存放 PLC 生产厂家编写的系统程序，并固化在 ROM 内，用户不能直接更改。它使 PLC 具有基本的功能，能够完成 PLC 设计者规定的各项工作。

用户存储器包括用户程序存储器（程序区）和用户数据存储器（数据区）两部分。用户程序存储器用来存放用户针对具体控制任务并用规定的 PLC 编程语言编写的各种用户程序。用户数据存储器可以用来存放（记忆）用户程序中所使用器件的 ON/OFF 状态和数值、数据等。其大小关系到用户程序容量的大小，是反映 PLC 性能的重要指标之一。

（3）输入/输出单元

输入/输出单元是 PLC 与现场输入、输出设备或其他外部设备之间的连接部件。PLC 通过输入模块把工业设备或生产过程的状态或信息读入到中央处理器，通过用户程序的运算与操作，把结果通过输出模块输出给执行单元。

输入单元接收和采集两种类型的输入信号：一种是由限位开关、操作按钮、选择开关、行程开关等传来的开关量输入信号；另一种是由电位器、其他一些传感器等传来的模拟量输入信号。输出映像寄存器由输出点相对应的触发器组成，输出接口电路将其由弱电控制信号转换成现场需要的强电信号输出，以驱动电磁阀、接触器、指示灯等被控设备的执行元件。

1）开关量输入接口电路。为防止各种干扰信号和高电压信号进入 PLC，影响其可靠性

207

或造成设备损坏，现场输入接口电路一般由光电耦合电路进行隔离，如图 9-2 所示。

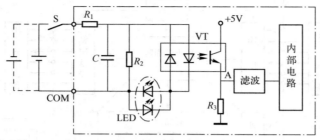

图 9-2 开关量输入接口电路

通常 PLC 的输入类型可以是直流、交流和交直流。输入电路的电源可由外部供给，有的也可由 PLC 内部提供。

2）开关量输出接口电路。输出接口电路通常有三种类型：继电器输出型、晶体管输出型和晶闸管输出型。开关量输出接口电路如图 9-3 所示。每种输出电路都采用电气隔离技术，电源由外部提供，输出电流一般为 0.5~2 A，输出电流的额定值与负载的性质有关。

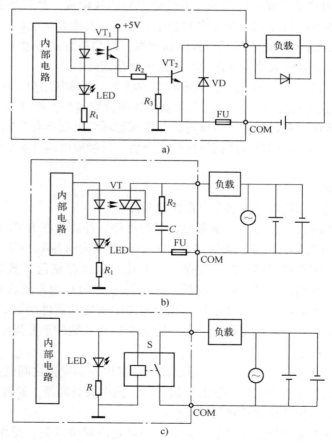

图 9-3 开关量输出接口电路

a) 晶体管输出 b) 双向晶闸管输出 c) 继电器输出

由于输入和输出端是靠光信号耦合，在电气上完全隔离，因此输出端的信号不会反馈到输入端，也不会产生地线干扰或其他干扰，因此 PLC 具有很高的可靠性和较强的抗干扰能力。

（4）电源部分

PLC 一般使用 220 V 的交流电源。小型整体式 PLC 内部有一个开关稳压电源，一方面为 PLC 的中央处理器（CPU）、存储器等电路提供 5 V 直流电源，使 PLC 能正常工作；另一方面为外部输入元件提供 24 V 直流电源。

（5）接口单元

接口单元包括扩展接口、编程器接口、存储器接口和通信接口。

（6）外部设备

PLC 的外部设备主要有编程器、文本显示器、操作面板、打印机等。

2. PLC 的工作原理

继电接触器控制系统是一种硬件逻辑系统，如图 9-4a 所示，它的三条支路是并行工作的，当按下按钮 SB_1，中间继电器 KA 得电，KA 的动合触点闭合，接触器 KM_1 得电并产生动作；KA 的动断触点断开，KM_2 失电。

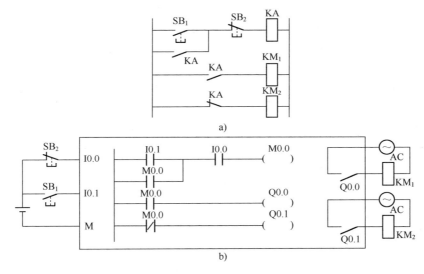

图 9-4　继电接触器控制系统与 PLC 控制系统的比较

a）继电接触器控制系统　b）用 PLC 实现控制功能的接线示意图

而 PLC 是一种工业控制计算机，与普通计算机一样，属于串行工作方式，如图 9-4b 所示。CPU 是以分时操作方式来处理各项任务的，计算机在每一瞬间只能做一件事，所以程序的执行是按程序顺序依次完成相应各电器的动作。由于运算速度极高，各电器的动作几乎是同时完成的，但实际输入-输出的响应是有滞后的。当按下 SB_1 而没有按下 SB_2 时，I0.0、I0.1 接通，PLC 内部继电器 M0.0 工作，并使 PLC 的继电器 Q0.0 工作，但由于 PLC 是串行工作的，M0.0、Q0.0 的接通都不是同时的。

应当指出，虽然存储程序控制中的梯形图与接线程序控制中的继电器接线十分相像，但它们的本质是截然不同的：一个是接线，另一个是 PLC 的程序。

PLC 是按集中输入、集中输出、不断的周期性循环扫描的方式进行工作的。每一次扫描所用的时间称为扫描周期或工作周期。CPU 从第一条指令开始执行，按顺序逐条执行用户程序直到用户程序结束，然后开始新的一轮扫描。

CPU 执行用户程序时，需要各种现场信息，这些现场信息已连接到 PLC 的输入端，

PLC 采集现场信息即采集输入信号有以下两种方式：

1）集中采样输入方式。一般在扫描周期的开始或结束时将所有输入信号采集并存储到输入映像寄存器中。执行用户程序所需要的输入状态均在输入映像寄存器中取用，而不能直接到输入端或输入模块中取用。

2）立即输入方式。随程序的执行，需要哪个信号就直接从输入端或输入模块取用这个信号，如立即输入指令，此时输入映像寄存器的内容不变，到下一次集中采样输入时才变化。

同样，PLC 对外部的输出控制也有集中输出和立即输出两种方式。集中输出方式是把执行用户程序所得的所有输出结果，全部存储在输出映像寄存器中，执行完用户程序后所有输出结果一次性向输出端或输出模块输出，使输出部件动作。立即输出方式是执行用户程序时将该结果立即向输出端或输出模块输出，如立即输出指令，此时输出映像寄存器的内容也更新。

PLC 工作的整个过程可分为三部分：上电处理过程、扫描过程和出错处理过程。

当 PLC 处于正常运行时，它将不断重复扫描过程，不断地循环工作。如果对远程 I/O 特殊模块和其他通信服务暂不考虑，这样扫描过程就只剩下输入采样、程序执行和输出刷新三个阶段，如图 9-5 所示（不考虑立即输入、立即输出情况）。

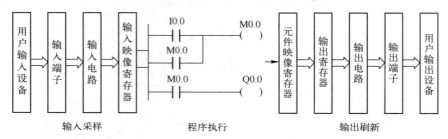

图 9-5 PLC 扫描过程

1）输入采样阶段。PLC 在输入采样阶段，首先扫描所有输入端子，并将各输入状态存入相对应的输入映像寄存器中。此时，输入映像寄存器被刷新。接着，进入程序执行阶段，在此阶段和输出刷新阶段，输入映像寄存器与外界隔离，无论输入信号如何变化，其内容保持不变，直到下一个扫描周期的输入采样阶段，才重新写入输入端的新内容。所以一般来说，输入信号的宽度要大于一个扫描周期，否则很可能造成信号的丢失。

2）程序执行阶段。根据 PLC 梯形图程序扫描原则，PLC 一般按从左到右、从上到下的步骤顺序执行程序。当指令中涉及输入、输出状态时，PLC 就从输入映像寄存器中读入对应输入端子状态，从元件映像寄存器读入对应元件（软继电器）的当前状态，然后进行相应的逻辑运算，运算结果再存入元件映像寄存器中。对元件映像寄存器来说，每一个元件（软继电器）的状态会随着程序执行过程而变化。

3）输出刷新阶段。在所有指令执行完毕后，元件映像寄存器中所有输出继电器的状态（接通/断开）在输出刷新阶段转存到输出寄存器中，通过一定方式输出，最后经过输出端子驱动外部负载。

9.1.2 PLC 的应用、特点和分类

1. PLC 的应用

由于微处理器芯片及有关元件的价格大幅下降，PLC 成本下降，同时 PLC 的功能增强，能解决复杂的计算和通信问题。目前 PLC 在国内外已广泛应用于钢铁、采矿、水泥、石油、

化工、电力、机械制造、汽车、装卸、造纸、纺织和环保等行业。

（1）顺序控制

顺序控制是 PLC 应用最广泛的领域，也是最适合 PLC 使用的领域，可用来取代传统的继电器顺序控制。PLC 应用于单机控制、多机群控、生产线自动控制等。如注塑机械、印刷机械、订书机械、包装机械、切纸机械、组合机床、磨床、装配生产线、电镀流水线及电梯控制等。

（2）运动控制

PLC 制造商目前已提供了拖动步进电动机或伺服电动机的单轴或多轴位置控制模块，在多数情况下，PLC 把描述目标位置的数据送给模块，其输出移动单轴或多轴到目标位置。每个轴移动时，位置控制模块保持适当的速度和加速度，确保运动平滑。

（3）过程控制

PLC 还能控制大量的物理参数，如温度、流量、压力、液位和速度。具有 PID 模块的 PLC 具有闭环控制的功能，即一个具有 PID 控制能力的 PLC 可用于过程控制。当过程控制中某个变量出现偏差时，PID 控制算法会计算出正确的输出，把变量保持在设定值上。

（4）数据处理

在机械加工中，PLC 作为主要的控制和管理系统用于数控机床（Computer Numerical Control，CNC）系统中，可以完成大量的数据处理工作。

（5）通信网络

PLC 的通信包括主机与远程 I/O 之间的通信、多台 PLC 之间的通信、PLC 和其他智能控制设备（如计算机、变频器、数控装置）之间的通信。PLC 与其他智能控制设备一起，可以组成集中管理、分散控制的分布式控制系统。

2. PLC 的特点

1）可靠性高，抗干扰能力强。

2）通用、灵活。

3）编程简单方便。

4）功能完善，扩展能力强。

5）设计、施工、调试的周期短，维护方便。

由于 PLC 具有上述特点，PLC 的应用范围极为广泛，可以说只要有工厂、有控制要求，就会有 PLC 的应用。

3. PLC 的分类

PLC 是为满足现代化生产的需求而产生的，PLC 的分类也必然要符合现代化生产的需求。一般来说，可以从两个角度对 PLC 进行分类：一是 PLC 的控制规模大小（I/O 点数）；二是 PLC 的结构特点。

（1）按 PLC 的 I/O 点数分类

小型机的 I/O 点数一般在 256 点以内，一般以开关量控制为主。德国 SIEMENS 公司的 S7-200 系列、日本三菱 FX 系列 PLC 等均属于小型机。

中型机的 I/O 点数为 256～2048 点，具有开关量和模拟量控制功能，以及更强的数字计算能力。德国 SIEMENS 公司的 S7-300 系列、日本 OMRON 公司的 C200H 系列 PLC 均属于中型机。

大型机的 I/O 点数一般多于 2048 点，这类 PLC 控制点数多，控制功能很强，有很强的计算能力，同时，这类 PLC 运行速度很高，不仅能完成较复杂的算术运算，还能进行复杂的矩阵运算，可用于对设备进行直接控制，还可以对多个下一级的 PLC 进行监控。德国 SIEMENS 公司的 S7-400 系列、日本 OMRON 公司的 CVM1 和 CS1 系列 PLC 均属于大型机。

（2）按 PLC 的结构特点分类

PLC 按结构特点可分为整体式、组合式两类。

1）整体式。整体式结构的 PLC 把电源、CPU、存储器、I/O 系统紧凑地安装在一个标准机壳内，组成一个整体，构成 PLC 的基本单元，如图 9-1 所示。一个基本单元就是一台完整的 PLC，可以实现各种控制。控制点数不符合需要时，可再接扩展单元，扩展单元不带 CPU。整体式 PLC 的特点是非常紧凑、体积小、成本低、安装方便，缺点是输入与输出点数有限定的比例。小型机多为整体式结构。

2）组合式。组合式结构的 PLC 是把 PLC 系统的各个组成部分按功能分成若干个模块，如 CPU 模块、输入模块、输出模块、电源模块等，将这些模块插在框架或基板上即可。组合式 PLC 的结构采用搭积木的方式，在一块基板上插上所需模块组成控制系统。组合式 PLC 的特点是 CPU、输入、输出均为独立的模块，模块尺寸统一，安装整齐，I/O 点数选型自由，安装调试、扩展、维修方便。中型机和大型机多为组合式结构。组合式 PLC 组成如图 9-6 所示。模块之间通过底板上的总线相互联系。CPU 与各扩展模块之间通过电缆连接。

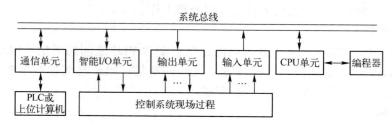

图 9-6　组合式 PLC 组成示意图

9.1.3　PLC 的编程语言和存储器区域

1. PLC 的编程语言

PLC 为用户提供了完整的编程语言，以适应用户编制程序的需要。PLC 提供的编程语言通常有梯形图、语句表、顺序功能流程图和功能块图。下面以 S7-200 系列 PLC 为例加以说明。

（1）梯形图

梯形图（Ladder Diagram，LAD）是从继电接触器控制系统原理图的基础上演变而来的。PLC 的梯形图与继电接触器控制系统原理图的基本思想是一致的，只是在使用符号和表达方式上有一定区别。

图 9-7 为典型的梯形图示意图。左右两条垂直线称为母线。母线之间是触点间的逻辑连接和线圈的输出。

梯形图的一个关键概念是能流（Power Flow）。图 9-7 中，把左边的母线假想为电源相线，而把右边的母线（虚线所示）假想为电源零线。如果有能流从左至右流向线圈，则线圈被激励。如没有能流，则线圈未被激励。

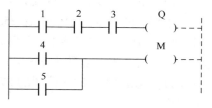

图 9-7　典型的梯形图示意图

需要强调指出的是，引入能流的概念，仅仅是为了通过与继电接触器控制系统相比较，对梯形图有一个深入的认识，其实能流在梯形图中是不存在的。

梯形图语言简单明了，易于理解，是所有编程语言的首选。

（2）语句表

语句表（Statements List，STL）类似于计算机中的助记符语言，它是 PLC 最基础的编程语言。所谓语句表编程，是用一个或几个容易记忆的字符来代表 PLC 的某种操作功能。其中的指令由操作码和操作数组成。操作码指出了指令的功能，操作数指出了指令所用的元件或数据。梯形图和语句表的对应关系如图 9-8 所示。

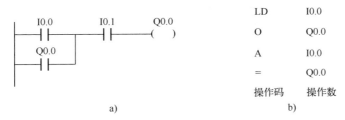

图 9-8　LAD 和 STL 的对应关系

a）梯形图　b）语句表

（3）顺序功能流程图

顺序功能流程图（Sequence Function Chart，SFC）编程是一种图形化的编程方法，亦称功能图。它可以对具有并行、选择等复杂结构的系统进行编程，许多 PLC 都提供了用于 SFC 编程的指令。

（4）功能块图

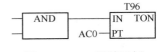

图 9-9　FBD 简单示例

S7-200 PLC 专门提供了功能块图（Function Block Diagram，FBD）编程语言，FBD 是类似于电子线路逻辑电路图的一种编程语言。图 9-9 为 FBD 的一个简单示例。

2. PLC 的存储器区域

PLC 在运行时需要处理的数据类型和功能各种各样。这些不同类型的数据被存放在不同的存储空间，从而形成不同的数据区。

（1）数字量输入继电器（I）

输入继电器和 PLC 的输入端子相连，用于接收外部的开关信号。输入继电器一般采用八进制编号，一个端子占用一个点。这些触点可以在编程时任意使用，使用次数不受限制。编程时注意输入继电器不能由程序驱动，其触点也不能直接输出带动负载。输入继电器的每个位地址包括存储器标识符、字节地址及位号三部分。如 I1.0 表明这个输入点是第 1 个字节的第 0 位。

（2）数字量输出继电器（Q）

输出继电器是 PLC 向外部负载发出控制命令的窗口，在 PLC 上均有输出端子与之对应。当通过程序接通输出继电器时，PLC 上的输出端开关闭合，作为控制外部负载的开关信号。同时在程序中其动合触点闭合、动断触点断开。这些触点可以在编程时任意使用，使用次数不受限制。输出继电器的字节地址为整数部分，位号为小数部分。如 Q0.1 表明这个输出点是第 0 个字节的第 1 位。

（3）模拟量输入映像寄存器（AI）、模拟量输出映像寄存器（AQ）

模拟量输入电路用以实现模拟量/数字量（A-D）之间的转换，而模拟量输出电路用以实现数字量/模拟量（D-A）之间的转换。PLC对这两种寄存器的存取方式不同，对模拟量输入寄存器PLC只能进行读取操作，而对模拟量输出寄存器PLC只能进行写入操作。

（4）辅助继电器（M）

辅助继电器的作用和继电器控制系统中的中间继电器相同，它在PLC中没有输入/输出端与之对应，因此它的触点不能驱动外部负载，主要起在逻辑运算中存储一些中间操作信息的作用。

（5）定时器（T）

定时器是PLC中重要的编程元件，是累计时间增量的内部器件，作用相当于时间继电器。自动控制的大部分领域都需要用定时器进行时间控制，灵活地使用定时器可以编制出复杂动作的控制程序。

（6）计数器（C）

计数器用来累计输入脉冲的个数，经常用来对产品进行计数或进行特定功能的编程。使用时要提前输入它的设定值（计数的个数）。

（7）特殊继电器（SM）

有些辅助继电器具有特殊功能或用来存储系统的状态变量、有关的控制参数和信息，称其为特殊继电器。

（8）变量存储器（V）

变量存储器用来存储变量。它可以存储程序执行过程中控制逻辑操作的中间结果，也可以保存与工序或任务相关的其他数据。在进行数据处理时，会经常使用变量存储器。

（9）局部变量存储器（L）

局部变量存储器用来存放局部变量。局部变量与变量存储器所存储的全局变量十分相似，主要区别在于全局变量是全局有效的，而局部变量是局部有效的。全局有效是指同一个变量可以被任何程序（包括主程序、子程序和中断程序）访问；而局部有效是指变量只和特定的程序相关联。

（10）顺序控制继电器（S）

有些PLC中也把顺序控制继电器称为状态器。顺序控制继电器用于顺序控制或步进控制。

（11）高速计数器（HC）

高速计数器的工作原理与普通计数器基本相同，只是它用来累计比主机扫描速率更快的高速脉冲。高速计数器的当前值是一个双字长（32位）的整数，且为只读值。高速计数器的数量很少，编址时只用名称HC和编号，如HC2。

（12）累加器（AC）

S7-200系列PLC提供4个32位累加器，分别为AC0~AC3。累加器是用来暂存数据的寄存器。累加器的可用长度为32位，数据长度可以是字节、字或双字，但实际应用时，数据长度取决于进出累加器的数据类型。

【思考与练习】

9.1.1 PLC的硬件由哪几部分组成？各部分的作用是什么？

9.1.2 PLC的输入/输出继电器起什么作用？

9.1.3 PLC的编程语言有哪些？

9.1.4 什么是PLC的扫描周期？其大小与哪些因素有关？

9.2　PLC 的基本指令与编程

PLC 的基本指令
与编程

PLC 可采用梯形图（LAD）、语句表（STL）、功能块图
（FBD）和高级语言等编程语言。梯形图直接起源于继电接触器控制系统，其规则充分体现
了电气技术人员的使用习惯。语句表则是 PLC 最基础的编程语言。每一语句包含用助记符
表示的指令，代表了 PLC 的一种功能。本节介绍 S7-200 系列 PLC 的一些常用指令，并介绍
常用典型电路及实例。

9.2.1　位逻辑指令

1. 逻辑取及线圈驱动指令（LD、LDN 和 =）

LD(Load)：取指令，用于网络块逻辑运算开始的动合触点与母线的连接。

LDN(Load Not)：取反指令，用于网络块逻辑运算开始的动断触点与母线的连接。

=(Out)：线圈驱动指令。

LD、LDN 和 = 指令应用如图 9-10 所示。

使用说明：

1）LD、LDN 指令不只用于网络块逻辑
开始时与母线相连的动合和动断触点，在分
支电路块的开始也要使用 LD、LDN 指令，与
ALD、OLD 指令配合完成块电路的编程。

2）并联的 = 指令可连续使用任意次。

3）同一程序中不能使用双线圈输出，即同
一个元器件在同一程序中只使用一次 = 指令。

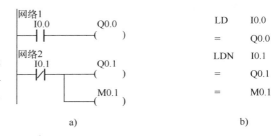

图 9-10　LD、LDN 和 = 指令应用
a) 梯形图　b) 语句表

2. 触点串联指令（A、AN）

A(And)：与指令，用于单个动合触点与其他程序段的串联连接。

AN(And Not)：与反指令，用于单个动断触点与其他程序段的串联连接。

3. 触点并联指令（O、ON）

O(OR)：或指令，用于单个动合触点与其他程序段的并联连接。

ON(Or Not)：或反指令，用于单个动断触点与其他程序段的并联连接。

A、AN 和 O、ON 指令应用如图 9-11 所示。

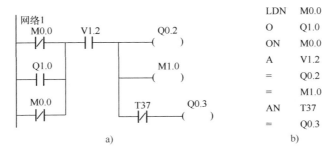

图 9-11　A、AN 和 O、ON 指令应用
a) 梯形图　b) 语句表

4. 串联电路块的并联连接指令（OLD）

OLD（Or Load）：或块指令，用于串联电路块的并联连接。两个以上触点串联形成的支路称为串联电路块。每个串联电路块用 LD 或 LDN 作为开始。OLD 指令应用如图9-12所示。

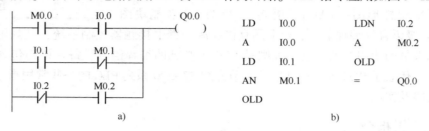

图9-12　OLD 指令应用
a）梯形图　b）语句表

5. 并联电路块的串联连接指令（ALD）

ALD（And Load）：与块指令，用于并联电路块的串联连接。两条以上支路并联形成的电路称为并联电路块。ALD 指令应用如图9-13所示。

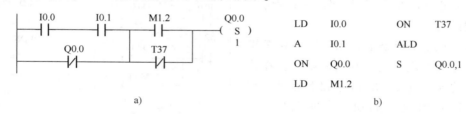

图9-13　ALD 指令应用
a）梯形图　b）语句表

OLD 和 ALD 指令使用说明如下：

1）在块电路的开始也要使用 LD 和 LDN 指令。

2）每完成一次块电路的并联（串联）时要使用 OLD（ALD）指令。

3）无操作数。

6. 置位/复位指令（S、R）

S（Set）指令：置位指令，从 bit 开始的 N 个元件置1并保持。

R（Reset）指令：复位指令，从 bit 开始的 N 个元件清0并保持。

S、R 指令应用如图9-14所示。

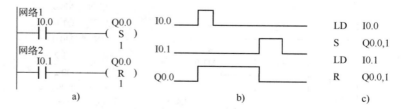

图9-14　S、R 指令应用
a）梯形图　b）时序图　c）语句表

S、R 指令使用说明如下：

1）对位元件来说一旦被置位，就保持在通电状态，除非对它复位；而一旦被复位就保

216

持在断电状态, 除非再对它置位。

2) S、R 指令可以互换次序使用, 但由于 PLC 采用扫描工作方式, 所以写在后面的指令具有优先权。图 9-14 中, 若 I0.0 和 I0.1 同时为 1, 则 Q0.0 肯定处于复位状态而为 0。

3) 如果对计数器和定时器复位, 则计数器和定时器的当前值被清零。

7. 立即指令

立即指令是针对 PLC 对输入/输出的快速响应而设置的, 它不受 PLC 循环扫描工作方式的影响, 允许对输入点和输出点进行快速直接存取。当用立即指令读取输入点的状态时, 立即触点可不受扫描周期的影响, 对 I 进行操作, 相应的输入映像寄存器中的值并未更新; 当用立即指令访问输出点时, 对 Q 进行操作, 新值同时写到 PLC 的物理输出点和相应的元件映像寄存器。

立即取指令: LDI　　　　　　　　　立即取反指令: LDNI

立即或指令: OI　　　　　　　　　　立即或反指令: ONI

立即与指令: AI　　　　　　　　　　立即与反指令: ANI

立即输出指令: $\longrightarrow\!\!\left(\begin{smallmatrix} \text{bit} \\ \text{I} \end{smallmatrix}\right)$

立即置位指令: $\longrightarrow\!\!\left(\begin{smallmatrix} \text{bit} \\ \text{SI} \\ \text{N} \end{smallmatrix}\right)$　　　　　立即复位指令: $\longrightarrow\!\!\left(\begin{smallmatrix} \text{bit} \\ \text{RI} \\ \text{N} \end{smallmatrix}\right)$

8. 边沿脉冲指令

边沿脉冲指令包括 EU(Edge Up)、ED(Edge Down) 指令。EU 指令即上升沿脉冲指令, 用来检测由 0 到 1 的正跳变, 并产生一个宽度为一个扫描周期的脉冲; ED 指令即下降沿脉冲指令, 用来检测由 1 到 0 的负跳变, 并产生一个宽度为一个扫描周期的脉冲。边沿脉冲指令说明见表 9-1。

表 9-1　边沿脉冲指令说明

指令名称	梯 形 图	语 句 表	功　能	说　明
上升沿脉冲	─┤P├─	EU	在上升沿产生脉冲	无操作数
下降沿脉冲	─┤N├─	ED	在下降沿产生脉冲	

EU、ED 指令应用如图 9-15 所示。

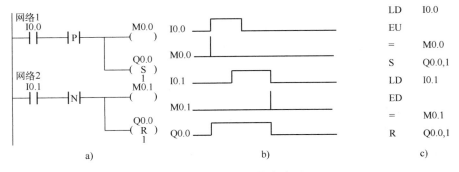

图 9-15　EU、ED 指令应用
a) 梯形图　b) 时序图　c) 语句表

9. NOT 指令

NOT 指令是将复杂逻辑结果取反, 也就是当到达取反指令的能流为 1 时, 经过取反指令后能流为 0；当到达取反指令的能流为 0 时，经过取反指令后能流为 1。NOT 指令无操作数。
NOT 指令应用如图 9-16 所示。

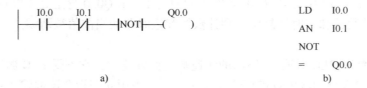

图 9-16　NOT 指令应用
a) 梯形图　b) 语句表

10. 逻辑堆栈操作指令

堆栈在计算机中是一个十分重要的概念。堆栈就是一个特殊的数据存储区，最深部的数据称为栈底数据，顶部的数据称为栈顶数据。PLC 有些操作往往需要把当前的一些数据送到堆栈中保存，待需要时再把存入的数据取出来。这就是常说的入栈和出栈，也称压栈和弹出。S7-200 系列 PLC 在编程时可能会用到堆栈指令。如逻辑操作中与块和或块操作、子程序操作、顺序控制操作、高速计数器操作、中断操作等都会接触到堆栈。S7-200 系列 PLC 堆栈有 9 层，如图 9-17 中 iv0～iv8。本节将介绍有关堆栈的概念。

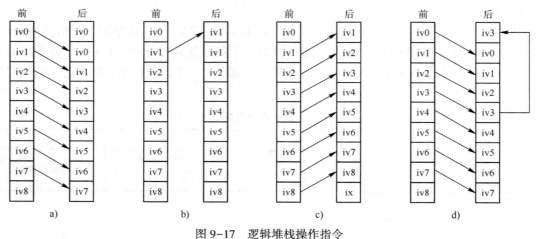

图 9-17　逻辑堆栈操作指令
a) LPS 指令　b) LRD 指令　c) LPP 指令　d) LDS 指令

S7-200 堆栈指令包括 ALD、OLD、LPS、LRD、LPP 和 LDS，其中 ALD（与块指令）、OLD（或块指令）在前面已经介绍过，下面介绍其余四条堆栈指令。

LPS（Logic Push）：逻辑入栈指令（分支电路开始指令）。从堆栈使用上来讲，LPS 指令的作用是把栈顶值复制后压入堆栈，栈底值被推出并消失。在梯形图分支结构中，LPS 指令用于生成一条新的母线，其左侧为原来的主逻辑块，右侧为新的从逻辑块，因此可以直接编程，如图 9-17a 所示。

LRD（Logic Read）：逻辑读栈指令。从堆栈使用上来讲，LRD 读取最近的由 LPS 压入堆栈的内容，即复制堆栈中的第二个值到栈顶，而堆栈本身不进行入栈和出栈工作，但旧的栈顶值被新的复制值所取代。在梯形图分支结构中，当新母线左侧为主逻辑块时，LPS 开始右侧的第一个从逻辑块编程，LRD 开始第二个以后的从逻辑块编程，如图 9-17b 所示。

LPP（Logic Pop）：逻辑出栈指令（分支电路结束指令）。从堆栈使用上来讲，LPP 把栈顶值弹出，堆栈内容依次上移。在梯形图分支结构中，LPP 用于 LPS 产生的新母线右侧的最后一个从逻辑块编程，它在读取完离它最近的 LPS 压入堆栈内容的同时复位该条新母线，如图 9-17c 所示。

LDS（Load Stack）：装入堆栈指令。LDS 指令的功能是复制堆栈中的第 N 个值到栈顶，而栈底值丢失。装入堆栈指令的有效操作数为 0~8。

例如，执行指令：LDS　3。该指令执行后堆栈发生变化的情况如图 9-17d 所示。

逻辑堆栈操作指令使用说明如下：

1）由于受堆栈空间的限制（9 层堆栈），LPS、LPP 指令连续使用时应少于 9 次。

2）LPS 和 LPP 指令必须成对使用，它们之间可以使用 LRD 指令。堆栈指令无操作数。

逻辑堆栈操作指令应用如图 9-18 所示。

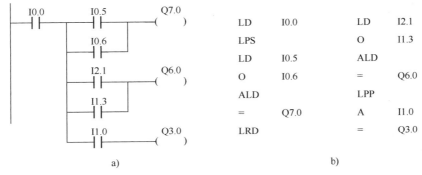

图 9-18　逻辑堆栈操作指令应用

a）梯形图　b）语句表

11. 比较操作指令

比较操作指令是将两个数值或字符串按指定条件进行比较，条件成立时，触点就闭合，后面的电路被接通，否则比较触点断开，后面的电路不接通。换句话说，比较触点相当于一个有条件的动合触点，当比较关系成立时，触点闭合；不成立时，触点断开。在实际应用中，比较指令为上、下限控制以及为数值条件判断提供了方便。

比较操作指令的类型有字节比较、整数比较、双整数比较、实数比较和字符串比较。

数值比较指令的运算符有 =、>=、<、<=、>和<>6 种，而字符串比较指令只有 = 和<>两种。

比较操作指令的 LAD 和 STL 形式见表 9-2。

表 9-2　比较操作指令的 LAD 和 STL 形式

触点的基本指令（以字节比较为例）	从母线取用比较触点	串联比较触点	并联比较触点
==B \<\>B \>=B \>B \<=B \<B	IN1 ==B IN2	bit — IN1 ==B IN2	bit / IN1 ==B IN2
	LDB=,　LDB\<\> LDB>=,　LDB> LDB<=,　LDB<	AB=,　AB\<\> AB>=,　AB> AB<=,　AB<	OB=,　OB\<\> OB>=,　OB> OB<=,　OB<

（续）

触点的基本指令 （以字节比较为例）	从母线取用比较触点	串联比较触点	并联比较触点
操作数的含义及范围	字节比较操作数 IN1/IN2：IB、QB、MB、SMB、VB、SB、LB、AC、常数、＊VD、＊AC、＊LD 字比较操作数 IN1/IN2：IW、QW、MW、SMW、T、C、VW、LW、AIW、AC、常数、＊VD、＊AC、＊LD 双字比较操作数 IN1/IN2：ID、QD、MD、SMD、VD、LD、HC、AC、常数、＊VD、＊AC、＊LD 实数比较操作数 IN1/IN2：ID、QD、MD、SMD、VD、LD、AC、常数、＊VD、＊AC、＊LD OUT：I、Q、V、M、SM、S、T、C、L		

【例 9-1】用 PLC 实现电动机的连续运行。

解：用 PLC 实现电动机连续运行的过程如图 9-19 所示。可以看出梯形图编程与继电接触器控制系统电气控制原理图极为相似，只不过梯形图中的能流不是实际电流，而是便于分析

例题 9-1

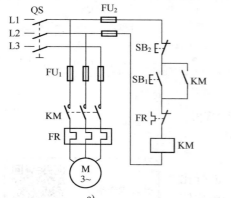

输入			输出		
代号	功能	输入 继电器	代号	功能	输出 继电器
SB$_1$	起动 按钮	I0.0	KM	控制电动机 起停	Q0.0
SB$_2$	停止 按钮	I0.1			

a) b)

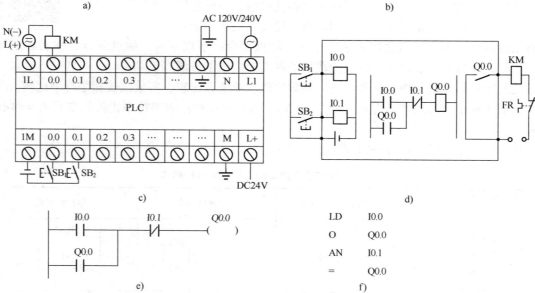

c) d)

e) f)

图 9-19 例 9-1 图

a) 电气控制原理图 b) I/O 分配表 c) 端子接线图 d) 等效电路图 e) 梯形图 f) 语句表

梯形图引入的概念，它只是形象地描述了程序从上到下、从左到右的扫描过程；同样，PLC 梯形图的触点和线圈并非实际存在，实际上这些元件仅是 PLC 寄存器中的一些位单元而已。

例 9-1 中，还可以用置位/复位指令实现电动机连续运行。按下起动按钮 I0.0，给输出继电器置 1，电动机开始动作；按下停止按钮 I0.1，给输出继电器置 0，电动机便停止工作。I/O 分配表和端子接线图与图 9-19 相同，梯形图如图 9-20 所示。

【例 9-2】用 PLC 实现电动机的正反转运行。

解： 用 PLC 实现电动机正反转运行的过程如图 9-21 所示。直接将电气原理图稍做改变便可得到梯形图，该梯形图转化为语句表就要使用堆栈指令。如果将梯形图稍做改动，可将 I0.3 和 I0.2 的动断触点分别放置到每一逻辑行中，如图 9-22 所示。

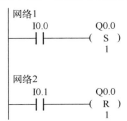

图 9-20　用置位/复位指令
实现电动机连续
运行的梯形图

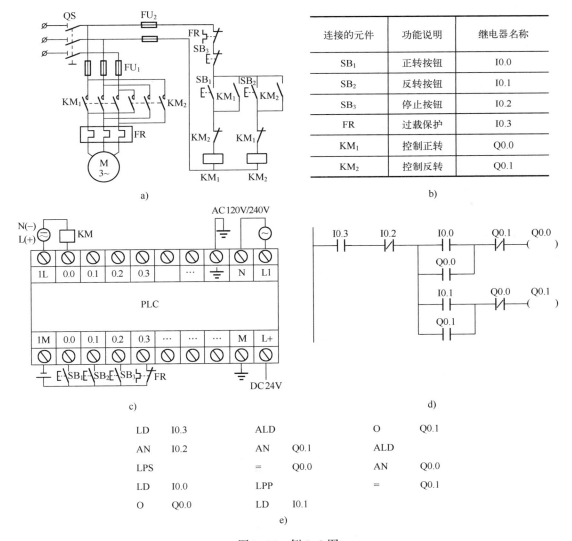

连接的元件	功能说明	继电器名称
SB$_1$	正转按钮	I0.0
SB$_2$	反转按钮	I0.1
SB$_3$	停止按钮	I0.2
FR	过载保护	I0.3
KM$_1$	控制正转	Q0.0
KM$_2$	控制反转	Q0.1

a)

b)

c)

d)

LD	I0.3	ALD		O	Q0.1
AN	I0.2	AN	Q0.1	ALD	
LPS		=	Q0.0	AN	Q0.0
LD	I0.0	LPP		=	Q0.1
O	Q0.0	LD	I0.1		

e)

图 9-21　例 9-2 图

a) 电气控制原理图　b) I/O 分配表　c) 端子接线图　d) 梯形图　e) 语句表

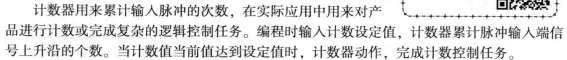

图 9-22　电动机正反转运行梯形图

9.2.2　计数器和定时器

1. 计数器

计数器用来累计输入脉冲的次数，在实际应用中用来对产品进行计数或完成复杂的逻辑控制任务。编程时输入计数设定值，计数器累计脉冲输入端信号上升沿的个数。当计数值当前值达到设定值时，计数器动作，完成计数控制任务。

S7-200 系列 PLC 的计数器有三种：增计数器（CTU）、增减计数器（CTUD）和减计数器（CTD）。

计数器的编号用计数器名称和数字（0~255）组成，即 C * * *，如 C6。

每个计数器都有一个 16 bit 当前值寄存器和一个 1 bit 状态位（C-bit，反映其触点状态）。计数器当前值寄存器用来存储计数器当前所累计的脉冲个数，最大数值为 32767。计数器状态位和继电器同样是一个开关量，表示计数器是否发生动作的状态。

计数器指令使用说明如下：

（1）CTU（Count Up）指令

首次扫描时，计数器位为 OFF，当前值为 0。在计数脉冲输入端 CU 的每个上升沿，计数器计数 1 次，当前值增加一个数。当当前值达到设定值时，计数器状态位为 ON，当前值可继续计数到 32767 后停止计数，复位输入端有效或对计数器执行复位指令，计数器自动复位，即计数器状态位为 OFF，当前值为 0。如图 9-23 所示为 CTU 指令的应用。

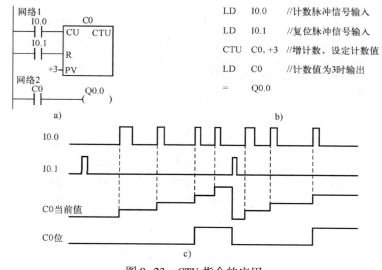

图 9-23　CTU 指令的应用

a）梯形图　b）语句表　c）时序图

注意：在语句表中，CU、R 的编程顺序不能错误。

（2）CTUD（Count Up/Down）指令

增减计数器有两个计数脉冲输入端：CU 输入端用于递增计数，CD 输入端用于递减计数。首次扫描时，计数器位为 OFF，当前值为 0。CU 每输入一个上升沿，计数器当前值增加一个数；CD 每输入一个上升沿，计数器当前值减小一个数。当当前值达到设定值时，计数器状态位为 ON。

增减计数器当前值计数到 32767（最大值）后，下一个 CU 输入的上升沿将使当前值跳变为-32768（最小值）；当前值达到最小值-32768 后，下一个 CD 输入的上升沿将使当前值跳变为最大值 32767。复位输入端有效或使用复位指令对计数器执行复位操作后，计数器自动复位，即计数器位为 OFF，当前值为 0。如图 9-24 所示为 CTUD 指令的应用。

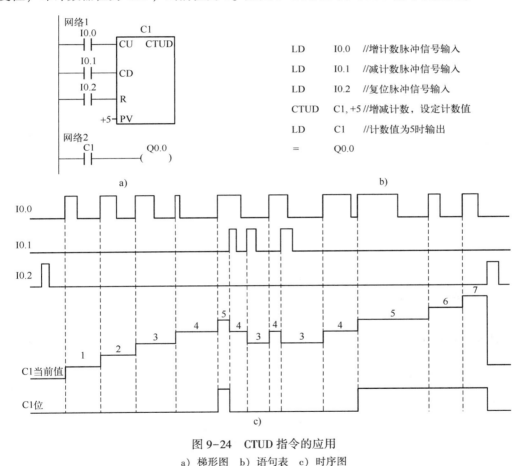

图 9-24　CTUD 指令的应用

a）梯形图　b）语句表　c）时序图

（3）CTD（Count Down）指令

首次扫描时，计数器位为 OFF，当前值为预设定值 PV。对 CD 输入端的每个上升沿计数器计数 1 次，当前值减小一个数，当当前值减小到 0 时，计数器位为 ON，复位输入端有效或对计数器执行复位指令，计数器自动复位，即计数器位为 OFF，当前值复位为设定值。如图 9-25 所示为 CTD 指令的应用。

2. 定时器

定时器是 PLC 中最常用的元器件之一，其功能和继电接触器控制系统中的时间继电器相同，都起到延时的作用。不同的是，PLC 中的定时器只有延时触点，无瞬动触点。S7-200 系列 PLC 为用户提供了三种类型的定时器：通电延时定时器（TON）、记忆型通电延时定时器（TONR）和断电延时定时器（TOF）。

定时器的编号用定时器的名称和它的常数编号（最大数为255）来表示，即 T∗∗∗，如 T40。

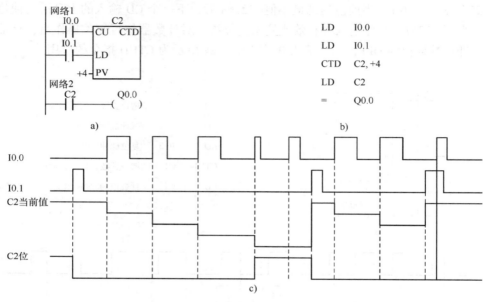

图 9-25 CTD 指令的应用

a）梯形图 b）语句表 c）时序图

单位时间的时间增量称为定时器的分辨率。S7-200 系列 PLC 的定时器有 3 个分辨率等级：1 ms、10 ms 和 100 ms。

定时器定时时间 T 的计算公式为

$$T = PT \times S$$

式中，T 为实际定时时间；PT 为设定值；S 为分辨率。表 9-3 为 PLC 定时器的工作方式、分辨率和编号对应表。

表 9-3 PLC 定时器的工作方式、分辨率和编号对应表

工 作 方 式	分辨率/ms	最大定时范围/s	定时器编号
通电延时（TON） 断电延时（TOF）	1	32.767	T32、T96
	10	327.67	T33~T36 T97~T100
	100	3276.7	T37~T63 T101~T255
记忆型通电延时（TONR）	1	32.767	T0、T64
	10	327.67	T1~T4 T65~T68
	100	3276.7	T5~T31 T69~T95

例如，TON 指令使用编号为 T37（分辨率 100 ms）的定时器，设定值为 100，则实际定时时间为

$$T = 100 \times 100 \text{ ms} = 10000 \text{ ms}$$

每个定时器都有一个 16 bit 当前值寄存器和一个 1 bit 状态位。

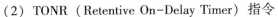

（1）TON（On-Delay Timer）指令

在上电周期或首次扫描时，通电延时定时器位为 OFF，当前值为 0。输入端接通时，定时器位为 OFF，当前值从 0 开始计时，当当前值达到设定值时，定时器位为 ON，当前值仍连续计数到 32767，输入端断开，定时器自动复位，即定时器位为 OFF，当前值为 0。

（2）TONR（Retentive On-Delay Timer）指令

记忆型通电延时定时器具有记忆功能，用于对许多间隔的累计定时。在上电周期或首次扫描时，定时器位为 OFF，当前值保持掉电前的值。当输入端接通时，当前值从上次的保持值继续计时；当累计当前值达到设定值时，定时器位为 ON，当前值可继续计数到 32767。需要注意的是，TONR 只能用复位指令 R 对其进行复位操作。TONR 复位后，定时器位为 OFF，当前值为 0。掌握对 TONR 的复位及启动是使用 TONR 指令的关键。

（3）TOF（Off-Delay Timer）指令

在上电周期或首次扫描时，断电延时定时器位为 OFF，当前值为 0。输入端接通时，定时器位为 ON，当前值为 0。当输入端由接通到断开时，定时器开始计时。当当前值达到设定值时，定时器位为 OFF，停止计时。输入端再次由 OFF→ON 时，TOF 复位，这时 TOF 的位为 ON，当前值为 0。如果输入端再从 ON→OFF，则 TOF 可实现再次启动。

3. 应用举例

如图 9-26 所示为三种定时器指令的应用。

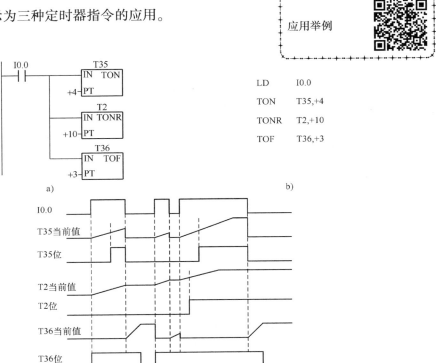

图 9-26　三种定时器指令的应用

a）梯形图　b）语句表　c）时序图

9.2.3　PLC 的编程规则

1. 梯形图编程的基本规则

梯形图编程的基本规则如下：

1）PLC 内部元器件触点的使用次数是无限制的。

2）梯形图的每一行都是从左母线开始，然后是各种触点的逻辑连接，最后以线圈或指令盒结束，触点不能放在线圈的右边。但如果是以有能量传递的指令盒结束时，可以使用 AENO 指令在其后面连接指令盒（较少使用）。

3）线圈和指令盒一般不能直接连接在左边的母线上，如图 9-27a 所示，需要的话可通过特殊中间继电器 SM0.0（PLC 正常运行时，常 ON 的特殊中间继电器）完成，如图 9-27b 所示。

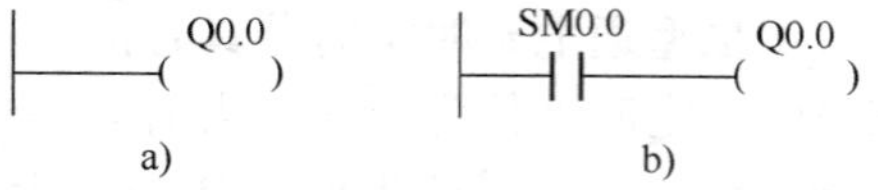

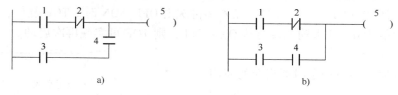

图 9-27　梯形图画法示例（1）
a）错误画法　b）正确画法

4）在同一程序中，同一编号的线圈使用两次及两次以上称为双线圈输出。双线圈输出非常容易引起误动作，所以应避免使用。S7-200 系列 PLC 中不允许双线圈输出。

5）在手工编写梯形图程序时，触点应画在水平线上，不要画在垂直线上，如图 9-28a 所示，很难确认触点 4 和其他触点的关系，正确画法如图 9-28b 所示。

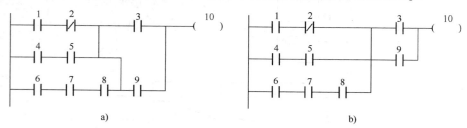

图 9-28　梯形图画法示例（2）
a）错误画法　b）正确画法

6）不包含触点的分支线条应放在垂直方向，不要放在水平方向，以便于识别触点的组合和对输出线圈的控制路径，如图 9-29a 所示，正确画法如图 9-29b 所示。

图 9-29　梯形图画法示例（3）
a）错误画法　b）正确画法

7）应把串联多的电路块尽量放在最上边，把并联多的电路块尽量放在最左边，这样会使编制的程序简洁明了，节省指令，如图 9-30 所示。

8）图 9-31 所示为梯形图的推荐画法。

2. 语句表的编辑规则

有许多场合需要由梯形图写语句表，这时要根据梯形图上的符号及符号间的位置关系正确地选取指令，并且要注意正确的表达顺序。

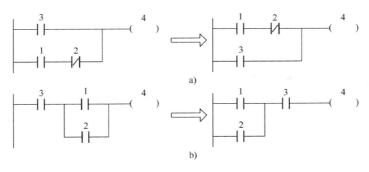

图 9-30　梯形图画法示例（4）

a）把串联多的电路块放在最上边　b）把并联多的电路块放在最左边

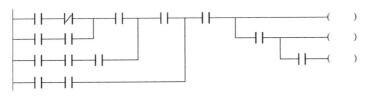

图 9-31　梯形图的推荐画法

1）列写指令的顺序务必按从左到右、自上而下的原则进行。

2）在处理较复杂的触点结构时，如触点块的串联、并联或堆栈相关指令，指令表的表达顺序为：先写出参与因素的内容，再表达参与因素间的关系。

梯形图编辑规则如图 9-32 所示。

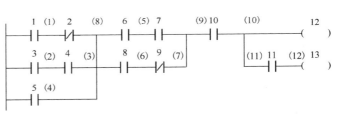

图 9-32　梯形图编辑规则

图 9-32 对应的语句表如下：

（1）LD　　1
　　　AN　　2
（2）LD　　3
　　　A　　4
（3）OLD
（4）O　　5

（5）LD　　6
　　　A　　7
（6）LD　　8
　　　AN　　9
（7）OLD

（8）ALD
（9）A　　10
（10）=　　12
（11）A　　11
（12）=　　13

【思考与练习】

9.2.1　S7-200 系列 PLC 中共有几种计数器？对它们执行复位指令后，它们的当前值和位的状态是什么？

9.2.2　什么是定时器的设定值、分辨率和定时时间？

9.2.3　PLC 的编程语言有哪些？梯形图的编程规则有哪些？

9.3　顺序控制指令

9.3.1　功能图简介

功能图又称功能流程图或状态转移图，是一种描述顺序控制系统的图形表示方法。它能完整地描述控制系统的工作过程、功能和特性，是分析、设计电气控制系统的重要工具。

对于复杂的控制过程，可将它分割为一个个小状态，标明每个状态相应的动作或者命令，每个状态相互独立、稳定。下一个状态和本状态之间存在一定的转移条件，当本状态完成且满足转移条件，便自动进行下一个状态。这样便把复杂的控制过程分成若干相对简单的小状态，分别对小状态编程，再依次将这些小状态连接起来，就能完成整个控制过程了。所以，功能图主要由状态、转移、有向线段及动作四要素组成。

9.3.2 顺序控制指令

顺序控制（简称顺控）指令是 PLC 生产厂家为用户提供的可使功能图编程简单化和规范化的指令。S7-200 系列 PLC 包括四条顺序控制指令：顺控开始指令（SCR）、顺控转移指令（SCRT）、顺控结束指令（SCRE）和条件顺控结束指令（CSCRE）。顺控程序段是从 SCR 开始到 SCRE 结束。顺序控制指令的表达形式和操作数见表 9-4。

表 9-4 顺序控制指令的表达形式和操作数

指令的表达形式				操 作 数
顺控开始指令 bit SCR LSCR S-bit	顺控转移指令 bit (SCRT) SCRT S-bit	顺控结束指令 (SCRE) SCRE	条件顺控结束指令 (CSCRE) CSCRE	S-bit：S

9.3.3 顺序控制指令举例

【例 9-3】 如图 9-33a 所示，系统起动后首先在原位进行装料，15 s 后装料停止，小车右行；右行至限位开关 SQ_2 处右行停止，进行卸料；10 s 后，卸料停止，小车左行；左行至限位开关 SQ_1 处，左行停止，进行装料。如此循环进行，直至停止工作。

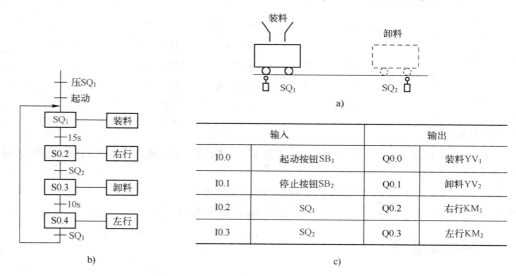

图 9-33 小车装送料系统设计

a) 控制系统示意图　b) 功能流程图　c) I/O 分配表

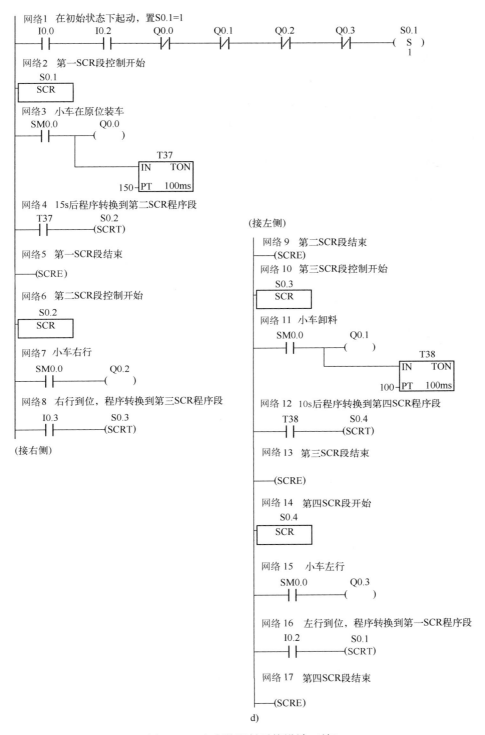

图 9-33 小车装送料系统设计（续）

d）梯形图

【例 9-4】 系统工作示意图如图 9-34a 所示。SL_1、SL_2、SL_3 为液位传感器，液面淹没时接通，两种液体（液体 A、液体 B）的流入和混合液体的流出分别由电磁阀 YV_1、YV_2、

YV_3 控制，M 为搅拌电动机。控制要求如下：

1）初始状态。当装置投入运行时，容器内为放空状态。

2）起动操作。按下起动按钮 SB_1，装置开始按规定动作。液体 A 阀门打开，液体 A 注入容器。当液面到达 SL_2 时，关闭液体 A 阀门，打开 B 阀门。当液面到达 SL_3 时，关闭液体 B 阀门，搅拌电动机开始转动。搅拌电动机工作 1 min 后，停止搅动，混合液体阀门打开，开始放出混合液体。当液面下降到 SL_1 时，SL_1 由接通变为断开，再经过 20 s 后，容器放空，混合液体阀门 YV_3 关闭，接着开始下一循环操作。

3）停止操作。按下停止按钮，处理完当前循环周期剩余的任务后，系统停止在初始状态。

解： 根据控制要求对系统进行 I/O 地址分配，如图 9-34b 所示。功能流程图如图 9-34c 所示。梯形图请自行编写。

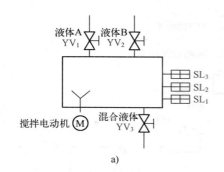

	输入			输出	
I0.0	起动按钮SB_1		Q0.0	液体A电磁阀YV_1	
I0.1	起动按钮SB_2		Q0.1	液体B电磁阀YV_2	
I0.2	液位传感器SL_1		Q0.2	搅拌电动机接触器KM	
I0.3	液位传感器SL_2		Q0.3	混合液体电磁阀YV_3	
I0.4	液位传感器SL_3		Q0.4	初始状态指示灯HL	

a)　　　　　　　　　　　　　　b)

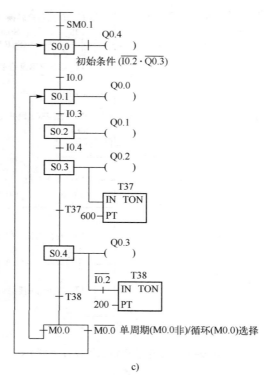

c)

图 9-34　液体混合系统设计

a）系统工作示意图　b）I/O 分配表　c）功能流程图

9.4　功能指令

与基本逻辑指令类似，功能指令具有梯形图及指令表等表达形式。由于功能指令的内涵主要是表达指令要完成什么功能，而不是要表达梯形图符号间的相互关系，因此功能指令的梯形图符号多为功能框。

1）功能框及指令的标题。梯形图中功能指令多用功能框表达，功能框顶部标有该指令的标题，见表 9-5，如 MOV_B 即字节传送指令。标题一般由两部分组成：前面部分为指令的助记符；后面部分为参与运算的数据类型。如 B 表示字节，I 表示整数，DI 表示双整数，R 表示实数，W 表示字，DW 表示双字等。

表 9-5　字节、字、双字和实数传送指令

项　　目	字节传送	字　传　送	双字传送	实数传送
指令的表达形式	MOV_B ─EN　　ENO─ ─IN　　OUT─ MOVB　IN,OUT	MOV_W ─EN　　ENO─ ─IN　　OUT─ MOVW　IN,OUT	MOV_DW ─EN　　ENO─ ─IN　　OUT─ MOVD　IN,OUT	MOV_R ─EN　　ENO─ ─IN　　OUT─ MOVR　IN,OUT
操作数的含义及范围	IN：VB、IB、QB、MB、SMB、LB、AC、常数、＊VD、＊AC、＊LD OUT：VB、IB、QB、MB、SMB、LB、AC、＊VD、＊AC、＊LD	IN：VW、IW、QW、MW、SMW、LW、T、C、AIW、AC、常数、＊VD、＊AC、＊LD OUT：VW、IW、QW、MW、SMW、LW、T、C、AQW、AC、＊VD、＊AC、＊LD	IN：VD、ID、QD、MD、SMD、LD、HC、&VB、&IB、&QB、&MB、&SB、&T、&C、AC、常数、＊VD、＊AC、＊LD OUT：VD、ID、QD、MD、SMD、LD、AC、＊VD、＊AC、＊LD	IN：VD、ID、QD、MD、SMD、LD、AC、常数、＊VD、＊AC、＊LD OUT：VD、ID、QD、MD、SMD、LD、AC、＊VD、＊AC、＊LD
EN：I、Q、M、T、C、SM、V、S、L（位）				

2）语句表达格式。语句表达格式一般分为两个部分：第一部分为助记符，一般和功能框中指令标题相同，也可能不同；第二部分为参加运算的数据地址或数据，也有无数据的功能指令语句。

3）操作数。操作数是功能指令涉及或产生的数据。功能框及语句中用 IN 及 OUT 表示的即为操作数。操作数又分为源操作数和目标操作数。目标操作数是指令执行后将改变其内容的操作数。从梯形图符号来说，功能框左边的操作数通常是源操作数，功能框右边的操作数为目标操作数，如传送指令梯形图符号中，IN 为源操作数，OUT 为目标操作数。有时目标操作数和源操作数可以使用同一存储单元。

4）ENO 状态。某些功能指令框右侧设有 ENO 使能输出，它是 LAD 及 FDB 功能框的布尔输出。如使能输入 EN 有能流并且指令被正常执行，ENO 输出将会把能流传递给下一个元素。如果指令输出有错，则 ENO 为 0。

5）指令适用机型。功能指令并不是所有机型都适用，不同的 CPU 型号可适用的功能指令范围不尽相同。

9.4.1　传送类指令

传送类指令用来完成在各存储单元之间进行一个或多个数据的传送，分为单个数据传送或多个连续数据的块传送。传送指令用于存储单元的清零、程序初始化等场合。

1. 单个数据的传送

单个数据的传送包括字节、字、双字和实数传送。在使能输入端有效时，把一个单字节数据（字、双字和实数）在不改变原值的情况下，由 IN 传送到 OUT 所指定的存储单元。表 9-5 给出了以上指令的表达形式及操作数。

使 ENO＝0 的错误条件：间接寻址（0006）。

2. 块传送指令

块传送指令包括字节块、字块和双字块的传送。

功能描述：在使能输入端有效时，把源操作数起始地址 IN 的 N 个连续数据传送到目标操作数 OUT 的起始地址中。N 的范围为 1~255。块传送指令见表 9-6。

表 9-6　块传送指令

项　目	字节块的传送	字块的传送	双字块的传送
指令的表达形式	BLKMOV_B EN　ENO IN　OUT N BMB　IN,OUT,N	BLKMOV_W EN　ENO IN　OUT N BMW　IN,OUT,N	BLKMOV_D EN　ENO IN　OUT N BMD　IN,OUT,N
操作数的含义及范围	IN：VB、IB、QB、MB、SMB、LB、*VD、*AC、*LD OUT：VB、1B、QB、MB、SMB、LB、*VD、*AC、*LD	IN：VW、IW、QW、MW、SMW、LW、T、C、AIW、*VD、*AC、*LD OUT：VW、IW、OW、MW、SMW、LW、T、C、AQW、*VD、*AC、*LD	IN：VD、ID、QD、MD、SMD、LD、*VD、*AC、*LD OUT：VD、ID、QD、MD、SMD、LD、*VD、*AC、*LD
	EN：I、Q、M、T、C、SM、V、S、L（位）		

使 ENO＝0 的错误条件：间接寻址（0006），操作数超出范围（0091）。

9.4.2　移位与循环指令

移位与循环指令包括移位、循环移位和移位寄存器指令。移位指令在程序中可使某些运算实现起来变得简单，如对 2 的乘法和除法运算；可用于取出数据中的有效数字。移位寄存器指令还可实现步进控制。在该类指令中，LAD 与 STL 指令格式中的缩写表示是不同的。

1. 移位指令（Shift）

移位指令有左移和右移两种。该指令是将输入 IN 左移或右移 N 位后，把结果输出到 OUT 中，移出位自动补零。根据所移位数的长度不同，又可分为字节型、字型和双字型。如果所需移位次数大于或等于 8（字节）、16（字）、32（双字）移位实际最大值，则按最大值移位。移位数据存储单元的移出端与 SM1.1（溢出）相连，所以最后被移出的位被放到 SM1.1 位存储单元。如果移位操作的结果是 0，零存储器位（SM1.0）就置位。字节的移位是无符号的，对于字和双字操作，当使用有符号的数据时，符号位也被移动。表 9-7 为移位指令的表达形式及操作数。

表 9-7　移位指令

项　　目	字节左移指令	字节右移指令	字左移指令	字右移指令	双字左移指令	双字右移指令
指令的表达形式	SHL_B ─EN　ENO─ ─IN 　　OUT─ ─N SLB　OUT,N	SHR_B ─EN　ENO─ ─IN 　　OUT─ ─N SRB　OUT,N	SHL_W ─EN　ENO─ ─IN 　　OUT─ ─N SLW　OUT,N	SHR_W ─EN　ENO─ ─IN 　　OUT─ ─N SRW　OUT,N	SHL_DW ─EN　ENO─ ─IN 　　OUT─ ─N SLD　OUT,N	SHR_DW ─EN　ENO─ ─IN 　　OUT─ ─N SRD　OUT,N
操作数的含义及范围	IN/OUT：IB、QB、VB、MB、SB、SMB、LB、AC、∗VD、∗AC、∗LD		IN：VW、IW、QW、MW、SW、SMW、LW、T、C、AIW、AC、常数、∗VD、∗AC、∗LD OUT：VW、IW、QW、MW、SW、SMW、LW、T、C、AIW、AC、∗VD、∗AC、∗LD		IN：VD、ID、QD、MD、SD、SMD、LD、HC、AC、常数、∗VD、∗AC、∗LD OUT：VD、ID、QD、MD、SD、SMD、LD、AC、∗VD、∗AC、∗LD	
	N：VB、IB、QB、MB、SB、SMB、LB、AC、常数、∗VD、∗AC、∗LD					

使 ENO=0 的错误条件：间接寻址（0006）；受影响的 SM 标志位：零（SM1.0）；溢出（SM1.1）。

2. 循环移位指令（Rotate）

循环移位指令包括循环左移和循环右移。该指令是把输入端 IN 循环左移或右移 N 位，把结果输出到 OUT 中。循环移位位数的长度分别为字节、字或双字。循环数据存储单元的移出端与另一端相连，同时又与 SM1.1（溢出）相连，所以最后被移出的位移到另一端的同时，也被移到 SM1.1 位存储单元。如果移位次数设定值大于 8（字节）、16（字）、32（双字），则在执行循环移位之前，系统先对设定值取以数据长度为底的模，用小于数据长度的结果作为实际循环移位的次数。字节的操作是无符号的，对于字和双字操作，当使用有符号的数据时，符号位也被移动。表 9-8 给出了循环移位指令的表达形式及操作数。

表 9-8　循环移位指令

项　　目	字节左移指令	字节右移指令	字左移指令	字右移指令	双字左移指令	双字右移指令
指令的表达形式	ROL_B ─EN　ENO─ ─IN 　　OUT─ ─N RLB　OUT,N	ROR_B ─EN　ENO─ ─IN 　　OUT─ ─N RRB　OUT,N	ROL_W ─EN　ENO─ ─IN 　　OUT─ ─N RLW　OUT,N	ROR_W ─EN　ENO─ ─IN 　　OUT─ ─N RRW　OUT,N	ROL_DW ─EN　ENO─ ─IN 　　OUT─ ─N RLD　OUT,N	ROR_DW ─EN　ENO─ ─IN 　　OUT─ ─N RRD　OUT,N
操作数的含义及范围	IN/OUT：IB、QB、VB、MB、SB、SMB、LB、AC、∗VD、∗AC、∗LD		IN：VW、IW、QW、MW、SW、SMW、LW、T、C、AIW、AC、常数、∗VD、∗AC、∗LD OUT：VW、IW、QW、MW、SW、SMW、LW、T、C、AIW、AC、∗VD、∗AC、∗LD		IN：VD、ID、QD、MD、SD、SMD、LD、HC、AC、常数、∗VD、∗AC、∗LD OUT：VD、ID、QD、MD、SD、SMD、LD、AC、∗VD、∗AC、∗LD	
	N：VB、IB、QB、MB、SB、SMB、LB、AC、常数、∗VD、∗AC、∗LD					

使 ENO=0 的错误条件：间接寻址（0006）；受影响的 SM 标志位：零（SM1.0）；溢出（SM1.1）。

3. 移位寄存器指令（Shift Register）

移位寄存器指令在梯形图中有 3 个数据输入端：DATA 为数值输入，将该位的值移入移位寄存器；S_BIT 为移位寄存器的最低位端，根据长度 N 的大小可计算出移位寄存器的最高位端；N 指定移位寄存器的长度和移位方向，最大长度为 64 位，N 为 "+" 时左移，移位是从最低字节的最低位（S_BIT）移入，从最高字节的最高位移出，N 为 "−" 时右移，移位是从最高字节的最高位移入，从最低字节的最低位（S_BIT）移出。移位寄存器存储单元的移出端与 SM1.1（溢出）相连，最后被移出的位放在 SM1.1 位。移位时，移出位进入 SM1.1，另一端自动补上 DATA 移入位的值。每次使能输入有效时，在每个扫描周期内，整个移位寄存器移动一位。所以要用边沿跳变指令来控制使能端的状态，不然该指令就失去了应用的意义。表 9-9 给出了移位寄存器指令的表达形式及操作数。

表 9-9　移位寄存器指令

指令的表达形式	操作数的含义及范围
SHRB EN　ENO DATA S_BIT N SHRB　DATA,S_BIT,N	DATA/S_BIT：I、Q、M、SM、T、C、V、S、L（位） N：IB、QB、MB、VB、SB、SMB、LB、AC、* VD、* AC、* LD、常数

使 ENO = 0 的错误条件：间接寻址（0006）；受影响的 SM 标志位：零（SM1.0）；溢出（SM1.1）；操作数超出范围（0091）。

最高位的计算方法：（N 的绝对值 −1+S_BIT 的位号)/8，余数即为最高位的位号，商与 S_BIT 的字节号之和即为最高位的字节号。

如图 9-35a 所示，如果 S_BIT 是 V33.4，N 为 14，则(14−1+4)/8=2 余 1。所以，最高位字节号算法是：33+2=35，位号为 1，即移位寄存器的最高位是 V35.1。

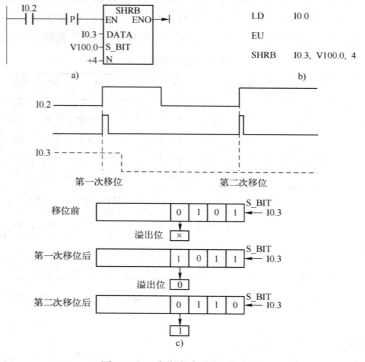

图 9-35　移位寄存器指令示例

a）梯形图　b）语句表　c）移位示意图

9.4.3　子程序

S7-200 系列 PLC 程序主要分为三大类：主程序、子程序和中断程序。实际应用中，有些程序可能被反复使用。对于这些可能被反复使用的程序往往编成一个单独的程序块，存放在程序的某一个区域中。执行程序时，可以随时调用这些程序块。这些程序块可以带一些参数，也可以不带参数，这类程序块称为子程序。CPU 226XM，最多可以有 128 个子程序；其余的 CPU 最多可以有 64 个子程序。

（1）子程序调用指令（CALL）

当子程序调用允许时，主程序把程序控制权交给子程序，系统会保存当前的逻辑堆栈，置栈顶值为 1，堆栈的其他值为零。子程序的调用可以带参数，也可以不带参数。子程序在梯形图中以指令盒的形式编程，指令格式见表 9-10。

表 9-10　子程序指令

指令的表达形式		数据类型及操作数
子程序调用指令 　┌─────┐ 　│ SBR_N │ ─┤EN　　　│ 　└─────┘ CALL　SBR_N	子程序条件返回指令 ──────(RET) CRET	N：常数 CPU221、CPU222、CPU224、CPU226：0~63 CPU226XM：0~127

（2）子程序条件返回指令（CRET）

当子程序完成后，返回主程序中（返回到调用此子程序的下一条指令）。梯形图中以线圈的形式编程，指令不带参数。

如图 9-36 所示为用外部控制条件分别调用两个子程序。

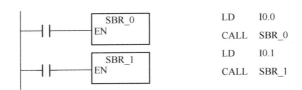

图 9-36　子程序调用举例

子程序使用注意事项：

1）不允许直接递归。如不能从 SBR_0 调用 SBR_0，但允许进行间接递归。

2）如果在子程序的内部又对另一子程序执行调用指令，则这种调用称为子程序的嵌套。子程序的嵌套深度最多为 8 级。

3）当一个子程序被调用时，系统自动保存当前的堆栈数据，并把栈顶置 1，堆栈中的其他值为 0，子程序占有控制权。子程序执行结束后，通过返回指令自动恢复原来的逻辑堆栈值，调用程序又重新取得控制权。

9.4.4　中断操作指令

1. 中断及中断源

中断是子程序的一种，但与普通子程序不同的是，中断子程序是为随机发生且必须立即响应的事件安排的，此时需要中断主程序而转到中断子程序中处理这些事件。

S7-200 系列 PLC 可以引发的中断事件总共有 34 项。其中输入信号引起的中断事件有 8 项，通信口引起的中断事件有 6 项，定时引起的中断事件有 4 项，高速计数器引起的中断事件有 14 项，脉冲输出指令引起的中断事件有 2 项，见表 9-11。这 34 项中断事件可以分成三大类。

表 9-11　中断事件

事 件 号	中 断 描 述	CPU221	CPU222	CPU224	CPU226
0	I0.0 上升沿	有	有		有
1	I0.0 下降沿	有	有	有	有
2	I0.1 上升沿	有	有	有	有
3	I0.1 下降沿	有	有	有	有
4	I0.2 上升沿	有	有	有	有
5	I0.2 下降沿	有	有	有	有
6	I0.3 上升沿	有	有	有	有
7	I0.3 下降沿	有	有	有	有
8	端口 0 接收字符	有	有	有	有
9	端口 0 发送字符	有	有	有	有
10	定时中断 0（SMB34）	有	有	有	有
11	定时中断 1（SMB35）	有	有	有	有
12	HSC0 当前值=设定值	有	有	有	有
13	HSC1 当前值=设定值			有	有
14	HSC1 输入方向改变			有	有
15	HSC1 外部复位			有	有
16	HSC2 当前值=设定值			有	有
17	HSC2 输入方向改变			有	有
18	HSC2 外部复位		有	有	有
19	PLS0 脉冲数完成中断	有	有	有	有
20	PLS1 脉冲数完成中断	有	有	有	有
21	T32 当前值=设定值	有	有	有	有
22	T96 当前值=设定值	有	有	有	有
23	端口 0 接收信息完成	有	有	有	有
24	端口 1 接收信息完成				有
25	端口 1 接收字符				有
26	端口 1 发送字符				有
27	HSC0 输入方向改变	有	有	有	有
28	HSC0 外部复位	有	有	有	有
29	HSC4 当前值=设定值	有	有	有	有
30	HSC4 输入方向改变	有	有	有	有
31	HSC4 外部复位	有	有	有	有
32	HSC3 当前值=设定值	有	有	有	有
33	HSC5 当前值=设定值	有	有	有	有

（1）通信中断

通信中断由通信口 0 和通信口 1 来控制程序，这种操作模式称为自由通信口模式。在该模式下，可由用户程序设置波特率、奇偶校验、字符位数及通信协议。

（2）I/O 中断

I/O 中断包括外部输入中断、高速计数器中断和脉冲串输出中断。外部输入中断是系统利用 I0.0~I0.3 的上升沿或下降沿产生中断，这些输入点可用作连接某些一旦发生就必须引起注意的外部事件；高速计数器中断可以响应当前值等于设定值、计数方向改变、计数器外部复位等事件所引起的中断，这些高速计数器事件可以实时得到迅速响应，而与 PLC 的扫描周期无关；脉冲串输出中断可以用来响应给定数量的脉冲输出完成所引起的中断，其典型应用是步进电动机的控制。

（3）时基中断

时基中断包括定时中断和定时器 T32/96 中断。S7-200 CPU 支持 2 个定时中断。定时中断可用来支持一个周期性的活动，周期时间以 1 ms 为计量单位，范围为 1~255 ms。定时中断 0 的周期时间值写入 SMB34；定时中断 1 的周期时间值写入 SMB35。每当达到定时时间值时，相关定时器溢出，执行中断处理程序。定时中断通常用来以固定的时间间隔作为采样周期对模拟量输入进行采样，也可以用来执行一个 PID 控制回路，另外定时中断在自由口通信编程时非常有用。

定时器中断可以利用定时器来对一个指定的时间段产生中断。这类中断只能使用分辨率为 1 ms 的定时器 T32 和 T96 来实现。当所用定时器的当前值等于设定值时，在主机正常的定时刷新中，执行中断程序。

2. 中断优先级及中断队列

由于中断控制是脱离于程序的扫描执行机制的，当多个突发事件出现时，处理也必须有秩序，这就是中断优先级。中断按以下固定的优先级顺序执行：通信中断（最高优先级），I/O 中断，时基中断（最低优先级）。

在各个指定的优先级内，CPU 按"先来先服务"的原则处理中断。任何时间点上，只有一个用户中断程序正在执行。一旦中断程序开始执行，就要一直执行到结束，而且不会被别的中断程序，甚至更高优先级的中断程序所打断。当另一个中断正在处理中，新出现的中断需排队等待处理。当存在多种中断队列时，CPU 优先响应优先级别高的中断。可能有多于队列所能保存数目的中断出现，这时由系统维护的队列溢出存储器位表明丢失的中断事件的类型。因为只在中断程序中使用这些队列溢出存储器位，在队列变空或控制返回到主程序时，这些位会被复位。

3. 中断指令

中断指令的表达形式及操作数见表 9-12。

（1）中断连接指令

在启动中断程序前，必须使中断事件与发生此事件时希望执行的中断程序建立联系。使用中断连接指令（ATCH）建立中断事件（由中断事件号码指定）与中断程序（由中断程序号码指定）之间的联系。将中断事件与中断程序连接时，该中断自动被启动。

（2）中断分离指令

使用中断分离指令（DTCH）可删除中断事件与中断程序之间的联系，因而关闭单个中断事件。中断分离指令使中断返回未激活或被忽略状态。

表 9-12　中断指令的表达形式及操作数

指令的表达形式		操作数的含义及范围
中断连接指令 ATCH EN　ENO INT EVNT ATCH　INT,EVNT 中断分离指令 DTCH EN　ENO EVNT DTCH　EVNT	中断允许指令：ENI ——(ENI) 中断禁止指令：DISI ——(DISI) 中断返回指令：RETI ——(RETI)	INT：0~127 EVNT： CPU221、CPU222：0~12，19~23，27~33 CPU224：0~23，27~33 CPU226、CPU226XM：0~33

（3）中断返回指令

中断返回指令（RETI）可用于根据先前逻辑条件从中断返回。

（4）中断允许指令

PLC 在进入 RUN 状态时，自动进入全局中断禁止状态，如果需要开放全局中断，可使用中断允许指令。中断允许指令（ENI）全局性地启动全部中断事件。一旦进入运行模式，就允许执行各个已经激活的中断事件。

（5）中断禁止指令

中断禁止指令（DISI）可以全局性地关闭所有中断事件。中断禁止指令允许中断入队，但不允许启动中断程序。

在中断程序内不能使用 DISI、ENI、HDEF、LSCR、END 指令。

如图 9-37 所示是应用定时中断指令去读取一个模拟量的编程示例。

主程序 OB1 有一条语句，其功能是当 PLC 上电后首次扫描（SM0.1＝1），调用子程序 SBR0，进行初始化。

子程序 SBR0 的功能是设置定时中断。其中，设定定时中断 0 的时间间隔为 100ms。传送指令 MOV 把 100 存入 SMB34 中，即设定定时中断 0 的时间间隔为 100 ms。而中断连接指令 ATCH 则把定时中断 0（中断事件号为 10）和中断程序 0（中断程序为 INT0）连接起来，并对该事件允许中断。子程序的最后一句是全局中断允许（ENI）指令，只有有了这一条指令，已经允许中断的中断事件才能真正被执行。

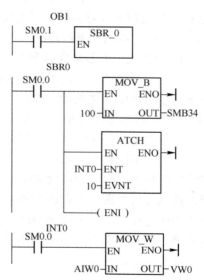

图 9-37　应用定时中断指令读取一个模拟量的编程示例

中断程序 INT0 的功能是每中断一次，执行一次读取模拟量 AIW0 的操作，并将这个数值传送给 VW0。

9.4.5　功能指令应用

【例 9-5】移位指令实现顺序控制。早期 PLC 中没有状态器及步进指令，这时可用移位指令实现步的转换。

如图 9-38 所示为小车自动往返示意图。

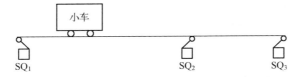

图 9-38　小车自动往返示意图

小车一个工作周期的动作要求如下：

按下起动按钮 SB（I0.0）后，小车前进（Q0.0），碰到限位开关 SQ$_2$（I0.2）小车后退（Q0.1）；小车后退碰到限位开关 SQ$_1$（I0.1）停止，且停止 3 s 后再次前进，碰到限位开关 SQ$_3$（I0.3）第二次后退，碰到限位开关 SQ$_1$（I0.1）时停止。直到再次按下起动按钮，下个过程开始。

小车工作过程如图 9-39 所示。整个过程分为 6 个步序（M10.0 ~ M10.5），每个步序所做的工作在右侧标出。当小车第二次碰到限位开关时，按照要求小车要停止在 SQ$_1$ 处，等待按钮再次按下。I/O 分配见表 9-13。

表 9-13　I/O 分配

输　入		输　出		中 间 状 态			
I0.0	起动按钮	Q0.0	前进	M10.0	准备		
I0.1	限位开关 SQ$_1$	Q0.1	后退	M10.1	第一次前进	M10.4	第二次前进
I0.2	限位开关 SQ$_2$			M10.2	第一次后退	M10.5	第二次后退
I0.3	限位开关 SQ$_3$			M10.3	停 3 s		

注意各个步序的转移条件，当转移条件满足时，便使用移位指令，进入下一个步序。这种控制思想与已经介绍过的顺序控制相同。小车运行梯形图如图 9-40 所示。

【例 9-6】移位寄存器指令应用。8 盏灯用两个按钮控制，一个作为位移按钮，另一个作为复位按钮，实现 8 盏信号灯单方向按顺序逐个亮或灭，相当于灯的亮灭按顺序进行位置移动。当位移按钮按下时，信号灯依次从第一个灯开始向后逐个亮；松开位移按钮时，信号灯依次从第一个灯开始向后逐个灭。位移间隔时间为 0.5 s。当复位按钮按下时，灯全灭。

根据题目要求，I/O 分配见表 9-14。

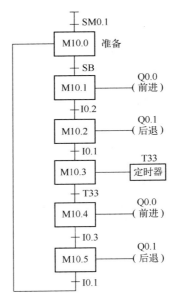

图 9-39　小车工作过程

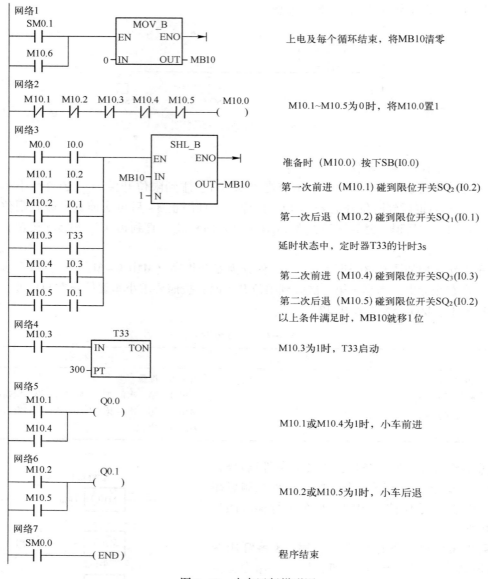

图 9-40　小车运行梯形图

表 9-14　I/O 分配

输 入 信 号	信号元件及作用	元件或端子位置
I0.0	位移按钮	直线区，任选
I0.1	复位按钮	直线区，任选

两个按钮控制 8 盏灯顺序亮灭梯形图如图 9-41 所示。

【例 9-7】 定时中断产生闪烁频率脉冲。当连在输入端 I0.1 的开关接通时，闪烁频率减半；当连在输入端 I0.0 的开关接通时，又恢复成原有的闪烁频率。闪烁频率脉冲梯形图如图 9-42 所示。

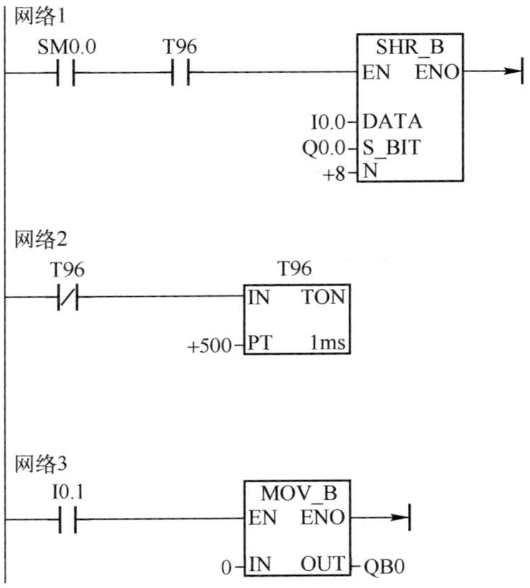

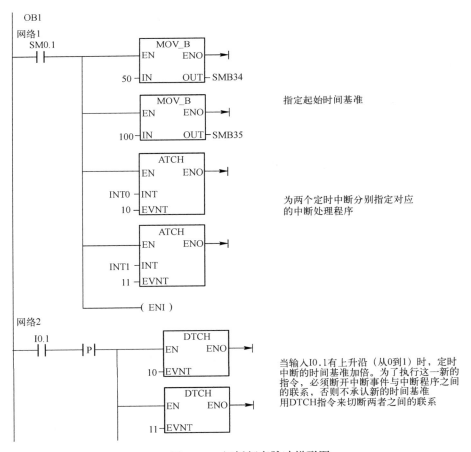

图 9-41　两个按钮控制 8 盏灯顺序亮灭梯形图

图 9-42　闪烁频率脉冲梯形图

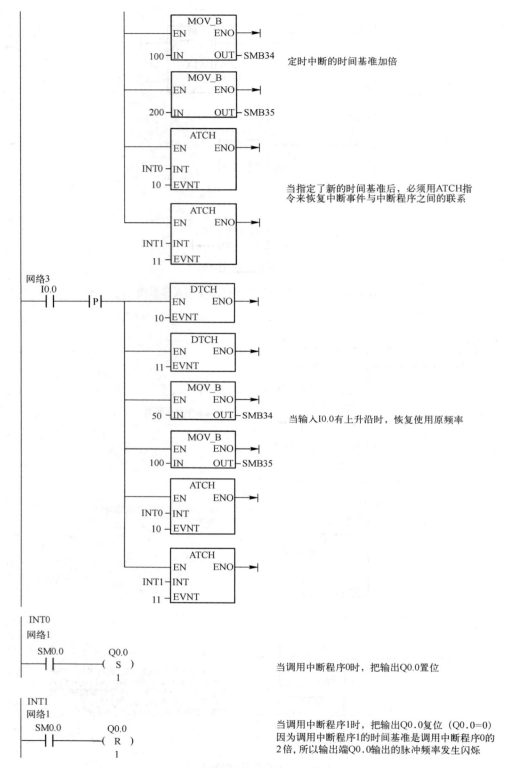

定时中断的时间基准加倍

当指定了新的时间基准后，必须用ATCH指令来恢复中断事件与中断程序之间的联系

当输入I0.0有上升沿时，恢复使用原频率

当调用中断程序0时，把输出Q0.0置位

当调用中断程序1时，把输出Q0.0复位（Q0.0=0）因为调用中断程序1的时间基准是调用中断程序0的2倍，所以输出端Q0.0输出的脉冲频率发生闪烁

图 9-42　闪烁频率脉冲梯形图（续）

本章小结

　　PLC 自问世以来发展极为迅速，在工业控制领域正逐步取代传统的继电接触器控制系统。PLC 技术、机器人和 CAD/CAM 被称为现代工业自动化的三大支柱。PLC 编程指令主要有基本指令、顺序控制指令和功能指令。熟练掌握 PLC 的各种编程指令和编程技巧是学好 PLC 的基础。

自测题

一、填空题

1. PLC 的存储器包括（　　　　）和（　　　　）两部分。

2. PLC 开关量输出接口电路通常有三种类型：（　　　　）、（　　　　）和晶闸管输出型。

3. PLC 是按集中输入、集中输出、不断的（　　　　）的方式进行工作的。

4. PLC 工作的整个过程可分为三部分：（　　　　）、（　　　　）和出错处理过程。

5. PLC 为用户提供了完整的编程语言，以适应用户编制程序的需要。PLC 提供的编程语言通常有以下几种：（　　　　）、（　　　　）、（　　　　）和功能块图。

6. S7-200 系列 PLC 为用户提供了三种类型的定时器：（　　　　）、（　　　　）和断电延时定时器（TOF）。

7. 梯形图的每一行都是从左边（　　　　）开始，然后是各种触点的逻辑连接，最后以（　　　　）结束。

8. S7-200 系列 PLC 把程序主要分为三大类：（　　　　）、（　　　　）和中断程序。

9. PLC 的应用范围有顺序控制、（　　　　）、过程控制、数据处理和（　　　　）。

10. PLC 按结构可分为两类，即（　　　　），如西门子的 S7-200 系列 PLC；（　　　　），如西门子的 S7-300 系列 PLC。

11. PLC 执行程序的过程分为三个阶段，即（　　　　）、（　　　　）和输出刷新阶段。

12. PLC 指令系统可分为（　　　　）和（　　　　）。

二、判断题

1. PLC 中的存储器是一些具有记忆功能的半导体电路。（　　　）

2. PLC 可以向扩展模块提供 24 V 直流电源。（　　　）

3. 系统程序是由 PLC 生产厂家编写的，固化到 RAM 中。（　　　）

4. PLC 的工作方式是等待扫描的工作方式。（　　　）

5. PLC 的扫描周期主要取决于程序的长短。（　　　）

6. 字节移位指令的最大移位位数为 8 位。（　　　）

7. 定时器定时时间长短取决于定时器的分辨率。（　　　）

8. PLC 的输入电路均采用光电耦合隔离方式。（　　　）

9. PLC 是采用并行方式工作的。（　　　）

10. 间接寻址是通过地址指针来存取存储器或寄存器中的数据。（　　　）

三、选择题

1. 下列不属于 PLC 硬件系统组成的是（　　　　）。

A. 用户程序　　　　　B. 输入/输出接口　　　　C. 中央处理单元　　　　D. 通信接口

2. PLC 的工作方式是（　　　　）。

A. 等待工作方式　　B. 中断工作方式　　　　C. 扫描工作方式　　　　D. 循环扫描工作方式

3. 给出 FOR 指令的格式如图 9-43 所示。当 EN 条件允许时将 FOR 与 NEXT 指令之间的程序执行(　　) 次。

A. 20　　B. 1

C. 10　　D. 19

图 9-43　选择题 3 图

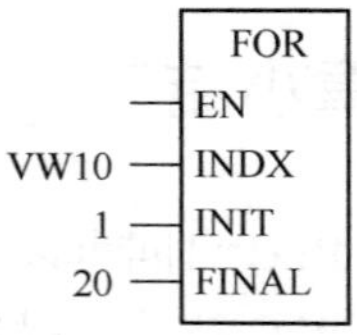

4. 顺序控制段开始指令的操作码是（　　）。

A. SCR　　B. SCRP

C. SCRE　　D. SCRT

5. 置位（S）和复位（R）指令从指定的地址（位）开始，可以置位和复位（　　）点。

A. 1~32　　B. 1　　C. 1~64　　D. 1~255

6. S7-200 系列 PLC 的中断优先级从大的方面按以下组别分级：通信中断（　　），I/O 中断（　　），定时中断（　　）。

A. 最高、次之、最低　　B. 最低、最高、次之

C. 最高、最低、次之　　D. 最低、次之、最高

7. PLC 的 L+及 M 端口间电压一般是（　　）。

A. DC 24 V　　B. DC 36 V

C. AC 110 V　　D. AC 220 V

8. PLC 的输入模块一般使用（　　）来隔离内部电路和外部电路。

A. 光电耦合器　　B. 继电器

C. 传感器　　D. 电磁耦合

9. 要求定时器 T37 延时 100 s，则设定 PT 值为（　　）。

A. 1　　B. 10　　C. 100　　D. 1000

10. 下列哪项属于双字寻址（　　）。

A. QW1　　B. V10　　C. IB0　　D. MD28

习题

9.1　写出如图 9-44 所示梯形图的语句表。

9.2　画出如图 9-45 所示语句表的梯形图。

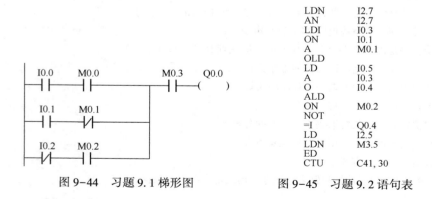

图 9-44　习题 9.1 梯形图

```
LDN     I2.7
AN      I2.7
LDI     I0.3
ON      I0.1
A       M0.1
OLD
LD      I0.5
A       I0.3
O       I0.4
ALD
ON      M0.2
NOT
=I      Q0.4
LD      I2.5
LDN     M3.5
ED
CTU     C41, 30
```

图 9-45　习题 9.2 语句表

9.3　画出图 9-46 中 Q0.0 的波形。

9.4　用 PLC 实现一盏灯点亮 10 s 后另外一盏灯自动点亮。表 9-15 为 I/O 分配表。

表 9-15　习题 9.4 I/O 分配

输　入		输　出	
输入继电器	对应元件	输出继电器	对应元件
I0.0	起动按钮	Q0.0	第一盏灯
		Q0.1	第二盏灯

9.5　用 I0.0 控制接在 Q0.0~Q0.7 上的 8 个彩灯循环移位，用 T37 定时，每 0.5 s 移 1 位，首次扫描时给 Q0.0~0.7 置初值，用 I0.1 控制彩灯移位方向，设计语句表程序。

9.6　小车在初始状态时停在中间，限位开关 I0.0 为 ON，按下起动按钮 I0.3，小车按图 9-47 所示的顺序运动，最后返回并停在初始位置。画出控制系统的功能流程图。

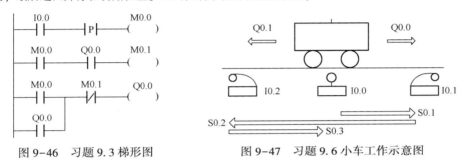

图 9-46　习题 9.3 梯形图　　　　　图 9-47　习题 9.6 小车工作示意图

9.7　圆盘电动机起动后，旋转一周（对应光电开关产生 8 个计数脉冲）后，停 1 s，然后旋转一周，以此规律重复，直到按下停止按钮时为止。表 9-16 为 I/O 分配表。根据题干的要求完成编程。

表 9-16　习题 9.7 I/O 分配

输入信号	信号元件及作用	元件或端子位置
I0.0	起动按钮	直线区，任选
I0.1	停止按钮	直线区，任选
I0.2	位置检测信号	旋转区
输出信号	控制对象及作用	元件或端子位置
Q0.0	电动机正转	旋转区正转端子

9.8　儿童两名、学生一名和教授两名组成 3 组抢答。儿童任意一人按下按钮均可抢答，教授需要两人同时按下按钮可抢答，在主持人按下开始按钮同时宣布开始后，10 s 内有人抢答则幸运彩球转动。表 9-17 为 I/O 分配表。根据题干的要求完成编程。

表 9-17　习题 9.8 I/O 分配

输入端子	输出端子	其他器件
儿童按钮：I0.1、I0.2 学生按钮：I0.3 教授按钮：I0.4、I0.5 主持人开始按钮：I1.1 主持人复位按钮：I1.2	指示灯：Q1.1 Q1.2 Q1.3 彩球：Q1.4	T37

第 9 章答案

第10章 电工测量

【内容提要】 本章主要介绍常用电工仪表的结构、原理、性能、使用方法以及主要电工量值的测量方法。

【本章目标】 要求了解常用的电工仪表与测量的基本知识，常用电工仪表的结构、原理、应用范围及技术特性；掌握合理选择和使用电工仪表，维护保养和调校电工仪表；掌握正确的电工测量方法，培养熟练的操作技能，学会对测量数据的正确处理方法。

10.1 电工仪表

10.1.1 电工仪表的基本原理及组成

电工仪表的原理是把被测量（电量或非电量）变换成仪表指针的偏转角，因此也称为机电式仪表，即用仪表指针（可动部分）的机械运动（偏转角）来反映被测量的大小。电工仪表通常由测量线路和测量机构两部分组成，如图10-1所示。测量机构是实现电量转换为机械运动——指针偏转角，并使两者保持一定关系的机构，是电工仪表的核心部分。测量线路将被测量转换为测量机构能直接测量的电量，测量线路必须根据测量机构能够直接测量的电量与被测量的关系来确定，一般由电阻、电容、电感或其他电气元件构成。

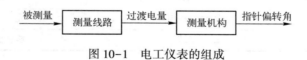

图10-1 电工仪表的组成

各种测量机构都包含固定部分和可动部分。从原理上看，测量机构都能产生转动力矩、反作用力矩和阻尼力矩，这三种力矩共同作用在测量机构的可动部分上，使可动部分产生偏转角并稳定在某一位置上保持平衡。因此，尽管电工仪表的种类很多，但只要弄清楚产生这三个力矩的原理和它们之间的关系，也就掌握了仪表的基本工作原理。

10.1.2 电工仪表的分类

电工仪表可以根据工作原理、组成结构、测量对象、使用条件等进行分类。

1) 根据测量机构的工作原理，可以分为磁电式、电磁式、电动式、感应式、静电式、整流式等。

2) 根据测量对象不同，可以分为电流表（安培表、毫安表、微安表）、电压表（伏特表、毫伏表、微伏表及千伏表）、功率表（瓦特表）、欧姆表等。

3）根据工作电流的性质，可以分为直流仪表、交流仪表和交直流两用仪表。

4）按使用方式，可以分为安装式仪表（板式仪表）和便携式仪表等。

5）按使用条件，可分为 A、A_1、B、B_1 和 C 五组。各组仪表使用条件的规定可查阅有关的国家标准。

6）按准确度，可分为 0.1、0.2、0.5、1.0、1.5、2.5 和 5.0 七个准确度等级。

除以上分类外，电工仪表还可以按外壳的防护性能及耐受机械力作用的性能分类。常见电工仪表的单位符号和图形符号见表 10-1。

表 10-1　常见电工仪表的单位符号和图形符号

A. 单位符号		A. 单位符号	
名　称	符　号	名　称	符　号
千　安	kA	毫韦伯	mWb
安　培	A	毫韦伯/米^2	mT
毫　安	mA	亨	H
微　安	μA	毫　亨	mH
千　伏	kV	微　亨	μH
伏　特	V	摄氏度	℃
毫　特	mV	B. 仪表的图形符号	
微　伏	μV	名　称	符　号
兆　瓦	MW	磁电式仪表	
千　瓦	kW		
瓦　特	W	磁电式比率表	
兆　乏	Mvar	电磁式仪表	
千　乏	kvar		
乏	var		
兆　赫	MHz	电磁式比率表	
千　赫	kHz		
赫　兹	Hz	电动式仪表	
太　欧	TΩ		
兆　欧	MΩ	电动式比率表	
千　欧	kΩ		
欧　姆	Ω	铁磁电动式仪表	
毫　欧	mΩ		
微　欧	μΩ	铁磁电动式比率表	
库　仑	C		
毫韦伯	mWb	感应式仪表	
毫韦伯/米^2	mT		
微　法	μF	静电式仪表	
皮　法	pF		

（续）

B. 仪表的图形符号		F. 绝缘强度的符号	
名　称	符　号	名　称	符　号
整流式仪表（带半导体二极管整流器和磁电式测量机构）	⏄	绝缘强度电压 500 V	☆500
热电式仪表（带接触式热变换器和磁电式测量机构）	⏄	绝缘强度试验电压 2 kV	☆2
C. 工作电流种类的符号		G. 端钮、调零的符号	
名　称	符　号	名　称	符　号
直流电	---	正端钮	+
交流电	∼	负端钮	−
直流电和交流电	≃	公共端钮	✕
		接地用按钮	⏚
具有单元件的三相平衡负载交流	≋	与外壳相连的按钮	⏛
		与屏蔽相连的端钮	⭕
		调零器	⌣
D. 准确度等级符号		H. 按外界条件分组的符号	
名　称	符　号	名　称	符　号
以标尺量程百分数表示的准确度等级	如 2.5	A 组仪表	△A
以标尺长度百分数表示的准确度等级，如 2.5	⬦2.5	B 组仪表	△B
以指示值的百分数表示的准确度等级，如 2.5	⬦2.5	C 组仪表	△C
E. 工作位置的符号			
名　称	符　号	I 级防外磁场	⏄
标尺位置水平	⌐	I 级防外电场	⊟
标尺位置垂直	⊥	II 级防外磁场和电场	II
标尺位置与水平面呈一定角度，如 30°	∠30°	III 级防外磁场和电场	III
F. 绝缘强度的符号			
名　称	符　号	IV 级防外磁场和电场	IV
不进行绝缘强度试验	☆0		

10.1.3　电工仪表的类型

按照电工仪表的工作原理可将常用的指针式模拟仪表分为磁电式、电磁式和电动式等几种。

模拟仪表之所以能测量各种电量，是利用仪表中通入电流后产生电磁作用，使可动部分受到转矩而发生转动。转动转矩与通入的电流之间存在着一定的关系，即

$$M = f(I)$$

式中，M 为转动转矩；I 为电流。

248

为了使可动部分的偏转角 α 与被测量成一定比例，必须有一个与偏转角成比例的阻转矩 M_f 来与转动转矩 M 相平衡，即

$$M = M_f$$

这样才能使仪表的可动部分平衡在一定位置，即偏转角大小一定，从而反映出被测量的大小。

此外，仪表的可动部分由于惯性的关系，当电流 I 变化时，不能马上达到平衡，而要在平衡位置附近经过若干次振荡才能静止下来。为了使仪表的可动部分迅速静止在平衡位置，还要有一个能产生制动力（阻尼力）的装置——阻尼器，只在指针转动过程中才起作用。

常见的模拟仪表主要由上述三部分——产生转动转矩的部分、产生阻转矩的部分和阻尼器组成。

下面对磁电式（永磁式）、电磁式和电动式三种仪表的基本构造、工作原理及主要用途加以讨论。

1. 磁电式仪表

磁电式仪表是利用通电线圈在磁场中受到电磁力作用制成的，广泛用于直流电量的测量。磁电式仪表与整流元件配合，可用于交流电量的测量；与传感器配合，可以测量温度、压力等；此外，还广泛用作电子仪器中的指示器。

通常磁电式仪表的测量机构由固定的磁路系统和可动线圈部分组成，如图 10-2 所示。

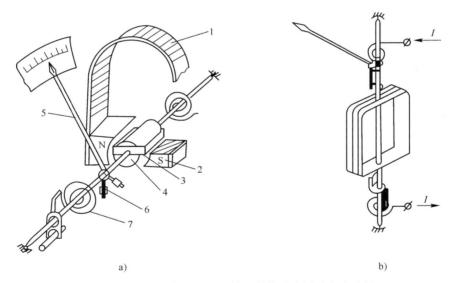

a)   b)

图 10-2　磁电式仪表测量机构的结构示意图及电流路径

a）结构示意图　b）电流路径

1—永久磁铁　2—极掌　3—可动线圈　4—圆柱形铁心　5—指针　6—平衡锤　7—游丝

磁路系统由永久磁铁 1、固定在磁铁两极的极掌 2 和处于两个极掌之间的圆柱形铁心 4 组成。圆柱形铁心 4 固定在仪表支架上，使两个极掌与圆柱形铁心之间形成均匀的辐射状磁场。

可动部分由绕制在铝框架上的可动线圈 3、指针 5、平衡锤 6 和游丝 7 组成。可动线圈两端装有两个半轴支承在轴承上，而指针、平衡锤及游丝的一端固定安装在半轴上。当可动部分发生转动时，游丝变形产生反作用力矩。另外，游丝还具有把电流 I 导入可动线圈的作用。

磁电式仪表测量机构的基本原理是利用可动线圈中的电流 I 与气隙中磁场的相互作用产生电磁力，进而使可动线圈发生偏转，这个力矩称为转动力矩。游丝随着可动线圈的转动产

生反作用力矩，当反作用力矩与转动力矩相等时，可动线圈将停留在某一位置上，并带动指针停留在某一位置上，在标尺上形成一定大小的偏转角。磁电式仪表测量机构产生转动力矩的原理如图 10-3 所示。

转动力矩的大小，可以由安培定理和左手定则确定，即

$$F = NBIl$$

式中，F 为有效边受到的电磁力；B 为气隙的磁感应强度；N 为可动线圈的匝数；I 为线圈中通入的电流；l 为有效边的长度。

电流和磁场方向如图 10-3 所示，此时电磁力的方向与线圈平面垂直，使线圈沿顺时针方向转动，其转动力矩 M 为

$$M = 2NBIl\gamma$$

式中，γ 为转轴中心到有效边的距离。

由于线圈平面的有效面积为

$$A = 2l\gamma$$

故有

$$M = NBAI = k_1 I \qquad (10-1)$$

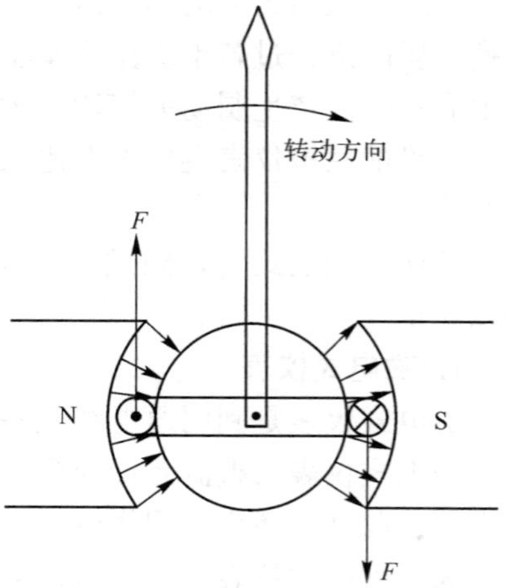

图 10-3　磁电式仪表测量机构产生转动力矩的原理

式中，k_1 为比例常数，$k_1 = NBA$。

由于气隙磁场均匀，所以磁感应强度 B 大小不变；对于一定的线圈，其匝数 N 和有效面积 A 是不变的。因此，转动力矩的大小与被测电流成正比，其方向取决于电流的方向。

游丝随着可动线圈的偏转产生反作用力矩。反作用力矩 M_f 的大小与游丝形变大小成正比，即与偏转角 α 成正比，即

$$M_f = k_2 \alpha \qquad (10-2)$$

式中，k_2 为游丝的反作用力矩系数，其大小由游丝的材料性质、形状和尺寸决定。

反作用力矩随着偏转角的增大而增大，其方向与转动力矩的方向相反；而在被测电流 I 不变时，转动力矩是不变的。当反作用力矩增大到与转动力矩相等时，可动部分力矩平衡，将停止在某一固定位置，指针也就停止在某一偏转角上。根据可动线圈平衡条件 $M_f = M$，可得

$$k_2 \alpha = k_1 I \qquad (10-3)$$

即

$$\alpha = k_1 I / k_2 = kI \qquad (10-4)$$

因此只要把偏转角均匀地刻度在仪表的标尺上，就可以根据指针在标尺上停止的位置，直接读出被测电流的数值。

磁电式仪表的阻尼器工作原理：当通入电流 I 时，可动线圈随之发生偏转，铝框切割永久磁铁的磁通，在框内感应出电流，进而产生与转动方向相反的制动力，可动部分就受到阻尼作用，迅速停止在平衡位置。

磁电式仪表只能用来测量直流，若通入交流电流，则可动部分将跟不上电流和转矩的迅速交变而静止不动。

磁电式仪表具有刻度均匀、灵敏度和精度高、阻尼强、消耗电能少、受外界磁场的影响很小等优点；缺点是只能测量直流，价格较高，电流需流经游丝，因而不能承受较大过载，否则将引起游丝过热。

磁电式仪表常用来测量直流电压、直流电流及电阻等。模拟式（指针式、直读式）万用表就是一个磁电式的直流微安表。据此串联一个大电阻，即为电压表；并联一分流电阻，即为电流表。

2. 电磁式仪表

电磁式仪表用来测量直流和交流电，特别在交流电流和电压测量领域中作为指示仪表。

电磁式仪表是利用动铁片与通有电流的固定线圈之间或与被这个线圈磁化的静铁片之间的作用力而产生转动力矩。电磁式仪表的结构简单、过载能力强、稳定性好、成本较低、便于制造，可分为安装式和便携式两种。

电磁式仪表常采用排斥式构造，如图 10-4 所示。它的主要部分是固定的圆形线圈、线圈内的定铁片、固定在转轴上的动铁片。当线圈中通有电流时，产生磁场，两铁片均被磁化，同一端的极性相同，因而互相排斥，动铁片因受斥力而带动指针偏转。在线圈通有交流电流的情况下，由于两铁片的极性同时改变，所以仍然产生排斥力。

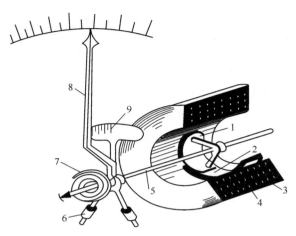

图 10-4 电磁式仪表测量机构的结构

1—动铁片 2—定铁片 3—固定线圈 4—磁屏蔽
5—转轴 6—平衡锤 7—游丝 8—指针 9—阻尼片

可以认为，作用在铁片上的吸力或仪表的转动力矩与通入线圈的电流的二次方成正比。在通入直流电流 I 的情况下，仪表的转动力矩为

$$M = k_1 I^2 \tag{10-5}$$

在通入交流电流 i 时，仪表可动部分的偏转取决于平均力矩，它和交流电流有效值 I 的二次方成正比，即

$$M = k_1 I^2 \tag{10-6}$$

与磁电式仪表一样，电磁式仪表也是由连在转轴上的游丝产生阻力矩，因此有

$$M_f = k_2 \alpha$$

当反作用力矩与转动力矩达到平衡时，可动部分即停止转动。这时有

$$M = M_f$$

即

$$\alpha = k_1 I^2 / k_2 = k I^2 \tag{10-7}$$

由式（10-7）可知，指针的偏转角与直流电流或交流电流有效值的二次方成正比，所以标尺上的刻度是不均匀的，前面密而后面疏。

电磁式仪表中的阻尼力是由空气阻尼器产生的。其阻尼作用是由与转轴相连的活塞在小室中移动而产生的。

电磁式仪表具有构造简单、价格低廉、可用于交直流、能测量较大电流和允许较大的过载等优点；缺点是刻度不均匀、易受外界磁场（本身磁场很弱）及铁片中磁滞和涡流（测量交流时）的影响，因此精度不高。

不少交流电流表和电压表都属于电磁式仪表。

3. 电动式仪表

磁电式仪表的磁场是由永久磁铁产生的，如果利用通有电流的固定线圈去代替永久磁铁并与可动线圈中的电流相互作用，便构成了电动式仪表。电动式仪表的磁场作用于可动部分中的载流线圈产生转动力矩，转动力矩的大小与两个线圈中的电流大小有关，且两个线圈中的电流可以是交流，也可以是直流。因此，电动式仪表不仅可用于测量交直流电流、电压，还可用于测量功率、功率因数和频率等。

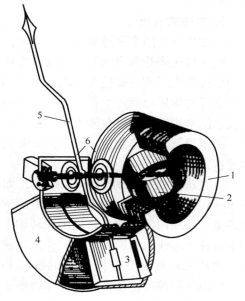

电动式仪表测量机构的结构如图 10-5 所示。它有两个线圈，即固定线圈（简称定圈）和可动线圈（简称动圈）。为了在动圈附近获得较为均匀的磁场，定圈 1 分为两部分平行排列；动圈 2 与转轴固定连接，一起放置在定圈的两部分之间。反作用力矩由游丝 6 产生；阻尼力矩由空气阻尼器叶片 3 产生。

当电动式仪表工作时，定圈和动圈中都必须通以电流，设定圈中通过的电流为 I_1，动圈中通过的电流为 I_2。I_1 的作用是在定圈中建立磁场，磁场的强弱除与 I_1 有关外，还与定圈的匝数等参数有关；磁场方向由右手螺旋定则确定。对于一

图 10-5　电动式仪表测量机构的结构
1—定圈　2—动圈　3—空气阻尼器叶片
4—空气阻尼器外盒　5—指针
6—游丝

个已制成的仪表，定圈的参数是固定不变的。因此，磁场的强弱只与 I_1 有关，而且正比于 I_1。当动圈中通以电流 I_2 时，磁场将对 I_2 产生一个电磁力 F，使可动部分获得转动力矩 M 而偏转。其电磁力 F 的大小（即转动力矩 M 的大小）与磁场强弱、电流 I_2 的大小以及动圈尺寸、形状有关；其方向由左手定则确定。如果 I_1、I_2 同时改变方向，用左手定则判断可知，电磁力 F 的方向不变，即转动力矩 M 的方向不变。所以，电动式测量机构既可测量直流又可测量交流。

当电动式仪表用于直流电路测量时，转动力矩 M 与电流 I_1 和 I_2 的乘积成正比，即

$$M = k_1 I_1 I_2$$

式中，M 为动圈所受到的转动力矩；I_1、I_2 为定圈和动圈中的电流。

当电动式仪表用于交流电路的测量时，有

$$M = k_1 I_1 I_2 \cos\varphi$$

式中，M 为动圈所受到的转动力矩的平均值；I_1、I_2 为定圈和动圈中电流的有效值；φ 为定圈中电流 I_1 与动圈中电流 I_2 之间的相位差。

由此可见，当电动式仪表用于交流电路的测量时，转动力矩不仅与两线圈的电流有关，而且还与两电流的相位差的余弦有关。当可动部分偏转一角度 α 而达到平衡位置时，其游丝产生的反作用力矩为 $M_f = k_2\alpha$，根据 $M = M_f$ 的平衡条件，可得

当用于直流电路测量时

$$\alpha = I_1 I_2 k_1 / k_2 = k I_1 I_2 \tag{10-8}$$

当用于交流电路测量时

$$\alpha = I_1 I_2 \cos\varphi \, k_1 / k_2 = k I_1 I_2 \cos\varphi \qquad (10\text{-}9)$$

电动式仪表的优点是适用于交直流测量，同时由于没有铁心，所以精度较高；缺点是受外界磁场的影响大（本身的磁场很弱），不能承受较大过载（理由见磁电式仪表）。

10.2　电流的测量

磁电式电流表用来测量直流电流，电磁式电流表用来测量交流电流。电流表应串联在电路中，如图 10-6a 所示。为了使电路的工作不因接入电流表而受影响，表的内阻必须很小，可以认为电路的端电压 U 就是负载 R_L 两端的电压。同样，因为内阻很小，如果不慎将电流表并联在电路两端，则电流表将因流电流过大而被烧毁。

采用磁电式电流表测量直流电流时，因其测量机构（即表头）所允许通过的电流很小，为了扩大它的量程，应该在测量机构上并联一个称为分流表的低值电阻 R_A，如图 10-6b 所示。这样，通过磁电式电流表表头的电流 I_0 只是被测电流 I 的一部分，两者之间的关系为

$$I_0 = \frac{R_A}{R_0 + R_A} I$$

即

$$I = \left(1 + \frac{R_0}{R_A}\right) I_0$$

亦即

$$R_A = \frac{R_0}{\dfrac{I}{I_0} - 1} \qquad (10\text{-}10)$$

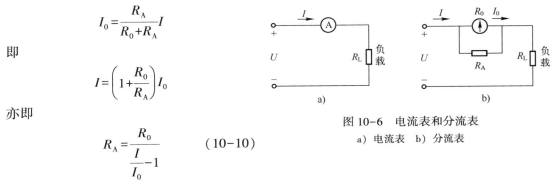

图 10-6　电流表和分流表
a）电流表　b）分流表

式中，R_0 为测量机构的电阻。

由式（10-10）可知，需要扩大的量程 I 越大，则分流器的电阻应越小。多量程电流表具有几个标有不同量程的接头，这些接头可分别与相应阻值的分流器并联。

用电磁式电流表测量交流电流时，不用分流器来扩大量程。如果要测量几百安以上的交流电流，则可利用电流互感器来扩大量程。

10.3　电压的测量

磁电式电压表用来测量直流电压，电磁式电压表用来测量交流电压。电压表用来测量某段电路两端的电压，所以必须与电路并联，如图 10-7a 所示。为了使电路的工作不因接入电压表而受影响，电压表的内阻必须很高。而测量机构的电阻 R_0 不大，所以必须和它串联一个称为倍压表的高值电阻 R_V，如图 10-7b 所示，这样即可扩大电压表的量程。

由图 10-7b 可得

$$\frac{U}{U_0} = \frac{R_0 + R_V}{R_0}$$

即

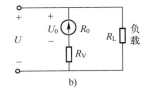

图 10-7　电压表和倍压表
a）电压表　b）倍压表

$$U=\frac{R_0+R_{\mathrm{V}}}{R_0}U_0=\left(1+\frac{R_{\mathrm{V}}}{R_0}\right)U_0$$

亦即

$$R_{\mathrm{V}}=R_0\left(\frac{U}{U_0}-1\right) \tag{10-11}$$

由式（10-11）可知，需要扩大的量程 U 越大，则倍压器的电阻应越高。多量程电压表具有几个标有不同量程的接头，这些接头可分别与相应阻值的倍压器串联。

10.4 万用表

万用表可测量多种电量，虽然精度不高，但是使用简单，携带方便，特别适合检查线路和修理电气设备。万用表有磁电式（模拟指针式）和数字式两种。

10.4.1 磁电式万用表

1. 结构

万用电表（以下简称万用表）又称繁用表或多用表。它是一种多量程、用途广、便于携带、价格低廉的电工仪表。普通万用表可以测量直流电流、电压，交流电流、电压，电阻等。有的万用表还能测量电容、电感以及估测晶体管的电流放大倍数等。

万用表由表头、测量电路、转换开关以及面板部件等组成。表头用来指示被测量的数值；测量电路用来把各种被测量转换为适合表头测量的直流微小电流；转换开关用来实现对不同功能和量程的选择。表头、转换开关的触点、测量电路都装在塑料表壳内。

（1）表头及面板部件

万用表的表头通常选用高灵敏度的磁电式测量机构，是万用表的主要部件，其满偏电流大多为几十微安，此值越小，灵敏度越高。

万用表的面板上有带有多条标尺的标度盘，每一条标尺都对应于某一被测量；精度较高的万用表均采用带反射镜的标度盘，以减小读数时的视差。万用表外壳上装有转换开关的旋钮、零位调节旋钮、欧姆零位旋钮、供接线用的插孔等。各种万用表的面板布置不完全相同。如图 10-8 所示为国产 MF30 型万用表的外形图。

（2）测量电路

万用表的测量电路的作用是把各种被测量转换为适合表头测量的微小直流电流，是用来实现多种电量、多个量程测量的重要手段。

测量电路由多量程直流电流表、多量程直流电压表、多量程整流式交流电流表、交流电压表以及多量程欧姆表等几种测量电路组合而成。有的万用表还有测量小功率晶体管直流放大倍数的测量电路。

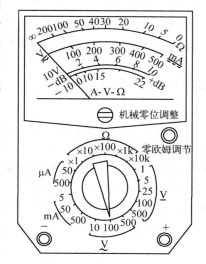

图 10-8 国产 MF30 型
万用表的外形图

构成测量电路的主要元件是各种类型、各种数值的电阻元件，如绕线电阻、碳膜电阻、电位器等。此外，在测量交流电流、电压的电路中还有整流元件——二极管，它的作用是把交流电流、电压变换为表头能测量的微小直流电流。

测量电路是万用表的中心环节，它对万用表的测量误差影响较大，为了减小测量误差，要求测量电路中使用的元器件温度系数小、精度高、性能稳定、工作可靠。

（3）转换开关

在万用表中，转换开关用来切换不同测量电路，实现测量种类和量程的选择。在普通万用表中，一般都采用机械接触式转换开关。机械接触式转换开关由许多固定触点和可动触点组成，通常把可动触点称为刀，而把固定触点称为掷。由于万用表的测量种类多，而且每一个测量种类中又有多个量程，所以万用表的转换开关很特别，通常有多刀和几十掷，各刀之间同步联动。当旋转转换开关旋钮时，各刀跟着旋转，在某一位置上与相应的掷闭合，使相应的测量电路与表头和输入端钮（或插孔）接通。

图 10-9 是 MF30 型万用表的转换开关。它是一个单层 3 刀 18 掷转换开关，它的 18 个固定触点沿圆周分布。其中，固定触点 1~5 对应于直流电流挡 50 μA~500 mA 的 5 个量程；6~10 对应于欧姆挡的 ×1、×10、×100、×1 kΩ、×10 kΩ 的 5 个量程；11~15 对应于直流电压挡 1~500 V 的 5 个量程；16~18 对应于交流电压挡 10~500 V 的 3 个量程。另外，在圆周内还有 6 个圆弧形的固定触点 A、B、C、D、E、F，如图 10-9a 所示。装在转轴上的 a、b、c 3 个可动触点彼此连通，如图 10-9b 所示。图 10-9c 是这种转换开关的等效平面展开图，其中 S_{a-b}、S_{b-c} 分别表示可动触点 a、b 和 c。

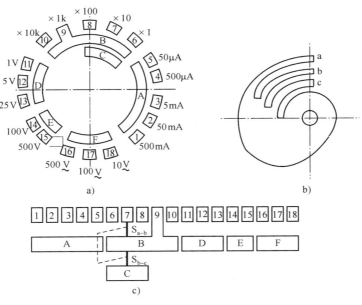

图 10-9　MF30 型万用表的转换开关
a）固定触点　b）可动触点　c）等效平面展开图

2. 测量电路

下面以常用的 MF30 型为例介绍万用表的测量电路。

（1）直流电流挡的测量电路

万用表的直流电流挡实质上就是一个多量程的磁电式直流电流表。万用表直流电流挡的分流器通常采用闭路式多量程分流器电路，经转换开关切换接入不同分流电阻，以实现不同量程电流的测量，如图10-10所示。图10-11是MF30型万用表的直流电流挡的测量电路。

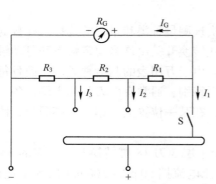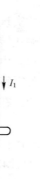

图10-10　闭路式多量程分流器电路　　　　图10-11　MF30型万用表直流电流挡测量电路

（2）直流电压挡的测量电路

万用表的直流电压挡实质上就是一个多量程的磁电式直流电压表。根据直流电压挡中附加电阻接入方式的不同，万用表直流电压挡的测量电路分为单用式附加电阻电路和共用式附加电阻电路，如图10-12所示。单用式电路的优点是各量程的附加电阻是单独使用的，各挡之间互不影响，尤其是当某一附加电阻损坏时，只影响相应量程的工作，而其他各挡仍可正常测量。

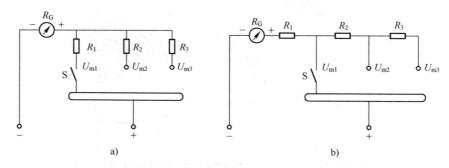

图10-12　万用表直流电压挡测量电路
a）单用式电路　b）共用式电路

共用式电路的特点是低电压量程的附加电阻被其他高电压量程所利用。图10-12b中，量程U_{m1}的附加电阻为R_1；量程U_{m2}的附加电阻为R_1+R_2；量程U_{m3}的附加电阻为$R_1+R_2+R_3$。这种电路的优点是可以节省绕制电阻的材料（昂贵的锰铜丝）；缺点是当低电压挡的附加电阻变质或损坏时，会影响到其他高量程挡的测量。

图10-13是MF30型万用表直流电压挡的测量电路。可以看出，这种万用表采用共用式附加电阻电路。

（3）交流电压挡和电流挡的测量电路

万用表的交流电压挡实质上是一个多量程整流磁电式交流电压表，由整流电路和附加电阻构成。

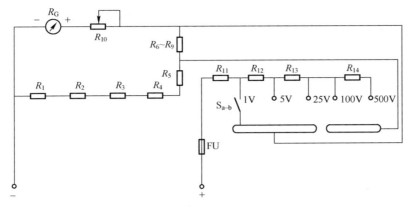

图 10-13　MF30 型万用表直流电压挡测量电路

1）整流电路。万用表的整流元件一般采用具有单向导电特性的晶体二极管。常用的整流电路是半波整流电路和桥式整流电路，其电路及波形如图 10-14 所示。

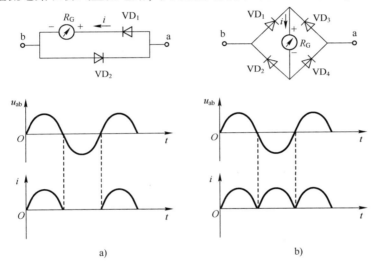

图 10-14　整流电路及波形
a）半波整流电路　b）桥式整流电路

在半波整流电路中，如图 10-14a 所示，VD_2 起着反向保护的作用。因为当外加电压为负半周时，VD_1 不导通，相当于开路。外加电压几乎全部加在 VD_1 两端，VD_1 很可能被击穿导致表头损坏。而在表头和 VD_1 上反向并联 VD_2，可以使负半周电流通过 VD_2。由于它的正向电阻很小，u_{ab} 降低，避免了 VD_1 的反向击穿。

由于晶体二极管的伏安特性随温度和外加电压的不同而不同，所以万用表交流电压挡或电流挡的精度比其他挡低。

磁电式测量机构与整流电路组合而成的整流式仪表所指示的是交流电压或电流的平均值，而在工程技术中通常需要测量交流电压或电流的有效值。为此，万用表交流电压或电流的标尺是按正弦交流电压或电流的有效值来刻度的，故万用表原则上只适用于正弦交流电压或电流的测量。

2）整流式多量程交流电压表。在上述带有整流电路的表头电路中接入各种规格的附加电阻，即构成多量程的交流电压表。多量程交流电压挡的测量电路也分为单用式和共用式两种，如图 10-15 所示。如图 10-16 所示为 MF30 型万用表交流电压挡的测量电路。

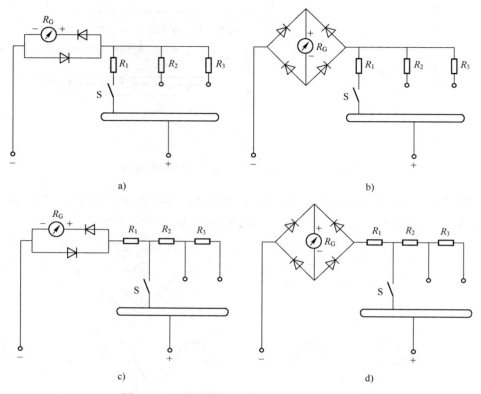

a)   b)

c)   d)

图 10-15　整流式多量程交流电压表测量电路

a）半波整流单用式电路　b）桥式整流单用式电路
c）半波整流共用式电路　d）桥式整流共用式电路

3）整流式多量程交流电流表。在上述带有整流电路的表头电路中接入各种数值的分流电阻，即构成多量程交流电流表。交流电流表中一般均采用闭路式分流电路，如图 10-17 所示为 MF500A 型万用表交流电流挡的测量电路。

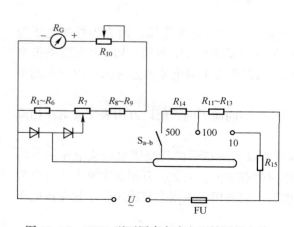

图 10-16　MF30 型万用表交流电压挡测量电路

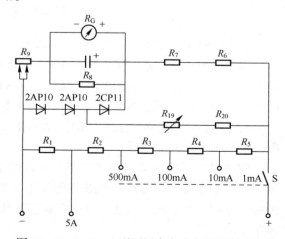

图 10-17　MF500A 型万用表交流电流挡测量电路

（4）电阻挡的测量电路

用万用表的电阻挡测量电阻，具有操作简单、快捷等优点，缺点是测量结果精度较低。万用表的电阻挡是一多量程的欧姆表（电阻表）。

测量电阻的原理电路如图 10-18 所示。测量电阻时要接入 1.5 V（或 9 V）干电池，被测电阻也是接在 "+" "–" 两端。被测电阻越小，即电流越大，因此指针的偏转角越大。测量前应转动零欧姆调节电位器（图中的 1.7 kΩ 电阻）进行校正调零。

使用万用表时应注意转换开关的位置和量程，绝对不能在带电线路上测量电阻，万用表使用完毕应将转换开关转到高电压挡或 OFF 挡。

此外，由图 10-18 还可以看出，面板上 "+" 端接在电池的负极，"–" 端接在电池的正极，这是模拟指针式万用表的特点，与数字式相反。

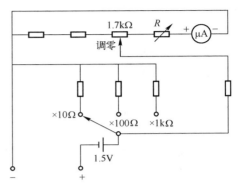

图 10-18　测量电阻的原理电路

10.4.2　数字式万用表

数字式万用表是大规模集成电路、数字显示技术及计算机技术的结晶。下面以 DT-830 型数字式万用表为例来说明它的功能和使用方法。

1. 功能

1）直流电压分五挡：200 mV，2 V，20 V，200 V，1000 V，输入电阻为 10 MΩ。

2）交流电压分五挡：200 mV，2 V，20 V，200 V，750 V，输入阻抗为 10 MΩ，频率范围为 40～500 Hz。

3）直流电流分五挡：200 μA，2 mA，20 mA，200 mA，10 A。

4）交流电流分五挡：200 μA，2 mA，20 mA，200 mA，10 A。

5）电阻分六挡：200 Ω，2 kΩ，20 kΩ，200 kΩ，2 MΩ，20 MΩ。

此外，还可检查半导体二极管的导电性能，并能测量晶体管的电流放大系数 h_{FE} 和检查线路通断。

2. 面板说明

图 10-19 为 DT-830 型数字式万用表的面板图。

1）显示器。显示器显示四位数字，最高位只能显示 "1" 或不显示数字，算半位，故称三位半 $\left(3\dfrac{1}{2}位\right)$。最大指示值为 1999，最小指示值为 –1999。当被测量超过最大指示值时，显示 "1" 或 "–1"。

2）电源开关。使用时将电源开关

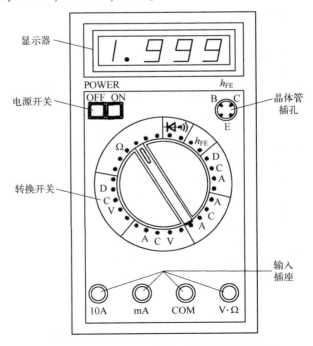

图 10-19　DT-830 型数字式万用表的面板图

置于"ON"位置；用完置于"OFF"位置。

3）转换开关。转换开关用以选择功能和量程。根据被测的电量（电压、电流、电阻等）选择相应的功能位；按被测量的大小选择适当的量程。

4）输入插座。将黑色测试笔插入"COM"插座。红色测试笔有如下插法：测量电压和电阻时插入"V·Ω"插座；测量小于200 mA的电流时插入"mA"插座；测量大于200 mA的电流时插入"10 A"插座。

DT-830型数字式万用表的采样时间为0.4 s，电源为直流9 V，测量速率为2.5次/s，整机功耗为20 mW。

10.5 功率的测量

功率的测量，在直流电路中应能反映被测电路电压和电流的乘积（$P=UI$）；在交流电路中，除了这个乘积外，还要求能反映被测电路的功率因数 λ（$\cos\varphi$），即电路电流与电压之间的相位差的余弦（$P=UI\lambda=UI\cos\varphi$）。

10.5.1 单相功率的测量

电动式仪表测量机构用于功率测量时，其定圈串联接入被测电路，其匝数较少，导线较粗，作为电流线圈；而动圈与附加电阻串联后并联接入被测电路，其匝数较多，导线较细，作为电压线圈。根据国家标准规定，在测量电路中，用一个圆加一条水平粗实线和一条竖直细实线来表示电压与电流相乘的线圈，如图10-20所示。

电动式功率表的工作原理如下：

1）当用于直流电路的功率测量时，通过定圈的电流 I_1 与被测电路电流相等，即

$$I_1 = I$$

而动圈中的电流 I_2 可由欧姆定律确定，即

$$I_2 = \frac{U}{R_2}$$

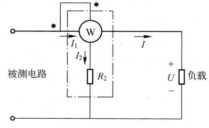

图 10-20　电动式功率表的原理电路

可得

$$\alpha \infty\ UI = P$$

即电动式功率表用于直流电路的测量时，其可动部分的偏转角 α 正比于被测负载功率 P。

2）当用于交流电路的功率测量时，通过线圈的电流 $\dot{I}_1$ 等于负载电流 $\dot{I}$，即

$$\dot{I}_1 = \dot{I}$$

而通过动圈的电流 $\dot{I}_2$ 与负载电压 $\dot{U}$ 成正比，即

$$\dot{I}_2 = \frac{\dot{U}}{Z_2}$$

式中，Z_2 为电压支路的复阻抗。

由于电压支路中串有高阻值的倍压器，在工作频率不太高时，动圈的感抗相比之下可以忽略不计。因此，可以近似认为动圈电流 $\dot{I}_2$ 与负载电压 $\dot{U}$ 是同相的，即 $\dot{I}_2$ 与 $\dot{U}$ 之间的相位差等于零，因而 $\dot{I}_1$ 与 $\dot{I}_2$ 之间的相位差 φ 与 $\dot{I}_1$ 与 $\dot{U}$ 之间的相位差 Φ 相等，如图10-21所示。

可得

$$\alpha \infty UI\cos\varphi = P$$

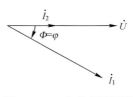

图 10-21　功率表相量图

即电动式功率表用于交流电路的功率测量时，其可动部分的偏转角 α 与被测电路的有功功率 P 成正比。虽然这一结论是在正弦交流电路的情况下得出的，但它对非正弦交流电路同样适用。

综上所述，电动式功率表不论用于直流或交流电路的功率测量，其可动部分的偏转角均与被测电路的功率成正比。因此，电动式功率表的标尺刻度是均匀的。功率表的电压线圈和电流线圈分别有各自的量程。改变电压量程的方法是改变倍压器的阻值。改变电流线圈的量程的方法同电流表。

10.5.2　三相功率的测量

由于工程上广泛采用三相交流电，因此三相交流电路功率的测量很重要。三相功率表是根据被测三相电路的性质，按照一定的测量原理构成的。下面介绍三相功率的测量方法。

三相交流电路按其电源和负载的连接方式的不同，有三相三线制和三相四线制两种系统，而每一种系统在运行时又有如下几种情况：

根据三相电路的特点，有如下几种测量方法：

1）一表法。一表法适用于星形或三角形联结的对称三相负载电路。利用单相功率表直接测量三相四线制完全对称电路中任意一相的功率，然后乘以 3，即可得出三相功率，如图 10-22a 所示。

对于三相三线制完全对称电路来说，则可按如图 10-22b 所示接线方式测量；但如果被测电路的中性点不便于接线，或负载不能断开时，则应按如图 10-23 所示的线路进行测量。图中，电压支路的非发电机端连接的是人

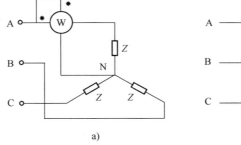

图 10-22　一表法测量对称三相电路的有功功率

a) 星形联结对称负载　b) 三角形联结对称负载

工中性点，即由两个与电压支路阻抗值相同的阻抗接成星形，作为人工中性点。

2）两表法。在三相三线制电路中，不论其电路是否对称，都可以用如图 10-24 所示的两表法来测量它的功率（也可以测量电能），其三相总功率 P 为两个功率表读数 P_1 和 P_2 的代数和，即

$$P = P_1 + P_2$$

应用两表法时，应注意以下两点：①接线时应将两只功率表的电流线圈串联接入任意两线，使其通过的电流为三相电路的线电流。两只功率表的电压支路的发电机端必须接至电流

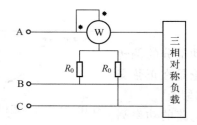

图 10-23　应用人工中性点的一表法测量电路

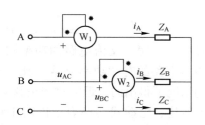

图 10-24　两表法三相功率的测量电路

线圈所在线，而另一端则必须同时接至没有接电流线圈的第三线；②读数时必须把符号考虑在内。当负载功率因数大于 0.5 时，两功率表读数相加即为三相总功率；当负载功率因数小于 0.5 时，将有一只功率表的读数为负值，此时应将该表电流线圈的两个端钮对调，使指针正向偏转，并在其读数前加负号，三相总功率即为两表读数之差。

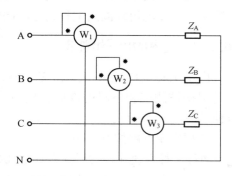

图 10-25　三表法测量三相四线制电路的有功功率

3）三表法。在三相四线制电路中，不论其负载对称与否，都可以利用三只功率表测量出每一相的功率，三相总功率即为三个读数相加。三表法的接线如图 10-25 所示。

*10.6　非电量的电测法

非电量的电测法就是通过传感器将各种非电量变换为电量，然后进行测量的方法。变换所得的电量与被测的非电量之间有一定的比例关系。

非电量的电测法具有以下优点：

1）能连续在线测量，以自动控制生产过程。

2）能远距离测量，有利于远离工业现场的恶劣环境，改善测控人员的工作条件。

3）能测量动态过程，可用示波器来观测。

4）能自动记录（如自动记录压力、温度）。

5）测量的精度和灵敏度较高。

6）便于与微型计算机联合，实现智能化仪器。

各种非电量的电测仪器，主要由传感器、测量电路和测录装置等基本环节组成。

1）传感器。传感器是一种以一定的精度把被测量转换为与之有确定对应关系、便于应用的电量的测量装置。它获得信息的准确与否，关系到整个测量系统的精度。

2）测量电路。测量电路的作用是处理传感器输出的电信号，使之适合显示、记录。最常用的测量电路有电桥电路、电位计电路、差动电路、放大电路等。

3）测录装置。测录装置是指各种电工测量仪表、示波器、控制电动机等。被测量变换为电量后，用测录装置来测量、显示或记录其大小或变化，或者通过控制电动机（电器）来控制生产过程。

下面介绍几种最常用的传感器及其相应的测量原理。

10.6.1　电阻应变式传感器

电阻应变式传感器又称应变片，是用来测量物体机械变形或通过测量机械变形间接测量压力、力、加速度等其他非电量的传感器。箔式应变片如图 10-26 所示。使用时将应变片贴在被测物体上，当被测物体发生变形时，就会把变形传递给箔，引起箔的变形。

由欧姆定律知，对于长为 l、截面积为 A、电阻率为 ρ 的导体，其电阻为

$$R = \rho \frac{l}{A}$$

若 l、A 和 ρ 均发生变化，则其电阻也将发生变化。对上式全微分，有

$$dR = \frac{\rho}{A} dl - \frac{\rho l}{A^2} dA + \frac{l}{A} d\rho$$

图 10-26　箔式应变片

设半径 r 的圆导体，$A = \pi r^2$，代入上式，电阻的相对变化为

$$\frac{dR}{R} = \frac{dl}{l} - \frac{2dr}{r} + \frac{d\rho}{\rho}$$

则

$$\frac{dR}{R} = (1 + 2v + \lambda E)\varepsilon$$

式中，ε 为导体的纵向应变，数值一般很小，常以微应变 $\mu\varepsilon$ 度量，$1\mu\varepsilon = 10^{-6}\,\varepsilon$；$v$ 为材料泊松比，一般金属 $v = 0.3 \sim 0.5$；λ 为压阻系数，与材质有关；E 为材料的弹性模量。

上式中，$(1 + 2v)\varepsilon$ 表示几何尺寸变化而引起电阻的相对变化量；$\lambda E\varepsilon$ 表示由于材料电阻率的变化而引起电阻的相对变化量。不同属性的导体，这两项所占的比例相差很大。

若定义导体产生单位纵向应变时，电阻值相对变化量为导体的灵敏度系数，则

$$S_S = \frac{dR/R}{\varepsilon} = (1 + 2v) + \lambda E$$

显然，S_S 越大，单位纵向应变引起的电阻值相对变化越大，说明应变片越灵敏。

由于机械应变一般很小，所以电阻的变化也很小，因此要求测量电路能精确地测量出微小的电阻变化。最常用的测量电路是电桥电路（大多采用不平衡电桥），把电阻的相对变化转换为电压或电流的变化。

如图 10-27 所示是交流电桥测量电路。为简便起见，设 4 个桥臂皆为纯电阻，其中 R_1 为电阻丝应变片。电源电压一般为 50 Hz ~ 500 kHz 的正弦电压 $\dot{U}$，输出电压为 $\dot{U}_0$，两者的关系式为

$$\dot{U}_0 = \frac{R_1 R_4 - R_2 R_3}{(R_1 + R_2)(R_3 + R_4)} \dot{U}$$

设测量前电桥平衡，即

$$R_1 R_4 = R_2 R_3, \quad \dot{U}_0 = 0$$

测量时应变片电阻变化了 ΔR_1，则

$$\dot{U}_0 = \frac{R_1 R_4 + \Delta R_1 R_4 - R_2 R_3}{(R_1 + \Delta R_1 + R_2)(R_3 + R_4)} \dot{U}$$

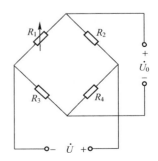

图 10-27　交流电桥测量电路

如果初始时，$R_1 = R_2$ 和 $R_3 = R_4$，并略去分母中的 ΔR_1，则可得

$$\dot{U}_0 = \frac{1}{4} \times \frac{\Delta R_1}{R_1} \dot{U} = \frac{1}{4} S_s \varepsilon \dot{U} \qquad (10\text{-}12)$$

输出电压与电阻的相对变化成正比。

由于被测应变信号很小，U_0 也很小。因此，U_0 还要经过放大、整流、滤波等环节后输出，用测录装置显示或记录。

10.6.2　电感式传感器

电感式传感器能将非电量的变化变换为线圈电感的变化，再由测量电路转换为电压或电流信号。自感式传感器结构如图 10-28 所示。

自感式传感器工作原理为衔铁移动，引起磁路中气隙磁阻变化，最终导致线圈的电感值变化。

此过程中，有

$$L = \frac{N^2}{R_M}, \quad R_M = R_F + R_\delta$$

$$R_F = \frac{L_1}{\mu_1 S_1} + \frac{L_2}{\mu_2 S_2}, \quad R_\delta = \frac{2\delta}{\mu_0 S}$$

式中，N 为线圈匝数；R_M 为磁路的总磁阻；R_F 为铁心、衔铁的磁阻；R_δ 为空气隙磁阻；μ_1、μ_2、μ_0 为铁心、衔铁、空气的磁导率；S_1、S_2、S 为铁心、衔铁、空气隙的横截面积。

因为

$$\mu_1 、\mu_2 \gg \mu_0 \Rightarrow R_F \ll R_\delta (\text{忽略 } R_F) \Rightarrow R_M \approx R_\delta$$

所以，线圈电感为

$$L = \frac{N^2}{R_M} \approx \frac{N^2}{R_\delta} = \frac{\mu_0 S N^2}{2\delta}$$

差动式电感传感器结构如图 10-29 所示。

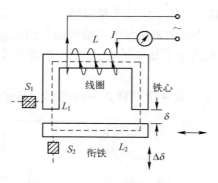

图 10-28　自感式传感器结构

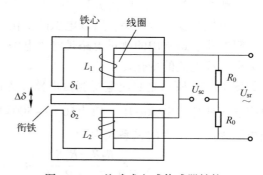

图 10-29　差动式电感传感器结构

初始电感为

$$L_0 = \frac{\mu_0 S N^2}{2\delta_0}$$

若衔铁下移 $\Delta\delta$，即 $\delta = \delta_0 + \Delta\delta$，则有

$$L = \frac{\mu_0 SN^2}{2(\delta_0 + \Delta\delta)}, \Delta L_1 = L_0 - L = \frac{\mu_0 SN^2}{2\delta_0} - \frac{\mu_0 SN^2}{2(\delta_0 + \Delta\delta_0)} = L_0 \frac{\Delta\delta}{\delta_0 + \Delta\delta}$$

$$\frac{\Delta L_1}{L_0} = \frac{\Delta\delta}{\delta_0 + \Delta\delta} = \frac{\Delta\delta}{\delta_0} \frac{1}{1 + \frac{\Delta\delta}{\delta_0}}$$

当 $\frac{\Delta\delta}{\delta_0} \ll 1$ 时，上式展开成级数形式为

$$\frac{\Delta L_1}{L_0} = \frac{\Delta\delta}{\delta_0}\left[1 - \frac{\Delta\delta}{\delta_0} + \left(\frac{\Delta\delta}{\delta_0}\right)^2 - \left(\frac{\Delta\delta}{\delta_0}\right)^3 + \cdots\right]$$

$$\frac{\Delta L_1}{L_0} \approx \frac{\Delta\delta}{\delta_0}$$

同理，若衔铁上移 $\Delta\delta$，即 $\delta = \delta_0 - \Delta\delta$，则有

$$L = \frac{\mu_0 SN^2}{2(\delta_0 - \Delta\delta)}, \Delta L_2 = L - L_0 = \frac{\mu_0 SN^2}{2(\delta_0 - \Delta\delta)} - \frac{\mu_0 SN^2}{2\delta_0} L_0 \frac{\Delta\delta}{\delta_0 - \Delta\delta}$$

$$\frac{\Delta L_2}{L_0} = \frac{\Delta\delta}{\delta_0 - \Delta\delta} = \frac{\Delta\delta}{\delta_0} \frac{1}{1 - \frac{\Delta\delta}{\delta_0}}$$

$$\frac{\Delta L_2}{L_0} = \frac{\Delta\delta}{\delta_0}\left[1 + \frac{\Delta\delta}{\delta_0} + \left(\frac{\Delta\delta}{\delta_0}\right)^2 + \left(\frac{\Delta\delta}{\delta_0}\right)^3 + \cdots\right]$$

$$\frac{\Delta L_2}{L_0} \approx \frac{\Delta\delta}{\delta_0}$$

灵敏度为

$$K = \frac{\Delta L}{\Delta\delta} = \frac{L_0}{\delta_0}$$

$$\Delta L = L_1 - L_2 = \Delta L_1 + \Delta L_2 = 2L_0\left[\frac{\Delta\delta}{\delta_0} + \left(\frac{\Delta\delta}{\delta_0}\right)^3 + \left(\frac{\Delta\delta}{\delta_0}\right)^5 + \cdots\right]$$

忽略高次项，有

$$\Delta L \approx 2L_0 \frac{\Delta\delta}{\delta_0}$$

则灵敏度为

$$K = \frac{\Delta L}{\Delta\delta} = \frac{2L_0}{\delta_0}$$

结论：差动式电感传感器的灵敏度比单个电感传感器的提高一倍，非线性误差降低。

交流电桥测量电路如图 10-30 所示。

起始位置（衔铁在中间）时，有

$$\delta_1 = \delta_2 = \delta_0$$

$$L_{10} = L_{20} = \frac{\mu_0 SN^2}{2\delta_0}, \quad Z_{10} = Z_{20} = Z_0 = R_C + j\omega L_0, \quad Z_3 = Z_4 = R_0$$

式中，R_C 为电感线圈的铜电阻。

由电桥平衡可得 $\dot{U}_{sc} = 0$。

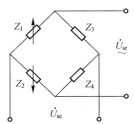

图 10-30　交流电桥测量电路

衔铁上移 $\Delta\delta$ 时，有

$$Z_1 = Z_0 + \Delta Z_1, \quad Z_2 = Z_0 - \Delta Z_2$$

$$\Delta Z_1 = \mathrm{j}\omega\Delta L_1, \quad \Delta Z_2 = \mathrm{j}\omega\Delta L_2$$

$$\dot U_{\mathrm{sc}} = \dot U_{\mathrm{sr}}\left(\frac{Z_1}{Z_1+Z_2} - \frac{Z_3}{Z_3+Z_4}\right) = \frac{\dot U_{\mathrm{sr}}}{2}\frac{\Delta Z_1 + \Delta Z_2}{2Z_0 + \Delta Z_1 - \Delta Z_2}$$

由于 $\Delta Z_1 \ll Z_0$，$\Delta Z_2 \ll Z_0$，因此有

$$\dot U_{\mathrm{sc}} \approx \frac{\dot U_{\mathrm{sr}}}{2}\frac{\Delta Z_1 + \Delta Z_2}{2Z_0} = \frac{\dot U_{\mathrm{sr}}}{4}\frac{\mathrm{j}\omega(\Delta L_1 + \Delta L_2)}{R_{\mathrm{C}} + \mathrm{j}\omega L_0} \approx \frac{\dot U_{\mathrm{sr}}}{4}\frac{\Delta L}{L_0} = \frac{\dot U_{\mathrm{sr}}}{2}\frac{\Delta\delta}{\delta_0}$$

（忽略线圈铜损耗电阻 R_{C}）

同理，衔铁下移 $\Delta\delta$ 时，有

$$\dot U_{\mathrm{sc}} \approx -\frac{\dot U_{\mathrm{sr}}}{4}\frac{\Delta L}{L_0} = -\frac{\dot U_{\mathrm{sr}}}{2}\frac{\Delta\delta}{\delta_0}$$

结论：衔铁向上、向下移动时，输出电压大小相等，但方向相反。由于 $\dot U_{\mathrm{sc}}$ 是交流电压，输出指示无法判断位移方向，必须使用相敏检波器才可鉴别出输出电压的极性随位移方向变化而发生的变化。

10.6.3　电容式传感器

电容式传感器是一种以可变参数的电容器作为传感元件，通过电容传感元件，将被测物理量的变化转换为电容量的变化。多数场合下，电容是由两个金属平行板组成并且以空气为介质，因此电容式传感器的基本工作原理可以用如图 10-31 所示的平板电容器来说明。当忽略边缘效应时，平板电容器的电容为

$$C = \frac{\varepsilon A}{d} = \frac{\varepsilon_{\mathrm{r}}\varepsilon_0 A}{d} \qquad (10\text{-}13)$$

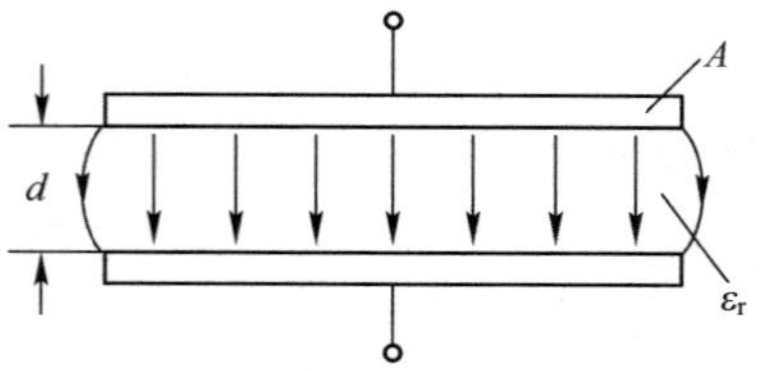

图 10-31　平板电容器

式中，A 为极板面积；d 为极板间距离；ε_{r} 为相对介电常数；ε_0 为真空介电常数，$\varepsilon_0 = 8.85\times10^{-12}\,\mathrm{Fm^{-1}}$；$\varepsilon$ 为电容极板介质的介电常数。

当被测物理量使得式（10-13）中 d、A 和 ε_{r} 中的某一项或某几项变化时，电容 C 改变。电容 C 变化的大小与被测参数的大小成比例，在交流电路中，就改变了容抗 X_C，从而使输出电压或电流发生变化，这就是电容式传感器的工作原理。

实际应用中，如果保持其中两个参数不变，而仅改变其中一个参数，就可以把该参数的变化转换为电容的变化，通过测量电路就可转换为电量输出。所以电容式传感器可以分为三种类型：改变极板距离 d 的变间隙式；改变极板面积 A 的变面积式；改变介电常数 ε_{r} 的变介电常数式。

如将上极板固定，下极板与被测运动物体相接触，当运动物体上、下位移（改变 d）或左、右位移（改变 A）时，将引起电容变化，通过测量电路将这种电容的变化转换为电信号输出，其大小反映运动物体位移的大小。如图 10-32 所示为交流电桥测量

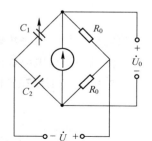

图 10-32　交流电桥测量电路

电路：C_1 为电容传感器；C_2 为一固定电容器，其电容与初始时 C_1 的电容相等；R_0 为两个标

准电阻。初始时，电桥平衡，$\dot{U}_0 = 0$。当 C_1 变化时，电桥有电压输出，其值与电容的变化成比例，由此可测量被测非电量。

本章小结

1. 电流表应串联在被测电流电路中，其内阻必须很小；电压表应并联在被测电压的电路中，其内阻必须很大。

2. 电阻的测量可使用万用表，使用万用表时要注意转换开关的位置和量程，切勿在带电线路上测量电阻，切勿误用电阻挡或电流挡去测量电压。

3. 用两功率表法测量三相功率时，应注意功率表在三相电路中的连接方法。

4. 使用各种仪表时，要正确选择量程，被测值越接近满刻度值越好。

5. 非电量的测量分为电测法和非电测法两类。非电量电测法是把被测的非电量换为电量，再用电测的方法测量电量，通过电量与非电量的对应关系，获得被测非电量测量值的技术。

自测题

一、填空题

1. 电工仪表的原理是把被测量变换成仪表指针的（　　　　　　　），即用仪表指针的机械运动来反映（　　　　）的大小。

2. 电工仪表根据测量对象不同，可以分为（　　　　　）、（　　　　　）功率表、欧姆表等。

3. 按照原理可将常用的指针式模拟仪表分为（　　　　　）、（　　　　　）和电动式等几种。

4. 磁电式电流表用来测量（　　　　）电流，电磁式电流表用来测量（　　　　）电流。

5. 采用磁电式电流表测量直流电流时，为了扩大它的量程，应该在测量机构上并联（　　　　　　）。

6. 在万用表中，（　　　　　）用来切换不同测量线路，实现测量种类和量程的选择。

7. 使用万用表时应注意转换开关的位置和量程，绝对不能在带电线路上测量电阻，万用表使用完毕应将转换开关转到（　　　　）或（　　　　）挡。

二、判断题

1. 电工指示仪表准确度等级的数字越小，表示仪表的精度越低。（　　　）

2. 一般情况下，测量结果的精度不会等于仪表的精度。（　　　）

3. 工程中，一般采用相对误差来反映仪表的精度。（　　　）

4. 仪表的准确度等级越高，测量结果也一定越准确。（　　　）

5. 电磁式电流表是采用并联分流电阻的方法来扩大量程的。（　　　）

6. 电压表的内阻越大越好。（　　　）

7. 万用表的电压灵敏度越高，其电压挡内阻越大，对被测电路工作状态影响越小。（　　　）

8. 用万用表电阻挡测量电阻时，指针不动，说明测量机构已经损坏。（　　　）

9. 万用表的电压灵敏度越高，测量电压时误差越小。（　　　）

10. 万用表使用完毕，最好将转换开关置于最高直流电压挡。（　　　）

三、选择题

1. 用下列三个电压表测量 20 V 的电压，测量结果的相对误差最小的是（　　　）。

A. 准确度等级 1.5，量程 30 V　　　　B. 准确度等级 0.5，量程 150 V

C. 准确度等级 1.0，量程 50 V

2. 用量程为 300 V 的电压表测 250 V 的电压，要求测量的相对误差不大于 ±1.5%，则电压表准确度等级应为（　　　）。

 A. 1.0   B. 1.25   C. 1.3   D. 1.5

3. 用伏安法测电阻属于（　　　）。

 A. 直接测量法   B. 间接测量法   C. 比较测量法   D. 组合测量法

4. 选择电流表量程时，一般把被测量指示范围选择在仪表标尺满刻度的（　　　）

 A. 起始段   B. 中间段   C. 任意位置   D. 2/3 以上段

5. 数字式直流电流表由数字式电流基本表与（　　　）组成。

 A. 分压电阻串联   B. 分流电阻串联   C. 分压电阻并联   D. 分流电阻并联

6. 应用磁电式仪表测量直流大电流，可以采用（　　　）的方法扩大量程。

 A. 并联分流电阻   B. 串联电阻

 C. 电流互感器   D. 调整反作用弹簧

7. 就对被测电路的影响而言，电压表的内阻（　　　）。

 A. 越大越好   B. 越小越好   C. 适中为好   D. 大小均可

8. 万用表的欧姆调零钮应在（　　　）将指针调整至零位。

 A. 测量电压或电流前   B. 测量电压或电流后

 C. 换挡后测量电阻前   D. 测量电阻后

习题

10.1 电工仪表测量机构的组成及作用是什么？

10.2 简述电磁式仪表的特点。

10.3 按度量器参与测量的方式分类，测量方法有哪些种类？各自的优缺点是什么？

10.4 如图 10-33 所示为一电阻分压电路，用一内阻 R_V 分别为 $25\,k\Omega$、$50\,k\Omega$、$500\,k\Omega$ 的电压表测量时，其读数各为多少？

10.5 如图 10-34 所示为万用表直流毫安挡测量电路。表头内阻 $R_0 = 280\,\Omega$，满刻度值电流 $I_0 = 0.6\,mA$。欲使其量程扩大为 $1\,mA$、$10\,mA$ 及 $100\,mA$，试求分流器电阻 R_1、R_2 及 R_3。

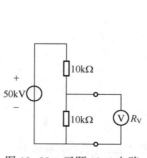

图 10-33 习题 10.4 电路

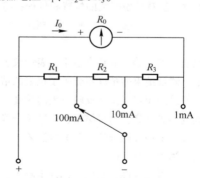
图 10-34 习题 10.5 电路

10.6 用两功率表法测量对称三相负载（负载阻抗为 Z）的功率，设电源线电压为 $380\,V$，负载为星形联结。试求 $Z = 10\,\Omega$、$Z = (5+j5\sqrt{3})\,\Omega$、$Z = -j10\,\Omega$ 三种负载情况下每个功率表的读数和三相功率。

第 10 章答案

附录　电阻器和电容器的命名方法及性能参数

附表 1　电阻器的命名方法

第 一 部 分		第 二 部 分		第 三 部 分		第 四 部 分
符号	意义	符号	意义	符号	意义	序号
R	电阻器	T	碳膜			用数字 1、2、3 表示
		P	硼碳膜			
		U	硅碳膜			
		H	合成膜			
		J	金属膜			
		Y	氧化膜			
		X	绕线			
		S	实心			
		M	压敏			
		G	光敏			
		R	热敏	B	温度补偿用	
				C	温度测量用	
				G	功率测量用	
				P	旁热式	
				W	稳压用	
				Z	正温度系数	

附表 2　色标的基本色码及意义

色 别	左第一环	左第二环	左第三环	右第二环	右第一环
	第一位数	第二位数	第三位数	应乘倍率	精度
棕	1	1	1	10^1	F+1%
红	2	2	2	10^2	G+2%
橙	3	3	3	10^3	
黄	4	4	4	10^4	
绿	5	5	5	10^5	D+0.5%
蓝	6	6	6	10^6	C+0.2%
紫	7	7	7	10^7	B+0.1%

（续）

色　别	左第一环	左第二环	左第三环	右第二环	右第一环
	第一位数	第二位数	第三位数	应乘倍率	精度
灰	8	8	8	10^8	
白	9	9	9	10^9	
黑	0	0	0	10^0	
金				10^{-1}	J+5%
银				10^{-2}	K+10%

附表 3　电容器的命名方法

第 一 部 分		第 二 部 分		第 三 部 分		第 四 部 分
符号	意义	符号	意义	符号	意义	序号
C	电容器	C	瓷介	T	铁电	用数字 1、2、3 表示
				W	微调	
		Y	云母	W	微调	
		I	玻璃釉			
		O	玻璃膜	W	微调	
		B	聚苯乙烯	J	金属化	
		F	聚四氟乙烯			
		L	涤纶	M	密封	
		S	聚碳酸酯	X	小型、微调	
		Q	漆膜	G	管形	
		Z	纸质	T	桶形	
		H	混合介质	L	立式矩形	
		D	（铝）电解	W	卧式矩形	
		A	钽	Y	圆形	
		N	铌			
		T	钛			
		M	压敏			

参 考 文 献

［1］秦曾煌．电工学（上册）：电工技术 ［M］．7 版．北京：高等教育出版社，2009.

［2］李丽敏．电路分析基础 ［M］．北京：机械工业出版社，2019.

［3］周鹏，苏继斌，赵青，等．电工电子技术基础 ［M］．北京：机械工业出版社，2021.

［4］邱关源．电路 ［M］．6 版．北京：高等教育出版社，2022.

［5］殷瑞祥．电路与模拟电子技术 ［M］．3 版．北京：高等教育出版社，2017.

［6］崔继仁，武俊丽，张艳丽．电气控制与 PLC 应用技术 ［M］．北京：中国电力出版社，2017.

［7］史仪凯．电工技术 ［M］．4 版．北京：高等教育出版社，2021.